KB154152

일러두기

● 　이 책에 실린 모든 정보는 2023년 10월 15일 기준으로 확인한 내용
이다. 현재 코로나 19 및 우크라이나 전쟁 등 세계 정세의 변화, 물가 상승
등으로 영업 시간과 메뉴 가격의 변화가 자주 발생하고 있으므로 방문 전
전화 또는 홈페이지 등을 통해서 미리 확인하시는 것을 추천한다.
여행 시 일본 내 호텔, 음식점, 카페, 관광명소 등에서 제시하고 있는 감염
대책에 성실히 따라주시기 바라며, 마스크 착용 및 개인 방역에 언제나 만
전을 기하시면서 일본여행을 즐겨주기 바란다.
요금, 영업시간, 전화번호, 교통정보 등은 현지 사정에 따라 바뀔 수 있다.
특히 숙박요금은 시기와 플랜 등에 따라 크게 달라질 수 있으므로, 반드시
독자들의 여행 시기에 맞게 추가 확인이 필요하다.

● 　렌터카 이용자들이 내비게이션에 목적지를 입력할 때 필요한 전화
번호를 명기했고, 전화번호가 따로 없는 명소의 경우 주변 관광안내소의
전화번호를 넣었다. 또 전화번호가 등록되어 있지 않은 장소의 경우 내비
게이션에 입력 가능한 맵코드를 표기했다.

● 　일본 소도시의 경우, 다루는 지역의 범위가 넓어 책 안에 도보지도
를 넣기가 어려웠다. 불가피하게 메인 도시 외에는 QR코드를 넣었으니
핸드폰에서 QR코드 앱을 다운받아 활용하길 바란다. 앱으로 책에 실린
QR코드를 인식하면 해당 지역의 각종 명소, 음식점 등을 표기해놓은 구
글맵을 이용할 수 있다.

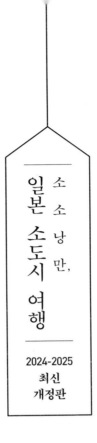

소소낭만,

일본 소도시 여행

2024-2025
최신
개정판

지은이 **우승민**

꿈의지도

008 비와코 | 琵琶湖

012 비와코 전도

우키미도 • 비와코 오하시 • 오키시마 •
오키노시라이시 • 치쿠부시마 • 타케시마 •
비와코 오하시 코메 플라자 • 코리안

018 비와코 근교 – **오츠**

엔랴쿠지 • 이시바노 죠야토 • 미이데라 •
히요시타이샤 • 미이데라 치카라모찌 혼케 •
카노쇼쥬안 나가라 소혼텐 • 스미비캇포 츠루키쿄
• 오사카야마 카네요 • 나오 • 비와코 호텔

024 비와코 근교 – **오미하치만 & 히코네**

하치만보리 • 라 코리나 오미하치만 • 오미우시
레스토랑 티파니 • 히코네성 • 멘타쿠미 챠카폰
• 짬뽕테이

030 비와코 근교 – **나가하마**

쿠로카베 스퀘어 • 쿠로카베 가라스칸 • 쿠로카베
아미스 • 데코보코도 나가하마 • 나가하마성
역사박물관 • 토리키타 • 요카로

036 아마노하시다테 | 天橋立

038 아마노하시다테 전도

모토이세 코노 신사 • 아마노하시다테 뷰 랜드
• 카사마츠코엔 • 치온지 • 치에노와 토로 •
하시다테챠야 • 아마노하시다테 아마테라스
• 와인토 오야도 치토세 • 몬쥬소 칸시치챠야
• 츠루야 쇼쿠도 • 몬쥬소 • 쇼로테이 •
아마노하시다테 호텔 • 키타노야

048 아마노하시다테 근교 – **이네노후나야**

이네노후나야군 전망대 • 아부라야 • 이네 카페

051 아마노하시다테 근교 – **히메지**

히메지성 • 코코엔 • 캇스이켄 • 모리시타 •
슈센테이 나다기쿠

056 아마노하시다테 근교 – **타케다 성터**

야마지로노사토

058 쿠라시키 미관지구 | 倉敷美観地区

060 쿠라시키 전도

오하라 미술관 • 아치 신사 • 쿠라시키 코코칸
• 쿠라시키칸 관광안내소 • 쿠라시키 민예관
• 유린소 • 일본 향토 완구관 • 와슈잔 전망대
• 미야케쇼텐 • 유린안 • 쿠라시키 모모코
쿠라시키 혼텐 • 카페 엘 그레코 • 토라이야
혼포 • 코에이도 쿠라시키온도리텐 • 킷코도
미관지구점 • 미소카츠 우메노키 • 쿠라시키야
• 쿠라시키 데님 스트리트 • 이즈츠야 • 아리오
쿠라시키 • 쿠라시키 아이비 스퀘어 • 쿠라시키
코히칸

075 쿠라시키 근교 – **오카야마시**

오카야마성 • 코라쿠엔 • 키비츠 신사 •
키비츠히코 신사 • 쇼쿠도 야마토 • 아즈마 스시
• 사카이야 혼텐 • 에비메시야 • 아사츠키 혼텐
• 카페 모야우 • 후지야 • 킷사 혼마치

086 　　　토쿠시마 　　 徳島

088　토쿠시마 전도

아와오도리회관 • 이노타니 • 라멘 토다이 •
토토카츠 • 히라이 • 이케조에 카마보코텐 •
잇코 • 아와 관광호텔 • 다이와 로이넷 호텔
토쿠시마 에키마에

096　토쿠시마 근교 -- 나루토

우즈시오 • 오츠카 국제미술관 • 아소코 쇼쿠도

101　토쿠시마 근교 -- 이야케이

쇼벤코조 • 이야케이 • 이야노카즈라바시 •
오보케 • 시코쿠 본네트 버스 • 호텔 카즈라바시

106 　　　카가와현 우동 순례

사누키 우동에 대하여 • 사누키 우동집의 종류

112　카가와현 우동 순례 전도

나가타 인 카노카 • 오카센 • 나카무라 우동
• 치쿠세이 • 테우치 우동 츠루마루 • 사누키
우동 가모 • 야마고에 우동 • 히노데 세이멘죠
• 우동 잇푸쿠 • 하유카 • 야마시타우동텐 •
카와후쿠 혼텐

121　카가와현 근교 -- 타카마츠

리츠린코엔 • 마루가메마치 상점가 • 키타하마
앨리 • 붓쇼잔온센 텐퓨유 • 키사야 모토조 •
잇카쿠 타카마츠텐 • 란마루 • 텐카츠 혼텐 •
JR호텔 클레멘트 타카마츠 • 리가 호텔 제스트
타카마츠

128　카가와현 근교 --
　　　마루가메시 & 코토히라쵸 & 젠츠지시

마루가메성 • 마루가메시 이노쿠마 겐이치로
현대 미술관 • 코토히라구 • 콘피라 우동 •
시코쿠노슈 • 소혼잔 젠츠지 • 쿠마오카 카시텐

134 　　　미야지마 　　 宮島

136　미야지마 전도

호코쿠 신사 • 다이간지 • 이츠쿠시마 신사
• 다이혼잔 다이쇼인 • 모미지다니코엔 •
오모테산도 쇼텐가이 • 미센 • 우에노 • 이나츄
• 마메타누키 • 야키가키노 하야시 • 이와무라 •
카키야 • 이와무라 모미지야 • 모미지도 니방야
• 빅셋 • 카키와이 • 사라스바티 • 이와소
• 미야지마 그랜드호텔 아리모토 • 미야지마
킨스이칸

151　미야지마 근교 -- 오노미치

센코지코엔 • 분가쿠노 코미치 • 센코지 •
텐네이지 산쥬토 • 네코노 호소미치 • 우시토라
신사 • 츄카소바 슈 • 카라사와 • 유야케 카페
• 한우테이 • 소라네코 카페 • 시미즈 쇼쿠도 •
야마네코 밀

159　미야지마 근교 -- 토모노우라

죠야토 • 이오지 • 후쿠젠지 타이쵸로 • 오타케
주택 • 벤텐지마 • 이로하마루 전시관 • 치토세
• 오테비 • 온후나야도 이로하 • 사라스와티 •
토모노우라 아 카페

166　미야지마 근교 -- 이와쿠니

킨타이쿄 • 킷코코엔 • 킷코 신사 • 이와쿠니성
• 요시다 신칸 • 킨타이차야 • 무사시

172 시마네 & 야마구치 SL 여행

174 시마네 SL 테마 여행 전도

176 야마구치 근교 – 츠와노

토노마치도리 • 츠와노 카톨릭쿄카이 • 타이코다니 이나리 신사 • 야사카 신사 • 츠와노쵸 쿄도칸 • 카센 슈조 • 미노야 • 미마츠 쇼쿠도 • 사라노키 쇼인테이 • 아오키 스시 • 야마다 치쿠후켄 혼마치텐 • 에비야 • 유토리로 츠와노

185 야마구치 근교 –
유다온센 & 카미야마구치역 주변

키츠네노 아시아토 • 이노우에 공원 • 루리코지 고쥬노토 • 이마하치만구 • 야사카 신사 • 류후쿠지 • 유다온센 코키안 • 우메노야 • 호텔 카메후쿠

190 키타큐슈-야마구치 드라이브 여행

192 드라이브 테마여행 전도

카와치후지엔 • 토오미가하나 • 히비키카이노코엔 • 후쿠토쿠 이나리 신사 • 모토노스미 이나리 신사

◦**와카마츠** ❯ 와카토 오하시 • 구 후루카와코교 와카마츠 빌딩 • 와카마츠 야부소바 • 마루마도 텐푸라텐

◦**카와타나온센** ❯ 카와타나노모리 • 산슈도 • 간소 카와라 소바 타카세

◦**츠노시마** ❯ 츠노시마 오하시 • 츠노시마 토다이 • 오하마 쇼쿠지도코로

204 아키즈키 | 秋月

206 아키즈키 지도

스기노바바 • 메가네바시 • 아키즈키 성터 • 구 타시로케 주택 • 히사노테이 • 사이넨지 • 타나카 텐만구 • 히로큐쿠즈 혼포 • 츠키노토게 • 빗키 • 미즈노네 츠치노네 • 카지카 • 세이류안 • 가도안

215 아키즈키 근교 – 우키하

시라카베노 마치나미 • 스사노오 신사 • 타네노 토나리 • 마보야 • 히타야 후쿠토미 • 치쿠고가와온센 • 후쿠센카

221 아키즈키 근교 – 쿠루메

이시바시 문화센터 • 오키 쇼쿠토 • 호타루가와 • 스시 요시다 • 아카가키야 • 커피 카운티 쿠루메점 • 아다치 커피

228 카라츠 | 唐津

230 카라츠 전도

카라츠쿤치 • 카라츠 신사 • 카라츠 히키야마 텐지죠 • 니지노 마츠바라 • 카가미야마 니시전망대 • 카라츠성 • 큐 타카토리테이 • 큐 카라츠긴코 • 호토 신사 • 카와시마 토후텐 • 캬라반 • 츠쿠타 • 타케야 • 아메겐 • 카라츠 버거 • 마타베 • 오하라 쇼로만주 혼텐 • 카이코 • 키코안 • 요요카쿠 • 시오유 나기노토 • 미즈노 • 카라츠 시사이드 호텔

245 카라츠 근교 –
요부코 & 하도미사키 & 나고야 성터

◦**요부코** ❯ 요부코 아사이치 • 만보

○**하도미사키** » 겐카이 해중전망탑 • 하도미사키 해수욕장 • 하도미사키 사사에노 츠보야키 바이텐

○**나고야 성터** » 사가현립 나고야성 박물관 • 차엔 카이게츠

251　**카라츠 근교 ‒ 타케오**

미후네야마 라쿠엔 • 타케오 신사 • 타케오온센 로몬 • 츠타야서점 타케오시 도서관 • 카이로도 • 사가인터내셔널 벌룬 페스타

256　　　　**키츠키**　| 杵築

258　**키츠키 전도**

키츠키성 • 세이엔 신사 • 이소야테이 • 오하라테이 • 사노야 • 노미테이 • 히토츠마츠테이 • 한코노몬 • 스야노사카 • 시오야노사카 • 칸죠바노사카 • 반쇼노사카 • 아메야노사카 • 키츠키 죠카마치 시료칸 • 와카에야 • 자코바 • 카미후센 • 다이노차야 • 아야베미소 죠노모토

270　**키츠키 근교 ‒ 벳푸**

벳푸 지고쿠메구리 • 타케가와라온센 • 토요켄 • 코게츠 • 지고쿠무시코보 칸나와 • 카이센 이즈츠

276　　　　**시마바라**　| 島原

278　**시마바라 전도**

시마바라성 • 코이노 오요구마치 • 유스이테이엔 시메이소 • 부케야시키 • 지쇼로 • 코토지 • 시마바라온센 유토로기노유 • 이노하라 카나모텐 • 신와노 이즈미 • 하마노카와 유스이 • 히메마츠야 혼텐 •

아오이리하츠칸 코보모모 • 나카야 킷사부 • 로쿠베 • 아미모토 • 시마바라 미즈야시키 • 하야메가와 • 호쥬 • 톳톳토 • 마츠야 카시호 • 체리마메 후지타야 혼케 • 호텔 시사이드 시마바라 • 시마바라 스테이션 호텔 • 토요츠쿠모베이 호텔

294　**시마바라 근교 ‒ 오바마온센**

훗토훗토 105 • 나미노유 아카네 • 오바마 역사자료관 • 오바마 신사 • 카미노카와 유스이 • 탄산센 • 코센지 • 요시쵸 • 카리미즈안 • 팩 • 소프트 아이스크림 캄 • 이세야 료칸 • 슌요칸 • 료칸 유노카 • 오바마온센 하마칸 호텔

304　| **모토부** 本部町 **& 나키진손** 今帰仁村

306　**모토부&나키진손 지도**

TIP • 카이요하쿠코엔 • 코우리지마 • 비세노 후쿠기 나미키 • 나키진 성터 • 세소코 비치 • 야에다케 • 부세나 카이츄코엔 • 오리온 해피파크 • 토토라베베 햄버거

○**코우리지마** » 무라노차야 • 슈림프 왜건 • 레스토랑 엘 로타

○**비세노 후쿠기 나미키** » 카페 차하야불란 • 아이카제 • 야에다케 베이커리 • 야치문 킷사 시사엔 • 카페 코쿠 • 아라가키 젠자이야 • 아넷타이차야 • 카페 하코니와 • 카페 이차라 • 리츠 칼튼 오키나와 더 로비 라운지 • 더 부세나 테라스 마로도 • 리츠 칼튼 오키나와 • 더 부세나 테라스 • 카후 리조트 후차쿠 콘도 호텔

○**비세노 후쿠기 나미키** » 버스 더 스위트 • 키시모토 쇼쿠도 • 얀바루 소바 • 소바야 요시코 • 시마부타야 • 츠루야 • 야에젠

처음 기획을 한 것은 7년 전, 집필은 3년 전, 그러나
이제서야 이 책은 빛을 보게 되었다.

일본에 살기 시작한 7년 전부터 새로운 여행지로서 일본의
소도시들을 찾아다니며 이 책에 대한 기획을 시작했고, 여행전문
출판사 꿈의지도에서 출간하기로 하여 집필을 시작했지만,
생각보다 이 책이 출간되기까지 너무나도 긴 시간이 걸렸다.

원래 일본 전체를 대상으로 소도시들의 이야기를 다루고
싶었으나, 현실적으로 책의 분량, 취재 시간 및 경비의 문제,
그리고 2011년 동일본 대지진 이후의 일본 동북부에 대한 상황
등을 고려하여 부득이하게 집필 중에 범위를 비와코琵琶湖가
있는 시가현滋賀県에서부터 오키나와沖縄까지 서일본을 중심으로
변경하였다.
본 책에서는 킨키近畿, 츄고쿠中国, 시코쿠四国, 큐슈九州, 오키나와를
13개 영역으로 나누고 약 45여 개의 소도시를 다루었지만, 아쉽게
책에서 제외한 많은 지역의 원고가 계속 눈에 밟힐 수밖에 없다.
그럼에도 할애된 지면 내에서 다수의 소도시를 포함시키느라
내용의 깊이가 부족하지는 않나 걱정스러운 마음이 앞선다.
그러나 일본 여행의 테마도 대도시 위주에서 점점 소도시 위주로
변화하고 있는 추세라 최대한 독자들을 위해 선택의 폭을
넓히고자 하였다.
본 책에서 다루지 못했거나 부족한 부분은 블로그와 SNS에서 좀더
자세히 전달해드릴 예정이다. 이번에는 포함되지 못한 동일본도
현재 어느 정도 취재 자료가 모아져 있는 상황이라서 항후에
기회가 된다면, 동일본을 중심으로 홋카이도까지 새로운 책 또는

개정판으로 다루고 싶은 마음이다. 언제가 될지 장담할 수는
없지만.

조만간 나온다는 거짓말을 1년 넘게 하면서 본의 아니게 긴
기다림을 안겼으나, 언제나 응원해주고 나를 믿어주고 있는 친구,
선후배, 지인들에게 감사의 마음을 가득 담아서 이 책을 바친다.
항상 미안한 우리 부모님, 그리고 동생에게도.
게으른 작가 때문에 너무 오랜 시간 기다려주신 출판사
꿈의지도의 윤소영 팀장님, 조연수님, 그리고 송유선님께도
죄송한 마음과 함께 대단히 감사드린다는 이야기는 꼭 하고 싶다.

생각해보면, 이번 책만큼 취재 과정에서 에피소드가 많았던
적은 없었던 것 같다. 인적이 드문 작은 소도시를 취재하며
낯선 이에 대한 투철한 신고정신으로 경찰의 심문 및 카메라
검열은 예삿일이었고, 순박하고 정 많은 소도시의 일본인들
덕분에 즐거웠던 술자리의 기억도 새록새록 떠오른다. 술 취해
부모님 이야기를 나누며 함께 부둥켜 안고 같이 엉엉 울었던
노부부의 따뜻한 마음씨도.

이 책은 나에게 많은 추억과 고마움을 안겨준 책으로 기억될
듯하다. 애틋한 마음으로 하나하나 일본 소도시의 정보를 써내려
간 이 책이 부디 독자들의 낭만적인 일본 소도시 여행에 소소한
도움이 된다면 나로서는 더 바랄 게 없을 것 같다.

오사카로 향하는 ANA 비행기 안에서
저자 우승민

비와코
琵琶湖

홋카이도

아오모리현

아키타현

이와테현

야마가타현   미야기현

후쿠시마현

니가타현   도치기현

군마현

시가현   이시카와현   도야마현

나가노현   이바라키현

후쿠이현   사이타미현

기후현   야마나시현   도쿄도

교토부   치바현

가나가와현

돗토리현   아이치현   시즈오카현

시마네현   오카야마현   효고현

히로시마현   오사카부   나라현

미에현

야마구치현   카가와현

에히메현   토쿠시마현

후쿠오카현   고치현   와카야마현

사가현

나가사키현   오이타현

미야자키현

쿠마모토현

가고시마현

비와코(비와호수)는 시가현에 위치한 일본 최대 호수로서 시가현 면적의 약 1/6을 차지한다. 총 면적은 약 674km²로 우리나라 서울보다 크다. 비와코 오하시를 중심으로 북쪽의 키타코, 남쪽의 난코로 구분된다.

비와코는 미에현에서 지각 변동으로 생긴 호수 오야마다코가 400만 년의 시간에 걸쳐 현재의 위치로 이동한 것으로 유추되고 있다. 전 세계의 호수들 중에서도 바이칼 호수, 탕가니카 호수에 이어 그 다음으로 오래된 고대 호수로 불리고 있다. 시가현 사람들은 비와코를 '마더 레이크Mother Lake'라고 부른다. 비와마스(송어류), 니고로부나(붕어류), 이사자(꾹저구) 등의 고유 어종이 있으며, 비와코에서 일 년 내내 볼 수 있는 카이츠부리(논병아리)는 시가현을 상징하는 새로 지정되었다. 겨울이 되면 많은 철새들이 오는 철새 도래지이기도 하다.
주변 도시로는 오츠, 오미하치만, 히코네, 나가하마, 타카시마 등이 비와코에 인접해 있다.

여행 형태	1박 2일
위치	시가현 비와코 滋賀県 琵琶湖

가는 법

● **오사카에서 가는 방법**	● **교토에서 가는 방법**
오사카역大阪駅 ➜ JR토카이도·산요 본선JR東海道·山陽本線 ➜ 오츠역大津駅	교토역京都駅 ➜ JR토카이도·산요 본 선JR東海道·山陽本線 ➜ 오츠역大津駅

○ **비와코를 즐기는 방법**

❶ 열차 : 오츠쿄역大津京駅에서 오미시오츠역近江塩津駅까지 코세이센湖西線으로 일주(코세이센-1974년 개설된 비와코 서쪽의 열차 노선으로 74.1km에 총 21개 역이 있다. 달리는 열차의 차창 밖으로 넓게 펼쳐지는 비와코의 경치를 감상할 수 있다.)

❷ 자동차 : 비와코 주변 드라이브 여행

❸ 선박 : 비와코 크루즈를 이용하여 호수 및 비와코 내의 섬 관광

비와코琵琶湖 즐기기

비와코 크루즈びわ湖クルーズ

비와코의 자연 경치를 즐기는 가장 좋은 방법은 배를 타고 일주하는 것이다. 비와코의 남쪽 호수를 일주하는 미시간 크루즈, 비와코의 북쪽 호수를 왕복하는 치쿠부시마 크루즈, 비와코의 관광 명소를 하루에 걸쳐 느긋하게 즐길 수 있는 구룻토 비와코 시마메구리 등이 있다.

○ 미시간 크루즈ミシガンクルーズ

미시간 크루즈는 1982년 4월 29일에 취항한 비와코 크루즈를 대표하는 유람선이다. 19세기 미국의 객실을 이미지로 한 올드 분위기의 외륜선이다. 시가현과 자매 도시인 미국 미시간주와의 친선을 기원하며 '미시간'이라는 이름이 붙여졌다. 미시간 크루즈는 오츠항에서 출발하며 미시간 60분 코스, 미시간 90분 코스, 미시간 나이트, 3개의 코스가 있다.

○ 치쿠부시마 크루즈竹生島クルーズ

치쿠부시마 크루즈는 나가하마항과 이마즈항에서 비와코 최고의 관광 명소인 치쿠부시마를 왕복하는 유람선이다.

○ 구룻토 비와코 시마메구리 ぐるっとびわ湖島めぐり

비와코의 다양한 관광 명소를 하루에 걸쳐서 즐길 수 있는 유람선이다.
오츠항을 출발해서 오키시마, 치쿠부시마, 타케시마 등의 섬에 상륙하고 다시
오츠항으로 돌아오는 코스이다. 다른 크루즈와 달리 5~11월만 운행한다.

· 홈페이지 www.biwakokisen.co.jp

구룻토 비와코 시마메구리 ぐるっとびわ湖島めぐり

비와코의 매력을 하루 동안 즐길 수 있는 코스. 안내원의 상세한
설명을 들으며 비와코 내에 있는 다양한 섬에 상륙할 수 있고,
비와코 오하시를 통과하여 비와코의 남쪽, 북쪽 지역을 모두
돌아볼 수 있는 크루즈 코스다. 점심 식사로 비와코의 식재료를
사용한 도시락을 제공해주며, 책갈피 만들기 같은 체험 행사,
요시부에(갈대 피리) 콘서트 등도 배 안에서 즐길 수 있다. 각
섬이나 신사 등의 입장료도 모두 포함되어 있다.

· 홈페이지 www.biwakokisen.co.jp/cruise/gurutto/
· 전화번호 077-524-5000

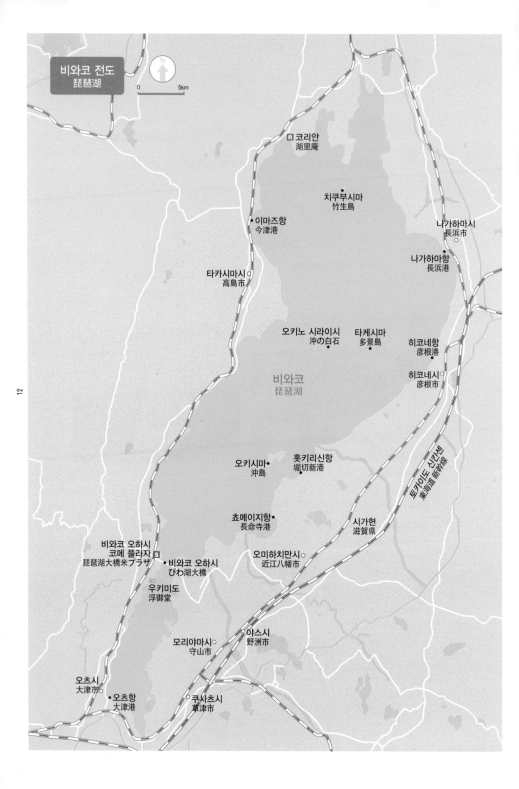

비와코 전도
琵琶湖

0   5km

R 코리안
湖里庵

치쿠부시마
竹生島

● 이마즈항
今津港

나가하마시
長浜市

나가하마항
長浜港

타카시마시
高島市

오키노 시라이시
沖の白石

타케시마
多景島

히코네항
彦根港

히코네시
彦根市

비와코
琵琶湖

오키시마
沖島

홋키리신항
堀切新港

토카이도 신칸센
東海道 新幹線

쵸메이지항
長命寺港

시가현
滋賀県

비와코 오하시
코메 플라자
琵琶湖大橋米プラザ

S 비와코 오하시
びわ湖大橋

오미하치만시
近江八幡市

우키미도
浮御堂

야스시
野洲市

모리야마시
守山市

오츠시
大津市

오츠항
大津港

쿠사츠시
草津市

12

우키미도

浮御堂

- 주소 滋賀県大津市本堅田 1-16-18
- 가는 법 카타타역堅田駅에서 차량으로 7분, 도보 20분 거리
- 전화번호 077-572-0455
- 운영시간 08:00~17:00, 연중무휴
- 요금 참배료 300엔

헤이안 시대에 선박 운항 안전을 기원하기 위해 건립된 불교 사찰이다. 만게츠지 내에 지은 별채 건물. 현재의 우키미도는 1937년 재건되었다. 비와코에 접해 있는 건물이 호수에 떠 있는 것처럼 보이기 때문에 붙여진 이름이다. 주변 지역은 사람들이 많이 찾는 절경지이다. 에도 시대 그림과 노래에 소재로 많이 등장한 오미 8경 중 하나인 '카타타 라쿠간'으로서도 유명한 곳이다.

○ 오미 8경近江八景

중국 후난성 동정호 주변 절경을 모아서 그린 소상 8경도에 비유하여 비와코 주변의 절경 8곳을 모은 것. 8경으로서는 일본에서 가장 초기에 선정된 곳이다. 무로마치 시대에 정해졌다는 설도 있으나 대체적으로는 17세기 초반에 정립된 것으로 보고 있다.

❶ 이시야마 슈게츠石山秋月 : 이시야마의 가을 달
❷ 세타 세키쇼勢多(瀬田)夕照 : 세타의 석양
❸ 아와즈 세이란粟津晴嵐 : 아와즈의 산바람
❹ 야바세 키한矢橋帰帆 : 야바세의 귀항하는 배
❺ 미이 반쇼三井晩鐘 : 미이의 만종
❻ 카라사키 야우唐崎夜雨 : 카라사키의 밤비
❼ 카타타 라쿠간堅田落雁 : 카타타의 기러기
❽ 히라 보세츠比良暮雪 : 히라의 저녁 눈

비와코 오하시

びわ湖大橋

- 주소 大津市今堅田/守山市今浜町
- 전화번호 077-585-1129(비와코 오하시 유료 도로 관리 사무소)
- 요금 통행비 보통차 150엔, 대형차 200엔, 특대차 500엔, 경차 100엔

1964년 오츠시와 모리야마시 사이에 개통된 교량이다. 총길이 1,350m, 최대 높이 26.3m이다. 1994년 교통량 증가에 따라 4차선으로 늘렸다. 비와코 크루즈를 타고 교량 밑을 지날 때면 그 웅장함을 느낄 수 있다.

비와코 ──── 琵琶湖

- **주소** 滋賀県近江八幡市沖島町
- **가는 법** 홋키리신항堀切新港, 쵸메이지항長命寺港에서 배로 이동

비와코 최대 섬. 일본에서 유일하게 호수 내에 사람이 사는 섬이다. 1.53km²의 섬 면적에 약 370여 명의 주민들이 살고 있다. 섬 주민들이 대부분 어업에 종사하기 때문에 섬 전체에 고기잡이 도구들이 많이 보여 바닷가 섬으로 착각하기 쉽지만 바다 내음이 느껴지지 않는 호수 안의 섬이다. 자동차도, 신호등도 없는 공기 좋고 조용한 마을의 좁은 골목을 돌아다니다 보면 주민들의 소박한 생활을 느낄 수 있다는 것이 매력이다.

오츠시 오미마이코역이 멀리 바라보이는 멋진 경치의 북쪽 부두와 잔교의 모습, 섬 생활을 알 수 있는 자료관인 오키시마 시료칸, 섬의 거리가 내려다보이는 오키츠시마 신사, 골목 안에 조용히 위치해 있는 사찰인 사이후쿠지 등을 둘러보며 1~2시간가량 섬을 즐기기 좋다.

- **구글맵** goo.gl/maps/AGwWZRnutNE2

비와코 중앙에 위치한 바위들이다. 수심 약 80m의 호수 바닥부터 솟아 있는 큰 바위 1개, 작은 바위 3개, 총 4개의 바위로 형성되어 있는데 각도에 따라서 2개 또는 3개로 보일 때도 있다. 바위의 이름은 석양에 바위가 태양빛으로 하얗게 변했다는 설, 조류의 배설물이 오랜 시간 동안 바위에 부착되어 하얗게 되었다는 설 등에서 비롯되었다.

예로부터 신이 사는 섬이라 불리며 신앙의 대상으로 숭배되어 온 섬이다. 섬 전체가 침엽수로 덮여 있어 아름답다. 비와코 8경 중 하나로 손꼽힌다.

국보인 중국 양식의 문 호곤지 카라몬, 벤자이텐을 모시는 본당, 카마쿠라 시대의 5층 석탑인 고쥬세키토, 천수관세음보살을 모시는 관음당인 칸논도와 츠쿠부스마 신사를 연결하는 복도인 후나로카, 에도 시대 초기에 소실되었으나 2000년에 복원한 붉은 삼층탑인 산쥬노토 등 수많은 문화재가 있어서 볼거리가 다양하다.

용신을 모시는 류진하이쇼는 치쿠부시마 최고의 절경. 소원을 쓴 납작한 토기인 카와라케를 기둥문 사이로 던져서 통과시키면 소원이 성취된다는 전설이 있다.

- **주소** 滋賀県長浜市早崎町竹生島
- **가는 법** 나가하마항長浜港, 이마즈항今津港, 히코네항彦根港에서 배로 이동
- **홈페이지** www.chikubushima.jp, www.chikubusima.or.jp

○ 비와코 8경琵琶湖八景
1945년 공모를 통해서 선정된 비와코의 절경 8곳

❶ 료후 오마츠자키노 하쿠테이涼風 雄松崎の白汀 : 바람 부는 오마츠자키의 백사장
❷ 엔우 히에이노 쥬린煙雨 比叡の樹林 : 비오는 날 히에이산의 숲
❸ 유요 세타·이시야마노 세이류夕陽 瀬田·石山の清流 : 석양에 빛나는 세타의 산과 강
❹ 슌쇼쿠 아즈·하치만노 스이고春色 安土·八幡の水郷 : 아즈와 오미하치만의 봄 정경
❺ 게츠메이 히코네노 코죠月明 彦根の古城 : 달이 떠오른 히코네성
❻ 신세츠 시즈가타케노 타이칸新雪 賤ヶ岳の大観 : 시즈가타케의 설경
❼ 신료쿠 치쿠부시마노 친에이深緑 竹生島の沈影 : 치쿠부시마의 녹음
❽ 교무 카이즈오사키노 간쇼暁霧 海津大崎の岩礁 : 안개가 피어오르는 새벽의 카이즈오사키

타케시마
多景島

- **주소** 滋賀県彦根市八坂町
- **가는법** 히코네항彦根港에서 배로 이동

원래는 섬에 대나무가 많아 '타케시마竹島'라고 불리웠으나 에도 시대에
흙을 옮겨와 다양한 나무를 심은 뒤에는 바라보는 각도에 따라 섬의 모습이
변한다고 해서 발음 표기는 그대로이나, 뜻은 다른 '타케시마多景島'라는
이름이 붙은 것으로 알려져 있다. 섬의 대부분은 불교 사찰의 경내이다.
'법화경에 귀의南無妙法蓮華経'라는 글이 적힌 높이 10m의 거대한 바위, 돌로
만든 7층 석탑, '맹세의 기둥'이라 불리는 탑 등이 있다.

비와코 오하시 코메 플라자
琵琶湖大橋米プラザ

- **주소** 滋賀県大津市今堅田 3-1-1
- **가는법** 카타타역堅田駅에서 차량으로 6분, 도보 21분 거리
- **전화번호** 077-574-6161
- **운영시간** 3~11월 09:00~18:00, 12~2월 09:00~17:00, 연중무휴(12/31, 1/1은 10:00~)
- **홈페이지** www.umino-eki.jp/biwakoohashi

시가 지역 특산품과 농산물, 기념품 등을 판매하는 도로 휴게소 겸 관광
안내소이다. 플라자 안에는 오미 지역의 특산 소고기인 오미우시, 은어의
새끼 물고기인 코아유, 붉은 곤약 아카콘냐쿠 등 시가현 특산품을 판매하는
가게인 오이시야 우레시야가 있다. 비와코의 특산품과 기념품을 판매하는
오미야게 판매 코너, 시가현의 신선한 야채와 비와코의 해산물을 이용한
메뉴가 준비되어 있는 레스토랑 등도 있다.

○ **아카콘냐쿠**赤こんにゃく
보통 곤약은 흰색이나 약간 회색을 띠지만 시가현의 곤약은 붉은색이다.
아카콘냐쿠 기원은 여러 가지 설이 있는데, 화려한 것을 좋아했던 오다
노부나가가 곤약을 붉게 물들게 했다는 설, 전쟁터에서 입던 오다
노부나가의 붉은 갑옷에서 비롯되었다는 설, 오미 상인들이 축제에
사용했던 붉은 종이에서 착안했다는 설 등이 있다.

붕어초밥 후나즈시를 카이세키 코스 요리로 즐길 수 있는 곳이다. 음식점의 이름은 코리안 선생이라고 불렸던 일본의 유명 작가인 엔도 슈사쿠가 붙여주었다. 실제로 엔도 슈사쿠의 에세이에서 코리안이 종종 등장한다.

후나즈시 카이세키는 스시, 텐푸라, 무시, 오차즈케 등 다양한 형태로 후나즈시를 맛볼 수 있으며, 우나기, 아유 등 비와코의 제철 식재료도 함께 제공된다. 코리안의 후나즈시는 엄선된 비와코의 니고로부나(대형 붕어)를 2년간 숙성하여 발효음식 특유의 감칠맛, 신맛, 짠맛을 동시에 느낄 수 있으며 콜레스테롤이 낮아서 몸에도 좋은 음식이다. 비와코의 경치를 바라보며 개인실에서 식사를 할 수 있는 것이 큰 매력이며, 1일 1팀만 숙박할 수도 있다.

- **주소** 滋賀県高島市マキノ町海津 2307
- **가는 법** 마키노역マキノ駅에서 차로 5분, 도보 18분
- **전화번호** 0740-28-1010
- **운영시간** 12:00~15:00, 17:00~20:00,
  완전 예약제, 화, 첫째·셋째 수 휴무
- **홈페이지** www.korian.jp

○ **후나즈시鮒寿司(붕어초밥)**
비와코의 붕어 고유 어종인 니고로부나ニゴロブナ를 활용한 향토 요리이다. 2~5월 동안 니고로부나의 내장을 제거하고 소금에 재운 뒤, 여름에 소금기를 씻어내고 밥을 채워서 발효시키는 과정을 거치게 된다. 겨울의 추위 속에서 저온 숙성을 시키는데 대체적으로 1~2년 동안의 발효 과정을 보내고 얇게 썰어서 먹거나 밥 위에 올려 차를 부어서 오차즈케로 먹는다. 니고로부나 저장 방법의 하나로 후나즈시가 정착되어 갔으나 1985년경부터는 어획량이 해마다 감소하였다. 때문에 지금은 희귀한 물고기가 되어서 후나즈시도 비싼 음식이 되어버렸지만 여전히 인기 있는 시가현의 향토 요리이다.

비와코 근교

大津

오츠

오츠시는 비와코의 남서쪽에 있는 도시로, 시가현의 현청 소재지이다. 예로부터 동쪽에 인접한 비와코와 서쪽에 인접한 교토로 인해 비와코 수운이 발전해왔다.

38대 텐노天皇가 오미오츠궁으로 천도한 이래 1300여 년의 역사를 가진 옛 도읍이다. 또 오츠시는 교토시, 나라시에 이어 시 단위로는 국가 지정 문화재 건수가 세 번째로 많은 도시이기도 하다. 일본 3대 명교名橋 중 하나인 세타노카라하시, 세계 문화유산인 엔랴쿠지, 히요시타이샤, 미이데라 등을 비롯한 많은 문화재, 사찰 등이 있다. 세타노카라하시는 일본 속담인 '급하면 돌아가라急がば廻れ'의 어원이 된 곳이기도 하다.

해양 레저의 보급화와 비와코 유람선의 대형화에 따라 1998년 정비된 오츠항은 오츠시의 주요 항이다. 많은 인적 물적 교류를 담당하며 비와코 크루즈 여행의 출발점이기도 하다. 주변에는 녹지를 개발하여 많은 시민들과 관광객들이 부담 없이 쉴 수 있는 공간을 제공하고 있다.

여행 형태	1박 2일
위치	시가현 오츠시 滋賀県大津市

가는 법

● **오사카 출발**
오사카역大阪駅 ➡ JR토카이도·산요 본선JR東海道·山陽本線 ➡ 오츠역大津駅

● **교토 출발**
교토역京都駅 ➡ JR토카이도·산요 본선JR東海道·山陽本線 ➡ 오츠역大津駅

· 주소 滋賀県大津市坂本本町 4220
· 가는 법 케이블 사카모토에키ケーブル坂本駅에서 케이블카 탑승, 케이블
  엔랴쿠지에키ケーブル延曆寺駅에서 하차 후 도보 10분
· 전화번호 077-578-0001
· 운영시간 토도 09:00~16:00, 사이토·요카와 1~2월 09:30~16:00, 3~11월 09:00~16:00,
  12월 09:30~16:00, 연중무휴
· 요금 토도·사이토·요카와 공통권 어른 1,000엔, 중·고생 600엔, 초등학생 300엔
· 홈페이지 www.hieizan.or.jp

엔랴쿠지는 히에이산比叡山(848m) 전역에 100여 개의 건축물이 있는 대규모
사원이다. 788년 덴교 대사 사이쵸가 히에이산에 작은 암자를 지은 것이 시초다.
포교에 정진한 사이쵸가 많은 승려를 배출함에 따라 히에이산은 일본 불교의
모산으로 불렸다. 지금은 일본 천태종의 총본산이다. 1571년 오다 노부나가의
방화로 많은 건축물이 소실되어 새롭게 재건하였다. 엔랴쿠지는 3개 영역으로
나뉘어 있다. 총본당 콘폰츄도와 대강당이 있는 엔랴쿠지 발상지 토도東塔,
엔랴쿠지에서 가장 오래된 건축물 샤카도와 동일한 모양의 건물 두 개가 복도로
연결된 독특한 법당 니나이도 등이 있는 사이토西塔, 본당 요카와츄도와 길흉을
점치는 제비뽑기 오미쿠지의 발상지로 알려진 사원 강당 간잔다이시도 등이
있는 요카와橫川가 그곳이다. 엔랴쿠지는 1994년에 유네스코 세계문화유산으로
등록되었다.

· 가는 법 이시바역石場駅에서 도보 6분
· 구글맵 goo.gl/maps/aTxFZRk5Xv22

에도 시대에 오츠항에는 많은 선박들이 운행하고 있었기 때문에, 항로의 표적이
될 수 있도록 세운 야간등이다. 1845년 비와코 호숫가에 세운 것으로, 원래는
좀 더 내륙에 위치하였으나 비와코 연안의 매립에 따라 호수에 가까운 위치로
이전하였다. 높이 8.4m의 대형 등으로서 비와코 여행 및 운항의 안전을 기원하며
많은 사람들의 기부금으로 지어졌다.

미이데라

三井寺

- **주소** 滋賀県大津市園城寺町 246
- **가는 법** 미이데라역三井寺駅에서 도보 9분
- **전화번호** 077-522-2238
- **운영시간** 08:00~17:00, 연중무휴
- **요금** 입장료 어른 600엔, 중·고생 300엔, 초등학생 200엔
- **홈페이지** www.shiga-miidera.or.jp

686년에 창건하여 긴 역사를 자랑하는 사찰로, 공식적인 명칭은 '온죠지園城寺'이며 천태사문종의 총본산이다. 옛날 텐노의 아기를 목욕시키는 물로 사용된 샘이 있었던 것으로부터 미이데라라고 불리게 되었다. 본존인 미륵보살상을 모신 금당은 국보로 지정되어 있다. 1452년에 건립된 뒤 1601년에 토쿠가와 이에야스가 현재의 위치로 옮긴 인왕문, 무로마치 시대에 지어진 석가당 등 다양한 중요 문화재의 볼거리가 많다. 특히 오미 8경 중 하나인 미이의 만종도 직접 보고 타종할 수 있다. 1689년에 지어진 관음당의 언덕 위 전망대에서 바라보는 경내 건축물과 오츠시의 전경, 그리고 비와코의 모습은 절경을 이루고 있다.

히요시타이샤

日吉大社

- **주소** 滋賀県大津市坂本 5-1-1
- **가는 법** 사카모토역坂本駅에서 도보 10분
- **전화번호** 077-578-0009
- **운영시간** 09:00~16:30, 연중무휴
- **요금** 입장료 어른 300엔, 어린이 150엔
- **홈페이지** hiyoshitaisha.jp

일본 전역에 있는 3,800여 신사의 총본사로 2,100년의 역사를 자랑한다. 액막이에 효험이 있는 신사로도 유명하다. 마사루라는 이름의 원숭이를 신의 사자이자 액막이 상징으로 모시고 있다. 히에이산 산기슭에 위치한 신사는 13만 평에 이를 만큼 광대하다. 경내에는 국보로 지정된 히가시혼구와 니시혼구를 중심으로 수많은 중요 문화재가 있다. 가을에는 단풍 명소로 인기다. 조명을 비추는 야간에 방문해도 된다.

미이데라 치카라모찌 혼케 | 三井寺力餅本家 🍜

1869년 창업 당시부터 변함없는 맛으로 오츠의 명물 음식인 '미이데라 치카라모찌三井寺力餅'를 만들고 있다. 미이데라 치카라모찌는 미이데라의 종을 히에이산까지 끌고 가 옮겼다는 무사시보 벤케이의 이름을 딴 모찌이다. 전통 기법으로 만드는 모찌는 엄선된 오미 모찌고메를 사용하며 주문을 받은 뒤부터 만들기 시작한다. 매우 부드러운 모찌와 녹색 콩가루의 고소한 맛, 흰색 백밀의 단맛이 매력이다. 오츠 여행 선물로 구입하기 좋으며 자리를 잡고 앉아 차와 함께 먹을 수도 있다.

방부제 등의 첨가물을 일절 사용하지 않기 때문에 유통기한이 짧아서 가급적 빠른 시일 내에 먹는 것이 좋다. 2층 갤러리에서는 오츠시 무형문화재 보유자인 타카하시 마츠야마의 에도 시대 때 그려진 민속 그림 오츠에를 무료로 관람할 수 있다.

- 주소 滋賀県大津市浜大津 2-1-30
- 가는 법 하마오츠역浜大津駅에서 도보 1분
- 전화번호 077-524-2689
- 운영시간 07:00~19:00, 연중무휴
- 홈페이지 www.tikaramoti.jp/

카노쇼쥬안 나가라 소혼텐 | 叶匠寿庵 長等総本店 🍜

1958년 창업한 카노쇼쥬안의 본점이다. 창업 당시의 모습을 그대로 간직하고 있다. 창업자는 시가현 오츠시의 관광과에 근무하던 직원으로, 오츠시의 명물을 만들고 싶다는 생각으로 화과자 장인으로 전직하여 카노쇼쥬안을 창업하였다. 현재 카노쇼쥬안은 오츠시만의 화과자 전문점이 아니라 일본 전국에서 인기 있는 화과자점으로 발전하였다. 타네야와 함께 시가현을 대표하는 디저트 전문점이라고 할 수 있다.

카노쇼쥬안의 대표 화과자는 효고현산 고급 팥을 알갱이가 부서지지 않도록 정성껏 삶아서 팥소를 만들고 부드러운 규히(찹쌀가루에 물과 설탕을 넣고 반죽한 것) 안에 넣은 아모, 굵고 달콤한 밤을 최고급 팥소로 감싼 잇코텐이다. 계절 한정 상품과 시가현 내 가게에서만 구입할 수 있는 지역 한정 상품도 준비되어 있다.

- 주소 滋賀県大津市長等 2-4-2
- 가는 법 카미사카에마치역上栄町駅에서 도보 6분
- 전화번호 077-525-8111
- 운영시간 09:00~17:00, 수 휴무
- 홈페이지 www.kanou.com

비와코 ——— 琵琶湖

스미비캇포 츠루키쿄 | 炭火割烹 蔓ききょう 🍵

2009년 오픈한 스미비캇포 츠루키쿄는 1913년에 지어진 포목점의 창고를 개조한 식당이다. 문을
열고 들어가면 소나무 하나를 통으로 가공하여 만든 오픈 키친 앞 목재 카운터가 인상적이다.
주인장이 일본 전국에서 엄선한 식재료를 주로 숯불구이로 조리하고 가급적 소금만을 가미하여
재료 본연의 맛을 즐길 수 있도록 제공하고 있다. 각 계절에 맞는 제철 야채, 비와코의 수산물,
시가현의 육고기 등 식재료에 대한 집념이 느껴지는 다양한 요리를 맛볼 수 있다. 구운 제철
채소 모둠인 야키 야사이 모리아와세, 시가현의 토종닭인 탄카이 지도리 요리 등이 인기이다.
특히나 야생에서 사냥한 멧돼지, 사슴, 곰, 비둘기, 오리 등을 즐길 수 있는데, 사냥 기간에 따라서
맛볼 수 있는 고기의 종류가 달라진다. 비와코의 명물 음식인 후나즈시(017p)도 준비되어 있다.
주인장에게 문의를 하면 요리에 맞는 술을 선택하여 제공해준다.

- **주소** 滋賀県大津市瀬田 2-2-1
- **가는 법** 카라하시마에역唐橋前駅에서 도보 6분
- **전화번호** 077-545-7837
- **운영시간** 11:30~16:00(L.O. 14:00),
  16:00~21:00(L.O. 19:30)
- **홈페이지** tsuru-kikyou.jp

22

오사카야마 카네요 | 逢坂山 かねよ 🍚

1872년에 창업한 오사카야마 카네요는 개인실만 있는 본점과 100석이 넘는 규모의
레스토랑으로 나누어서 운영하고 있다. 특히 본점은 녹음이 가득한 800평의 멋진 정원을
바라보며 다다미방에서 민물장어인 우나기 요리를 즐길 수 있는 곳이다. 웰컴 드링크로 주는
살짝 짭조름한 사쿠라유(소금에 절인 벚꽃에 뜨거운 물을 부은 차)를 마시며 요리를 기다린다.
다다미방에서 정원을 바라보면 혼자 신천지에 와 있는 기분까지 들게 하는 매력이 있다.
카네요는 통통한 육질의 잘 구워진 장어덮밥 위에 달걀 3개를 사용한 커다란 달걀말이를
올린 킨시동(달걀장어덮밥)이 인기 메뉴이다. 여러 겹으로 말아서 만든 두툼한 달걀말이는
그 두께에 놀라고, 한 입 물면 그 부드러움에 또 놀라게 된다. 단맛이 적어서 우나기와 소스가
뿌려진 밥과도 잘 어울린다. 여름 한정으로 맛볼 수 있는 은어 소금구이도 별미.

- **주소** 滋賀県大津市大谷町 23-15(본점)
- **가는 법** 오타니역大谷駅에서 도보 1분
- **구글맵** goo.gl/maps/GRSx6Pxicr62
- **전화번호** 077-524-2222(본점)
- **운영시간** 11:00~20:00, 본점 목 휴무, 레스토랑 화 휴무
- **홈페이지** www.kaneyo.in

나오 | 直

- 주소 滋賀県大津市末広町 3-1
- 가는 법 오츠역大津駅에서 도보 5분
- 전화번호 077-572-9711
- 운영시간 17:30~23:00, 화 휴무, 부정기 휴무 있음

2015년에 오픈한 나오는 맛있는 시가의 지자케와 닭을 먹을 수 있는 이자카야다. 매일 변경되는 5~6가지 요리로 구성되는 츠키다시가 훌륭해서 다른 메뉴를 주문하지 않고 이것만으로도 시가의 지자케와 즐기기에 충분할 정도. 츠키다시는 본 메뉴를 주문하기 전에 그 집의 실력과 맛을 가늠할 수 있는 곁들이 음식. 이것만으로도 나오의 실력을 느낄 수 있다. 7~10 종류의 제철 해산물로 구성되는 오츠쿠리 모리아와세, 교토의 토종닭으로 만든 모모야키 등이 추천 메뉴다. 마무리로는 달걀, 갓, 치어를 넣어서 고슬고슬 볶아낸 볶음밥이 제격이다. 오츠의 밤을 책임지는 멋진 이자카야.

비와코 호텔 | 琵琶湖ホテル

- 주소 滋賀県大津市浜町 2-40
- 가는 법 하마오츠역浜大津駅에서 도보 6분
- 전화번호 077-524-7111
- 요금 스탠더드 트윈 12,500엔~, 루미나 트윈 15,278엔~
- 홈페이지 www.keihanhotels-resorts.co.jp/biwakohotel

호텔의 전 객실에서 비와코가 바라보이는 리조트 호텔이다. 170여 개의 객실, 천연 온천, 야외 수영장, 11개의 레스토랑과 바가 있으며 전 객실에서 무료 와이파이 이용이 가능하다. 또한 사우나, 기프트 숍, 24시간 운용 데스크, 무료 주차장, 컨시어지 서비스도 이용할 수 있다. 시가현의 식재료를 이용한 요리도 강점인 호텔이다. 교토역에서 10분밖에 걸리지 않은 접근성도 큰 장점.

비와코 근교

彦根 히코네 近江八幡 오미하치만

비와코 동쪽에 위치한 오미하치만은 토요토미 히데츠구가 축조한 성을 중심으로 발전하여 예로부터 농업이 번성하였다. 중세 이후에는 육상과 호수의 교통 요충지라는 지리적 이점을 얻어 자유 상업 도시로서 오미 상인의 기초를 마련하였다. 하치만산을 둘러싼 해자인 하치만보리, 람사르 협약에 등록된 습지가 있는 니시노코, 오다 노부나가가 축조한 아즈치 성터 등의 관광 명소가 있다.

시가현의 북동부에 있는 도시 히코네시는 상공업의 중심지다. 오츠시에 이어 시가현에서 두 번째로 큰 도시이며 인구수로는 5위에 해당하는 도시이다. 공습이나 동란 등의 영향이 적어 근세 이후의 마을 모습이 비교적 잘 보존되어 있다. 2009년 가메야마시, 카나자와시, 타카야마시, 하기시와 함께 제1회 역사 마을 만들기 법으로 지정된 도시이다.

여행 형태	당일치기
위치	시가현 오미하치만시 滋賀県近江八幡市, 시가현 히코네시 滋賀県彦根市

가는 법

● 오미하치만
오츠역大津駅 ━ JR토카이도·산요 본선JR東海道·山陽本線 ━ 오미하치만역 近江八幡駅

● 히코네
오츠역大津駅 ━ JR토카이도·산요 본선JR東海道·山陽本線 ━ 히코네역彦根駅

○ 오미 상인近江商人
오사카 상인大坂商人, 이세 상인伊勢商人과 함께 일본 3대 상인으로 불린다. 시가현 출신의 상인들을 말하는 오미 상인은 "판매자에게 좋고, 구매자에게 좋고, 세상 사람들에게도 좋고"라는 정신으로 예부터 일본 전국 각지에서 활약하였다. 오미 상인들은 토요타 자동차, 타카시마야 백화점, 다이마루 백화점, 와코루, 스미토모 그룹 등 일본 굴지의 대기업을 일궈냈다. 현재도 시가현 출신의 기업가들을 오미 상인이라고 부르고 있다.

하치만보리는 1585년 하치만산에 성을 쌓으면서 비와코와 연결되도록 그 주위에 건설한
해자로서 총 연장은 4,750m에 이른다. 비와코의 수운으로도 이용되고 있다. 수로 양쪽에는 흰
벽과 갈색 목재의 옛 가옥들과 돌길이 늘어서 있어서 옛 정취를 느낄 수 있는 곳이다.
1950~1960년대의 고도성장 및 방치로 인해 하치만보리는 심각한 오염 상태였으나, 지역
주민들의 노력으로 현재의 상태로 정비되어 수로를 따라 관광 나룻배가 운행되고 있다. 인기
만화를 원작으로 한 영화《바람의 검심(2012년)》등 각종 시대극 촬영의 무대가 되고 있다.
하치만보리는 현재 전통건물지구 겸 중요문화 경관지구로 지정되어 있다.

* **주소** 滋賀県近江八幡市宮内町
* **가는 법** 오미하치만역近江八幡駅 앞에서 쵸메이지長命寺 방면 버스를 타고
  오스기쵸 하치만야마 로프웨이구치大杉町八幡山ロープウェイ口에서 하차
* **구글맵** 하치만보리 전망 장소 goo.gl/maps/ro28WhqeYeC2
* **전화번호** 0748-33-6061(오미하치만 관광안내소)

라 코리나 오미하치만

ラ コリーナ近江八幡 ☕

- 주소 滋賀県近江八幡市北之庄町 615-1
- 가는법 오미하치만역近江八幡駅 앞에서 쵸메이지長命寺 방면 버스를 타고 키타노쵸 라 코리나北之庄 ラ コリーナ 하차
- 전화번호 0748-33-6666
- 운영시간 09:00~18:00, 연중무휴(1/1 휴무)
- 홈페이지 taneya.jp/la_collina

클럽 하리에를 운영하는 화과자, 바움쿠헨 전문점. 약 150년 역사의 타네야 그룹이 2015년 1월에 오픈한 플래그십 매장이다. 하치만산의 산기슭에 위치하였으며, '자연과 인간의 공생'을 주제로 주변의 자연을 잘 살린 아름다운 풍경 속에 본사, 음식점, 베이커리, 마르쉐, 과자 전문점, 카페 등이 있는 복합시설이다. 라 코리나La Collina는 이탈리아어로 '언덕'이라는 뜻이다. 지붕에 잔디를 심은 라 코리나 입구의 큰 건물은 1층에 타네야의 모든 화과자 상품을 판매하는 매장 및 바움쿠헨 매장이 있다. 2층 카페에서 바로 먹을 수 있는 야키타테 바움쿠헨(갓 구운 독일식 케이크)은 1층 공방에서 갓 만들어서 손님들에게 가장 인기 있는 상품이다. 100그루 이상의 밤나무를 사용하여 만든 매장에서는 폭신한 카스텔라와 함께 신선한 달걀을 사용한 오므라이스도 맛볼 수 있다. '과자의 재료는 자연의 은혜'라는 이념으로 부지 내에 나무를 심어 숲을 이루고, 반딧불이 사는 개울을 만들고 직접 논밭을 경작하고 있다. 일반인들이 참여할 수 있는 각종 체험 및 투어 코스도 있다.

정육점인 '카네요시야마모토カ차荷山本'가 직영으로 운영하는 레스토랑.
1979년에 오픈하여 스테이크와 샤브샤브 등 다양한 오미우시(소고기)
요리를 제공하고 있다. 1층에서는 고기와 코로케 등을 판매하고 2~3층이
레스토랑으로 운영되고 있다. 2층은 테이블석과 카운터석, 3층은
다다미방으로 구성되어 있다. 오미우시를 사용한 스테이크, 샤브샤브,
스키야키(일본식 소고기 냄비요리), 규토로즈시(소고기 올린 스시),
카이세키(일본식 코스 요리) 등을 즐길 수 있다. 오미우시가 일본 전역에서
유명한 만큼 가격대가 높기 때문에 점심 메뉴를 찾는 손님들이 많다. 2층의
카운터석에서는 직접 눈앞에서 스테이크를 구워 주기 때문에 눈도 즐겁다.
오미우시 스테이크는 소금, 말차 소금, 와사비, 간장 등을 함께 제공하여
취향에 따라 맛을 즐길 수 있다. 일본에서 가장 오래된 역사를 자랑하는
오미우시의 부드러운 육질과 육즙의 감칠 맛을 제대로 즐길 수 있는 곳이다.

- **주소** 滋賀県近江八幡市鷹飼町 558
- **가는 법** 오미하치만역近江八幡駅에서 도보 3분
- **전화번호** 0748-33-3055
- **운영시간** 11:30~15:00, 17:00~20:00, 화 휴무
- **홈페이지** www.oumigyuu.co.jp/tiffany

○ 오미우시近江牛

마츠사카우시松阪牛, 고베비프神戸ビーフ와 함께 일본 3대 와규로 손꼽히고 있으며, 일본의
육우로서는 가장 오랜 역사의 와규로 알려져 있다. 일본 3대 와규라고 이야기 하면, 마츠사카우시와
고베비프 2개의 와규에 추가적으로 오미우시, 요네자와규, 마에사와규 중에서 한 가지를 지칭할 때가
많은데, 대체적으로 오미우시를 꼽는다. 예로부터 일본 각지에서 활약한 오미 상인의 영향으로 다른
와규에 비해 인지도가 높은 편이다.

히코네성

彦根城

📷

히메지성, 마츠모토성, 이누야마성, 마츠에성과 함께 국보로 지정되어 있는 성이다. 별칭으로 '콘키죠金亀城'라고도 불린다. 천수각을 비롯해서 망루, 정원, 해자 등 당시의 모습을 유지하고 있다. 1622년 20여 년에 걸쳐 완성하였으며 비와코의 물을 직접 끌어와 해자를 만들었다. 현재 히코네성의 해자를 중심으로 2006년부터 유람선이 운행되고 있다. 히코네성의 경치와 함께 봄에는 벚꽃, 여름에는 싱그러운 버드나무, 가을에는 단풍을 즐길 수 있으며 매년 약 1만 명의 관광객이 승선하고 있다.

성의 정문을 통해 언덕을 올라가면 성내에서 복도처럼 연결한 다리인 로카바시가 보이는데, 이 다리를 중심으로 좌우 대칭으로 지어진 건물이 중요문화재인 텐빈야구라이다. 건물의 모양이 마치 천칭과 같아서 붙여진 이름이다. 일본의 성곽 중에서 이런 형식의 건물이 존재하는 것은 히코네성이 유일하다. 성 정상에는 국보로 지정된 3층의 천수각이 있는데 천수각 내부는 관람이 가능하며, 비와코의 전경이 시원하게 펼쳐진다.

성 아래에 위치한 정원 겐큐라쿠라쿠엔은 오미 8경을 모방하여 1677년에 만든 다이묘 정원. 이곳에서 함께 보는 히코네성의 천수각, 핫케이테이, 연못의 모습은 히코네성에서 즐길 수 있는 최고 절경 중 하나다.

- **주소** 滋賀県彦根市金亀町 1-1
- **가는 법** 히코네역彦根駅에서 도보 13분
- **전화번호** 0749-22-2742(히코네성 관리사무소)
- **운영시간** 08:30~17:00, 연중무휴
- **요금** 입장료 어른(고등학생 이상) 800엔, 중·초 등학생 200엔(히코네성, 겐큐라쿠라쿠엔 공통 이용)
- **홈페이지** hikonecastle.com

멘타쿠미 챠카폰
麺匠ちゃかぽん

오미우시 전문점으로 인기 있는 곳이다. 특히
옛날 히코네의 첫 영주가 붉은색 갑옷을
입고 적진을 누볐던 모습에서 착안하여
3종류의 아카오니 우동이 유명하다.
그중에서 가장 인기 있는 메뉴는 니다이메
아카오니 우동. 얇게 썬 고급 오미우시를
우동면 위에 올리고 뜨거운 국물을 부어서
샤브샤브풍으로 먹는 니쿠 우동이다. 우동면
위에 오미우시뿐만 아니라 달걀지단, 양파,
미즈나가 올라가서 색감이 좋다. 뜨거운
국물을 부으면 김이 모락모락 피어나면서
고기가 익어가며 붉은색이 갈색으로 변하는
모습이 재미있다. 야들야들한 오미우시와
쫄깃한 우동면을 함께 즐길 수 있다.
그 외에 아카오니 우동으로는 츠유에
찍어먹는 츠케우동풍의 이치다이메,
토핑으로 오미우시와 붉은 곤약이 올라간
쥬산다이메가 있다. 오미우시로 만든 스시인
오미우시 니기리도 있으며, 아카미, 토로,
군칸마키 3가지를 한꺼번에 먹을 수 있는
'오미우시 산칸모리近江牛三貫盛'가 추천
메뉴다.

- 주소 滋賀県彦根市本町 2-2-2
- 가는 법 히코네역彦根駅에서 도보 18분
- 전화번호 0749-27-2941
- 운영시간 11:00~15:00, 화, 둘째·넷째 월 휴무
- 홈페이지 www.sennaritei.jp/site/tyakapon

짬뽕테이
ちゃんぽん亭

히코네역 인근에 있는 인기 오미짬뽕
전문점이다. 초기에는 우동, 소바 등을
판매하는 작은 식당이었다. 노동자들을
위해 재료를 듬뿍 올린 짬뽕을 제공한 것이
대인기를 얻어서 1988년에 짬뽕에 특화된
전문점 짬뽕테이를 오픈하게 되었다. 그
명성이 자자해져 시가현의 대표 음식 중
하나인 '오미짬뽕'이 되었다. 짬뽕테이의
오미짬뽕은 가다랑어와 다시마 등 7가지
식재료에서 추출한 국물을 베이스로 고기와
야채를 볶지 않고 국물과 함께 끓여서
국물에 고기와 야채의 담백하고 깊은 맛이
난다. 풍성한 야채로 균형 잡힌 영양식을
추구하고 있으며, 큼직하고 독특한 식감의
목이버섯도 들어간다. 면은 특제 수제면을
사용하여 3일간 숙성시킨다. 취향에 따라 면,
고기, 야채의 양을 조절해서 주문할 수 있다.
식사 중간에 식초를 넣어서 맛에 변화를
주는 것을 추천한다. 식초는 부드러운 맛으로
짬뽕을 즐길 수 있게 해준다. 부타소바,
토리카라아게 등도 인기 메뉴다.

- 주소 滋賀県彦根市旭町 9-6
- 가는 법 히코네역彦根駅에서 도보 2분
- 전화번호 0749-23-1616
- 운영시간 11:00~22:30, 연중 무휴
- 홈페이지 chanpontei.com

비와코 근교

長

나가하마

浜

나가하마성을 중심으로 발전한 도시였으나 17세기 황폐해진 이후 침체기를 거친 뒤 상공업 중심 도시로 발전하여 역참마을로 번성하게 되었다. 원래 이름은 이마하마라고 불리었으나 1575년 무렵에 오다 노부나가의 이름에서 '나가長'를 따서 '나가하마長浜'라고 개칭하였다고 한다. 1882년에 완성된 구 나가하마 역사는 일본에서 현존하는 가장 오래된 역사이며, 기타 메이지 시대의 건축물이 많아서 일본의 옛 정취를 느낄 수 있는 도시이다.

비와코 최고의 관광 명소인 치쿠부시마가 나가하마시에 속해 있으며, 일본의 석양 100선에 선정된 비와코의 멋진 석양을 만끽할 수 있다. 매년 4월에 열리는 축제 나가하마 히키야마 마츠리는 일본 중요 무형 민속문화재이면서 유네스코 무형 문화유산으로 지정된 나가하마시의 최대 축제이다.

여행 형태 당일치기

위치 시가현 나가하마시 滋賀県長浜市

가는 법 ● 후쿠오카 출발
오츠역大津駅 ➡ JR토카이도·산요 본선JR東海道·山陽本線 ➡
나가하마역長浜駅

· **주소** 滋賀県長浜市元浜町 12-38(쿠로카베 가라스칸)
· **가는 법** 나가하마역長浜駅에서 도보 5분
· **전화번호** 0749-65-2330(쿠로카베 가라스칸)
· **홈페이지** www.kurokabe.co.jp

에도 시대에 번성했던 홋코쿠카이도 주변에 있는 남은 건물들을 활용하여 구성된 복합 관광지다. 에도 시대부터 쇼와 초기까지의 운치 있는 옛 거리 풍경이 특징인 지역이다. 에도 시대부터 메이지 시대의 건축 양식을 잘 살린 가라스칸, 갤러리, 유리 공방, 레스토랑, 카페, 숍, 체험 교실 등 30여 개 점포가 모여 있다. 연간 약 200만 명이 방문하는 나가하마의 관광 명소로서 나가하마의 전통과 문화를 만끽할 수 있는 곳이다.

· **주소** 滋賀県長浜市元浜町 12-38
· **가는 법** 나가하마역長浜駅에서 도보 5분
· **전화번호** 0749-65-2330
· **운영시간** 10:00~17:00, 연말연시 휴무

1900년에 지어진 구 제 130은행 나가하마지점을 개조하여 1989년에 오픈했다. 엄선된 유리 공예품들을 전시 및 판매하고 있는 쿠로카베 스퀘어의 중심 점포다. 1층에는 일상생활에서 사용하는 그릇, 꽃병, 액세서리, 2층에는 이탈리아, 독일, 오스트리아 등의 유리 세공품이 있다. 일본 유리 공예 장인의 작품뿐만 아니라 일상생활 용품, 귀여운 캐릭터 상품, 미니어처, 액세서리, 유리 펜, 유럽에서 직접 구매해온 베네치아, 보헤미안 유리 상품 등 다양하고 폭넓은 공예품이 방문객들의 마음을 흔든다.

비와코

琵琶湖

쿠로카베 아미스 | 黒壁AMISU 📷

• **주소** 滋賀県長浜市元浜町 8-16
• **가는 법** 나가하마역長浜駅에서 도보 5분
• **전화번호** 0749-65-2330
• **운영시간** 10:00~17:00, 화, 연말연시 휴무

시가현 고유의 역사, 문화가 담긴 상품을 엄선하여 시가현의 매력이 가득 담긴 상점이다. 시가현의 식품과 땅에 묻어 익힌 술인 지자케(그 지역의 술, 토산주), 슬로우 라이프 스타일의 생활 잡화, 주방 용품, 민속 공예품 등을 판매하고 있으며, 시음 시식 행사 및 다양한 이벤트가 진행된다.

데코보코도 나가하마 | 凸凹堂長浜 📷

• **주소** 滋賀県長浜市元浜町 12-32
• **가는 법** 나가하마역長浜駅에서 도보 5분
• **전화번호** 0749-68-1015
• **운영시간** 09:30~17:30, 연중무휴

천연석과 액세서리 중심의 상품을 취급하는 상점으로 세계 각국에서 수년 간 수집한 상품들을 선보이고 있으며, 금전운이 있는 원석과 가공품 등도 판매하고 있다. 자신에게 맞는 행운의 돌도 안내해주며 천연석과 유리구슬 등을 사용하여 목걸이, 귀걸이 등 자신만의 오리지널 액세서리를 만들 수 있다. 어린이들도 체험할 수 있는 공방을 운영하기도 하며, 패션 잡화도 함께 판매하고 있다.

나가하마성 역사박물관 | 長浜城歷史博物館 📷

1983년에 시민들의 기부금으로 복원된 나가하마성의 내부를 역사박물관으로 개장하였다.
토요토미 히데요시와 코후쿠, 나가하마의 역사와 문화를 전시하고 있으며, 나가하마 히키야마
마츠리의 영상도 상영하고 있다. 5층 전망대에서는 비와코와 나가하마 시내의 전경이 한눈에
들어온다. 인근에 있는 나가하마 성터라고 적혀 있는 비석 주위 약간의 돌담과 우물만이
옛 성의 모습을 유추할 수 있게 해준다. 주변은 나가하마시의 벚꽃 명소로 유명하다.

- **주소** 滋賀県長浜市公園町 10-10
- **가는 법** 나가하마역長浜駅에서 도보 6분
- **전화번호** 0749-63-4611
- **운영시간** 09:00~17:00(마지막 입장은
  16:30까지), 매달 하루 부정기 휴무
- **요금** 입장료 어른 410엔, 어린이 200엔

토리키타 | 鳥喜多

1931년에 오픈한 나가하마의 닭요리 전문점으로 언제나 긴 웨이팅을 이루고 있는 나가하마를
대표하는 인기 식당이다. 토리키타의 간판 메뉴는 오야코동이다. 다시마를 넣어 4시간 동안
우려낸 국물에 부드럽게 익힌 닭고기와 달걀을 풀어 넣어서 밥 위에 올린 뒤 날달걀 노른자를
추가로 얹은 돈부리(덮밥)이다. 몽실몽실한 반숙 달걀, 농후한 맛의 날달걀의 노른자,
부드러운 질감에 육즙이 터지는 닭고기의 조화가 입을 즐겁게 만든다. 담백한 닭육수에
닭고기, 달걀, 파를 넣은 심플한 카시와 나베도 인기 메뉴이다. 함께 제공해주는 갈은 생강을
넣으면 맛이 더욱 풍성해진다. 오야코동과 카시와나베를 함께 먹을 수 있는 세트 메뉴도 있다.
기분 좋은 점원들의 서비스가 편안함을 준다.

- **주소** 滋賀県長浜市元浜町 8-26
- **가는 법** 나가하마역長浜駅에서 도보 4분
- **전화번호** 0749-62-1964
- **운영시간** 11:30~13:30, 화 휴무

비와코 ——— 琵琶湖

요카로 | 翼果楼 　　　　　　　　　🍜

1990년에 지어진 지 200여 년이 된 포목상을 개조하여 오픈한 요카로는 나가하마의 향토
요리를 맛볼 수 있는 곳이다. 옛 모습을 지키기 위해서 최대한 건물에 손을 대지 않고 당시에
사용하던 가구와 그릇 등도 그대로 사용하고 있다. 요카로는 고등어를 구운 뒤 국물에 졸인
두꺼운 야키사바(구운 고등어)를 소면 위에 올린 야키사바 소멘이 명물인 음식점이다. 살짝
구운 고등어를 간장과 달짝지근한 요카로만의 비법 양념에 이틀간 푹 끓여서 만든다. 고등어의
겉은 탄탄하지만 속은 촉촉하여 뼈까지 먹을 수 있을 정도이다. 소면은 3년 숙성된 것을
사용하여 쫄깃하고 쉽게 붙지 않는다. 진하면서도 농후한 맛 때문에 이 소면을 맛보려고 일본
각지에서 손님들이 몰려든다. TV와 잡지에도 자주 소개되는 인기 음식점이다.
야키사바의 진한 맛 때문에 밥 반찬으로도 좋다. 오니기리나 구운 고등어 초밥인 야키사바
스시 세트 메뉴도 준비되어 있다. 오미우시나 오리 요리도 즐길 수 있다.

○ **야키사바 소멘**焼鯖そうめん
바쁜 농번기인 5월에 농가로 시집을 간 딸을 걱정하며 부모가
구운 고등어를 보내는 풍습에서 유래된 것으로 알려져 있다.
코후쿠 지방의 가까운 바닷가에 고등어 산지가 있어서 구하기
쉬운 식재료였으며, 바쁜 농번기에 간편하게 만들어 먹을 수
있고 고등어는 영양가가 높아서 농사일에 지친 몸에도 좋은
음식이었다. 지금도 친근한 가정 요리이며, 축제 요리로도
사랑받고 있다. 최근에는 나가하마의 명물 음식으로 관광
자원화하고 있는 중이다.

- **주소** 滋賀県長浜市元浜町 7-8
- **가는 법** 나가하마역長浜駅에서 도보 4분
- **전화번호** 0749-63-3663
- **운영시간** 10:30~재료 소진 시 영업 종료, 매주 월,
  마지막주 화 휴무, 월요일이 공휴일일 경우에는
  그다음날 휴무

아마노하시테
天橋立

교토부

홋카이도

아오모리현
아키타현
이와테현
야마가타현 미야기현
니가타현 후쿠시마현
도치기현
|시카와현 도야마현 군마현
나가노현 이바라키현
후쿠이현 사이타미현
기후현 야마나시현 도쿄도
시가현 치바현
돗토리현 가나가와현
시마네현 오카야마현 효고현 아이치현 시즈오카현
오사카부 미에현
히로시마현 카가와현
야마구치현 에히메현 토쿠시마현 나라현
후쿠오카현 고치현 와카야마현
사가현 오이타현
나가사키현
쿠마모토현 미야자키현
가고시마현

약 4,000년 전에 형성된 교토부 북부에 위치한 폭 20~170m, 길이 3.6km의 모래사장에 약 8,000그루의 소나무가 우거진 곳이다. 그 독특한 지형의 모양이 하늘에 있는 다리처럼 보인다고 해서 붙여진 이름. 오랜 세월에 걸쳐 자연이 만든 신비한 경치로 일본 3경 중 하나로 손꼽히고 있다. 지리서 《탄고국 풍토기丹後国風土記》에 나오는 일본의 신 이자나기노미코토가 자는 동안 하늘과 땅을 연결하는 다리가 땅에 떨어져서 아마노하시다테가 되었다는 기록이 남아 있는 전설의 명승지이다.

아마노하시다테를 즐길 수 있는 방법은 아마노하시다테 뷰 랜드, 카사마츠코엔의 전망대에서 바라보거나, 자전거 또는 도보로 산책하는 것이다. 배를 타고 아마노하시다테의 양쪽 끝을 왕복할 수도 있으며, 해변가에서 수영이나 낚시를 즐길 수도 있다. 아마노하시다테와 육지를 잇는 카이센쿄는 배가 통과할 때마다 90도 회전하는 특이한 다리로서, 하루 50번 정도 회전한다. 1952년에 일본 전국 35개소와 함께 특별명승지로 지정되었으며, '바다의 교토海の京都'라 불린다.

여행 형태	당일치기
위치	교토부 미야즈시 몬주 아마노하시다테 공원 京都府宮津市文珠天橋立公園

가는 법

교토역京都駅 ➡ JR특급 하시다테JR特急はしだて ➡ 아마노하시다테역天橋立駅
(아마노하시다테 직행은 하루 3번, 교토 출발 09:25, 10:25, 15:25, 그 외의 시간은 후쿠치야마역福知山駅 경유)

교토역京都駅 ➡ JR특급 키노사키JR特急きのさき ➡ 후쿠치야마역福知山駅 ➡ 탄고릴레이たんごリレー ➡ 아마노하시다테역天橋立駅

구글맵 goo.gl/maps/PNZ5DAZC8CT2

홈페이지 www.amanohashidate.jp

○ **일본 3경日本三景**

미야기현의 마츠시마宮城県の松島, 히로시마현의 미야지마広島県の宮島, 교토부의 아마노하시다테京都府の天橋立. 일본 3경 발상의 시작은 1643년 마츠시마를 아마노하시다테, 미야지마와 함께 '세 곳의 절경지'라고 언급하면서부터이다. 1689년 후쿠오카의 유학자가 아마노하시다테 여행을 기록한 《키시키코리日本紀行》에서 아마노하시다테를 일본 3경 중에 하나라고 적으면서 일본 3경이라는 말이 등장하였다.

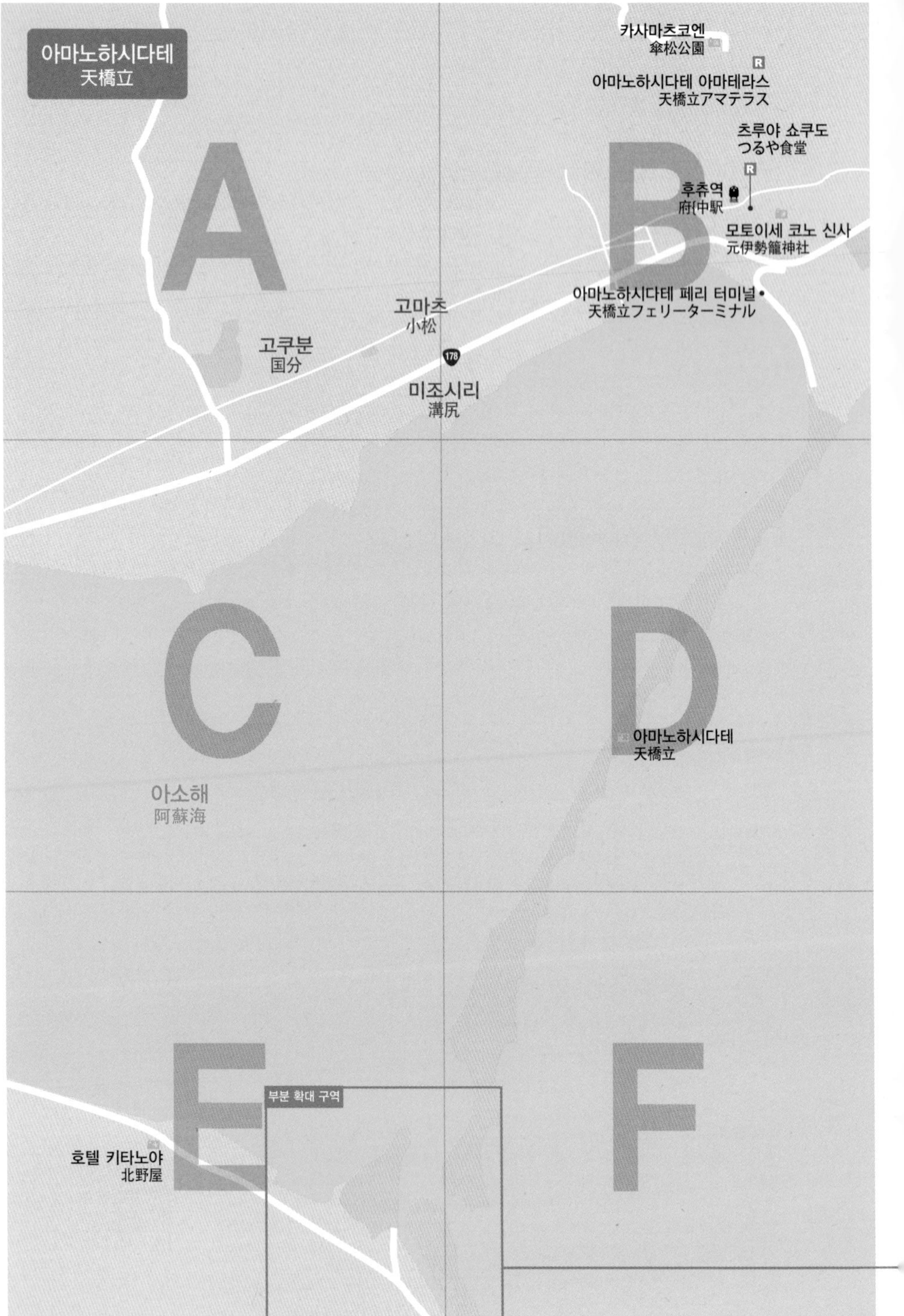

아마노하시다테
天橋立

카사마츠코엔
傘松公園

아마노하시다테 아마테라스
天橋立アマテラス

츠루야 쇼쿠도
つるや食堂

후츄역
府中駅

모토이세 코노 신사
元伊勢籠神社

아마노하시다테 페리 터미널
天橋立フェリーターミナル

고마츠
小松

고쿠분
国分

170

미조시리
溝尻

A

B

C

D

아소해
阿蘇海

아마노하시다테
天橋立

E

F

부분 확대 구역

호텔 키타노야
北野屋

모토이세 코노 신사	元伊勢籠神社	

미에현 이세진구(황실의 종묘)가 현재의 위치에 건립되기 전에 일시적으로 아마테라스
오미카미라는 신을 모셨던 신사이다. 또한, 일본에서 가장 오래되었고 국보로 지정된 '텐노의
족보'가 발견된 신사로도 유명하다. 신사의 창건 시기는 정확히 알려져 있지 않으나, 신전으로
이어지는 돌계단 앞 양옆에 있는 중요문화재로 지정된 코마이누(돌사자상)들이 카마쿠라
시대의 것으로 추정되고 있어서 그 긴 역사를 유추해볼 수 있다. 신사 경내에서는 사진 촬영이
금지되어 있다.

- **주소** 京都府宮津市字大垣430
- **가는 법** 관광선 선착장 이치노미야역一の宮駅에서 도보
  2분
- **전화번호** 0772-27-0006
- **운영시간** 3~11월 07:30~17:00, 12~2월 07:30~16:30,
  연중무휴
- **구글맵** goo.gl/maps/VjBfccTHh4w
- **홈페이지** www.motoise.jp

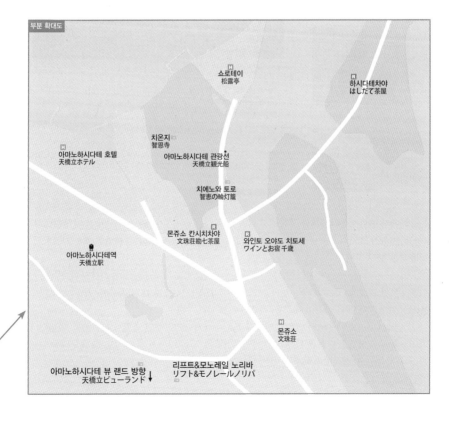

아마노하시다테 뷰랜드

天橋立ビューランド

· 주소 京都府宮津市字文珠
· 가는 법 아마노하시다테역天橋立駅에서
  리프트&모노레일 노리바까지 도보 5분
· 구글맵 goo.gl/maps/x4QZiCVD1P62
· 전화번호 0772-22-1000
· 운영시간 2/21~7/20 09:00~17:30, 7/21~8/20 08:30~18:00,
  8/21~10/20 09:00~17:00, 10/21~2/20 09:00~16:30
· 요금 리프트&모노레일 승차 어른 850엔, 초등학생 450엔
· 홈페이지 www.viewland.jp

몬쥬산에서 아마노하시다테를 남쪽에서 바라볼 수 있는 유원지 겸 전망대이다. 산 아래에서 뷰
랜드까지 모노레일과 리프트로 왕복이 가능하며, 올라갈 때는 모노레일, 내려올 때는 리프트를
이용하는 것이 경치를 관람하는 좋은 방법이다.
이곳에서는 허리를 숙이고 가랑이 사이로 아마노하시다테를 바라보는 것이 하나의 재미인데,
이를 '마타노조키股のぞき'라 한다. 마타노조키로 아마노하시다테를 보면 춤을 추며 하늘을 나는
용처럼 보인다고 해서 이곳의 경치를 '히류칸飛龍観'이라고 한다.
높이 8.5m에 총연장 250m의 용을 형상화한 회랑에서 360도로 주변 경치를 관람할 수 있다.
치에노와에 질그릇을 던져 소원을 비는 카와라케나게, 멀리 미야즈 시가지까지 보이는
관람차, 뷰 랜드 내를 한 바퀴 돌 수 있는 사이클 카, 레스토랑 등 다양한 볼거리, 즐길 거리를
마련해놓았다.

나리아이산 중턱 해발 130m에 위치한 공원으로, 아마노하시다테를 북쪽에서 바라볼 수 있는 곳이다. 지상 후츄역에서 리프트 또는 케이블카로 왕복할 수 있다.

카사마츠코엔은 돌 받침대 위에 올라가서 허리를 숙이고 가랑이 사이로 경치를 들여다보는 마타노조키의 발상지다. 이곳에서 마타노조키로 아마노하시다테를 보면 경사진 일직선의 모습이 하늘로 올라가는 용처럼 보인다고 해서 이곳의 경치를 '쇼류칸昇龍觀'이라고 한다. 리프트 카사마츠역 승강장의 바로 위에 설치된 원형 데크 전망대인 스카이덱에서 아마노하시다테를 바라보며 공중 산책을 즐길 수 있다. 그 밖에도 콜로세움 전망대, 행운을 기원하는 카와라케나게, 소원의 종과 열쇠, 레스토랑 및 카페인 아마테라스 등이 있다. 2009년 카사마츠코엔의 캐릭터로 결정된 카사보의 귀여운 모습은 관광객에게 큰 인기를 얻고 있다.

- **주소** 京都府宮津市大垣
- **가는 법** 관광선 선착장 이치노미야역ー の宮駅에서 도보 5분 이동하여 후츄역府中駅에서 케이블카 또는 리프트 이용, 카사마츠역傘松駅 하차
- **구글맵** goo.gl/maps/c8Kt4Ziiy2r
- **전화번호** 0772-22-8030
- **운영시간** 09:00~17:00, 연중무휴
- **요금** 리프트, 케이블카(왕복) 어른 680엔, 초등학생 340엔

- 주소 京都府宮津市字文珠466
- 가는 법 아마노하시다테역天橋立駅에서 도보 4분
- 전화번호 0772-22-2553

- 홈페이지 www.monjudo-chionji.jp

808년 건립된 사찰로서 지혜의 부처인 문수보살을 모시는 일본 3대 몬쥬 중에 하나이다. 치온지라는 이름은 904년 당시 텐노에게 하사받은 것이다. 사찰 입구를 들어가면 바로 왼쪽에 보이는 다보탑은 무로마치 시대에 만들어진 것으로 국가 중요문화재로 지정되었다. 좀 더 안쪽으로 들어가면 많은 사람들이 참배를 하고 있는 몬쥬도를 만날 수 있다. 특히 지혜를 얻는다는 의미에서 수험생이나 시험 합격을 목표로 한 참배객들이 많이 방문하는 곳이다. 몬쥬도 내에는 목조 문수보살상을 모시고 있으나 평소에는 공개하지 않고, 1/1~3, 1/10, 7/24일 딱 1년에 5일만 공개하고 있다. 경내의 소나무에는 독특하게도 부채들이 주렁주렁 달려 있는데, 이것은 '스에히로센스すえひろ扇子'라고 하는 길흉을 점치기 위해 뽑는 제비를 달아놓은 것이다.

- 주소 京都府宮津市字文珠
- 가는 법 아마노하시다테역天橋立駅에서 도보 4분
- 구글맵 goo.gl/maps/QJqGFgNGRRJ2

치온지 옆 해안가에 세워져 있는 돌로 만든 원 모양의 독특한 토로(등롱)로서, 에도 시대에는 원 안에 등을 설치해서 오가는 선박들을 위해서 불을 밝혔다고 한다. 만들어진 정확한 시기는 알 수 없으나, 1726년에 간행된 책의 아마노하시다테 치온지 그림 상에서도 해안가에 그 모습을 찾아볼 수 있다. 토로의 이름인 '치에노와(지혜의 원)'에서 유래한 것으로 원 안으로 몸을 세 번 통과하면 머리가 좋아지고 문수보살의 지혜를 얻는다는 속설이 있다.

하시다테차야 | はしだて茶屋 🍜

아마노하시다테 공원 내에 있는 음식점으로, 가게 안에서 식사할 수도 있고 음식점 밖에서
해변과 바다, 소나무 숲을 바라보며 식사를 할 수도 있다. 맛 좋은 쌀로 지은 밥 위에
아마노하시다테에서 잡은 바지락을 듬뿍 올린 아사리동은 하시다테차야의 명물 음식이다.
돈부리 위로 올라오는 은은한 바다의 향기, 탄력 있는 아사리(바지락)의 육질과 밥에 스며
있는 다시마와 간장 맛의 국물이 별미. 또 다른 추천 음식인 쿠로치쿠와는 교토부
미야즈의 특산품으로서, 정어리 100%로 직접 만들어 갓 구운 따뜻한
맛을 즐길 수 있다.
치온젠자이, 치온당고 같은 디저트류도 있으며, 모든 음식은
테이크아웃 할 수 있어 아마노하시다테 산책 중이나 벤치에서
음식을 즐길 수 있다. 산책을 위한 자전거 대여도 가능하다.

- 주소 京都府宮津市文珠天橋立公園内
- 가는 법 아마노하시다테역天橋立駅에서 도보 8분
- 구글맵 goo.gl/maps/ozPaz8h8iRK2
- 전화번호 0772-22-3363
- 운영시간 09:00~17:00, 목 휴무(여름은 무휴)
- 홈페이지 www.hashidate-chaya.jp

아마노하시다테 아마테라스 | 天橋立アマテラス 🍜

카사마츠코엔 내에 있는 시설이다. 1층은 카페와 스낵을 즐길 수 있는 아마 카페이자 기념품과
특산품을 살 수 있는 매점이며, 2층은 눈앞에 펼쳐지는 아마노하시다테의 경치를 감상하며
식사를 즐길 수 있는 레스토랑 아마 다이닝으로 운영하고 있다. 1층 아마 카페에서는 카사마츠
당고, 교토부 미야즈의 특산물인 올리브유에 담근 정어리로 만든 사딘 버거가 인기 있다.
2층 아마 다이닝은 아마노하시다테의 절경을 감상할 수 있는 유리창 쪽 자리가 언제나 인기다.
음식으로는 작은 방어 사시미를 태양 모습처럼 올린 마루고 야마카케동이 인기 메뉴. 먹기
좋게 작은 그릇들에 나눠서 담겨 나오는 유명 소바인 이즈시 소바, 올리브유에 담근 정어리가
토핑으로 올라간 오일 사딘 파스타도 추천 메뉴다.

- 주소 京都府宮津市字大垣 19-6
- 가는 법 후츄역府中駅에서 케이블카 또는
  리프트 이용, 카사마츠역傘松駅 하차
- 전화번호 0772-27-0898
- 운영시간 09:30~16:30, 연중무휴

아마노하시다테 ─ 天橋立

와인토 오야도 치토세 | ワインとお宿 千歳 🥄

아마노하시다테 와이너리의 오너가 경영하는 온천이 있는 숙소 겸 레스토랑이다. 에도 시대 때부터 영업한 노포 료칸인 치토세 료칸을 2000년에 리노베이션하여 와인을 즐길 수 있는 온천 숙소로 재오픈하였다. 아마노하시다테의 소나무 숲과 배가 지나갈 때마다 90도 회전하는 카이센쿄의 모습을 테라스에서 바라볼 수 있다.

숙박자가 아니더라도 레스토랑에서 점심과 저녁 식사를 즐길 수 있으며, 자연이 키운 제철 탄고의 식재료를 사용한 요리를 맛볼 수 있다. 점심 메뉴로는 치토세고젠이 인기 있다. 치토세고젠은 사시미와 3~4가지 반찬과 국이 하나의 바구니에 담겨 나오며, 수타 츠츠카와 소바도 함께 제공된다. 또 하나의 점심 메뉴인 몬쥬고젠은 지역에서 주로 잡히는 생선 요리가 추가되어 나온다. 저녁은 코스 요리와 함께 와인을 즐길 수 있다. 와인토 오야도라는 식당 이름처럼 교토산 포도 100%를 사용한 아마노하시다테 와인, 프랑스 와인 등 지하실에 약 5만 병의 와인을 보유하고 있다. 그중에는 세계적으로 희귀한 와인들도 많이 포함되어 있다.

- **주소** 京都府宮津市文殊472
- **가는 법** 아마노하시다테역天橋立駅에서 도보 5분
- **전화번호** 0772-22-3268
- **운영시간** 11:30~13:00, 18:00~21:00(저녁은 완전 예약제),
  화 휴무(연말연시, 일본의 추석인 8월 오봉연휴, 골든위크 무휴)
- **홈페이지** www.amanohashidate.org/chitose

44

몬쥬소 칸시치차야 | 文珠荘勘七茶屋　🍜

치온지 앞에 있는 4개의 찻집 중 한 곳으로, 1690년 창업 이래 지역 주민들에게 대대로
사랑받고 있는 전통 화과자인 치온노모찌를 판매하고 있다. 아마노하시다테 몬쥬의 명물
음식인 치온노모찌는 작은 3개의 모찌 위에 팥소를 듬뿍 얹은 것. "세명이 모이면 문수보살의
지혜가 나온다"는 말에서 비롯되어 이 모찌를 먹으면 지혜를 얻는다고 해서 붙여진 이름이다.
녹차와 함께 세트로 먹을 수도 있으며, 콩가루를 올린 쥬타로모찌도 인기 모찌이다. 가게 안에
있는 난로가 차분한 분위기를 연출하고 있으며, 모찌와 곁들여 차 한잔하며 가게 문을 통해
카이센쿄가 회전하는 모습도 구경할 수 있다.

- 주소 京都府宮津市文殊堂前
- 가는 법 아마노하시다테역天橋立駅에서 도보 4분
- 구글맵 goo.gl/maps/4NuMPtNMqCo
- 전화번호 0772-22-2105
- 운영시간 09:00~17:00, 수 휴무

츠루야 쇼쿠도 | つるや食堂　🍜

모토이세 코노 신사에서 카사마츠코엔 케이블카 승차장으로 가는 길목에 있는 옛 민가풍의
음식점이다. 모토이세 코노 신사에 봉납되는 고대 쌀로 만든 아카고메 우동이 명물 음식.
살짝 붉은 빛깔의 우동은 씹을수록 단맛이 올라오는 것이 매력이다. 역시 아카고메로 만든
아카고메 카레우동, 겨울 한정으로 제공하는 아카고메 나베야키 우동도
손님들에게 인기가 있다.
디저트류로는 검은 콩과 팥을 소프트 아이스크림에 올려
토리가이(새조개)를 이미지화 한 쿠로마메 킨토키 모나카가
인기다. 일반 과자 콘에 담긴 쿠로마메 킨토키 소프트도 있다.

- 주소 京都府宮津市中野 848
- 가는 법 관광선 선착장 이치노미야역一ノ宮駅에서 도보
  5분
- 전화번호 0772-27-0114
- 운영시간 10:00~16:00, 부정기 휴무

몬쥬소 | 文珠荘 🏠

- **주소** 京都府宮津市天の橋立海岸
- **가는 법** 아마노하시다테역天橋立駅에서 도보 4분
- **구글맵** goo.gl/maps/mw4Rcbo4UKs
- **전화번호** 0772 22-7111
- **요금** 1일 1인당(2인 1실 이용 시) 24,840엔~
- **홈페이지** www.monjusou.com

아마노하시다테의 전통 료칸인 몬쥬소 그룹의
본관이다. 1690년에 창업한 치온노모찌로
유명한 칸시치차야가 몬쥬쇼 그룹의 시초이다.
전 객실에서 아마노하시다테 운하와 소나무
숲이 보이는 경치 좋은 료칸이다. 해산물, 야채, 소고기 등 제철 식재료를 최대 온도 500도의
돌가마에서 순간적으로 구워낸 돌가마 요리가 인기이며, 지하 1,500m에서 용출한 100%
원천을 사용하는 온천도 손님들에게 호평을 얻고 있다. 주변에는 같은 몬쥬소 그룹의 료칸인
쇼로테이, 타이쿄로가 있다.

쇼로테이 | 松露亭 🏠

- **주소** 京都府宮津市天橋立文殊堂岬
- **가는 법** 아마노하시다테역天橋立駅에서 도보 7분
- **구글맵** goo.gl/maps/upsWTdTNrcv
- **전화번호** 0772-22-2151
- **요금** 1일 1인당(기본 객실 6조), 2인 1실 사용 시 29,160엔~
- **홈페이지** www.shourotei.com

치온지 옆 작은 곳에 위치하여 나무에
둘러싸인 목조 단층 구조물의 작은 료칸이다.
료칸의 이름은 작가 후지모토 기이치가 쓴
아마노하시다테의 소나무 잎 끝에 맺힌 이슬天の橋立の松の葉先に結ぶ露이라는 문장에서 따온
것이다. 정원 너머로 펼쳐지는 아소의 바다와 아마노하시다테의 소나무 숲이 평온함을 느끼게
해주는 곳이다. 현지의 식재료를 이용한 카이세키(일본식 코스 요리)를 객실에서 즐길 수
있다.

아마노하시다테 호텔 | 天橋立ホテル

- **주소** 京都府宮津市字文珠 310
- **가는법** 아마노하시다테역天橋立駅에서 도보 1분
- **구글맵** goo.gl/maps/5QbdnveCVD82
- **전화번호** 0772-22-4111
- **요금** 비즈니스 플랜 9,720엔~, 일반 플랜(저녁 포함)
  15,012엔~
- **홈페이지** www.amanohashidate-htl.co.jp/hotel

객실, 대욕장, 노천탕에서 아마노하시다테를
바라볼 수 있는 천연온천 호텔이다. 특히
족탕을 즐기며 바라보는 아침 햇살과 석양에
물든 아마노하시다테의 모습은 만족감을 주기에 충분하다. 풍부한 자연에 둘러싸인
아마노하시다테의 제철 요리를 맛볼 수 있으며, 겨울철에는 계절 한정으로 게 요리를
맛볼 수 있다.

키타노야 | 北野屋

- **주소** 京都府宮津市文珠 100
- **가는법** 아마노하시다테역天橋立駅에서 도보 7분
- **전화번호** 0772-22-4126
- **요금** 1일 1인당(기본 플랜, 2인 1실 사용 시) 11,880엔~
- **홈페이지** www.hotel-kitanoya.jp

히노키 향 가득한 목욕탕과 화강암 욕조에서
아마노하시다테 온천을 즐길 수 있는 일본
정부등록 국제관광 료칸이다. 좋은 온천, 좋은
맛, 좋은 경치를 추구하며, 계절마다 엄선된
아마노하시다테의 식재료를 이용한 고급 카이세키 요리가 일품이다.

아마노하시다테
근교

伊
根
の
舟
屋

이네노후나야

후나야는 독특한 구조물이다. 바다에 직접 접한 1층은 배 선착장이나 작업장, 2층은 주거 공간이다. 산이 바닷가에 바로 닿아 있는 지형 특성상 좁은 부지 내에 집을 지어야 하는 어려움과 생업인 어업을 영위하기 위해 생겨난 특유의 건축물이라고 할 수 있다. 이네만에는 5km에 걸쳐 약 230여 개가 후나야군을 이루고 있다. 이네노후나야는 2005년에 어촌으로는 일본 최초로 중요 전통건조물 보존지구로 지정되어 있다.

이네만 입구에 있는 아오시마섬이 방파제 역할을 하고 있기 때문에 바람의 영향이 적고 파도가 잔잔하여 평온한 어촌 마을의 정경을 마음껏 즐길 수 있다. 갈매기가 유유히 날고 있는 바다. 그 바다를 품은 작은 마을의 풍경은 유람선이나 해상 택시를 타거나 전망대에서 내려다보면 정말 좋다. 거리를 천천히 산책하다 보면 후나야의 생활을 가까이에서 느껴볼 수 있다.

여행 형태 당일치기

위치 교토부 요사군 이네쵸 京都府与謝郡伊根町

가는 법 아마노하시다테역天橋立駅 앞에서 탄카이버스丹海バス 탑승 ➡
버스 정거장 이네伊根에서 하차 (1시간 정도 소요)

미치노에키 후나야노 사토이네에 있는 전망대로, 미치노에키 후나야노 사토이네에는
이네만과 후나야가 내려다보이는 언덕에 전망대뿐만 아니라 음식점, 기념품 가게, 이네쵸
관광안내소 등도 있어서 관광객들이 많이 방문하는 곳이다. 일본에서 가장 아름다운 마을이라
불리우는 이네쵸의 모습과 탁 트인 바다의 경치가 기분을 상쾌하게 해준다.

· **주소** 京都府与謝郡伊根町字亀島 459 道の駅 · 舟屋の里
· **가는법** 이네우라코엔伊根浦公園에서 도보 9분

아부라야	御食事処油屋	🍜

이네쵸의 온센 료칸인 '아부라야'에서 운영하는 음식점으로, 바다에서 잡은 생선을 수조에
보관하며 싱싱한 활어 요리를 전문으로 하고 있다. 카운터석에서는 통유리 창을 통해서
이네노 후나야의 모습을 바라보며 제철 해산물을 맛볼 수 있다.
가장 인기 메뉴는 카이센동이다. 제철 해산물 7~8가지가 올라간 돈부리로,
계절에 따라 구성이 달라지는 탄력 있고 신선한 해산물의 맛으로 손님들을
줄 서게 만든다. 사시미, 생선구이, 생선조림을 한꺼번에 맛볼 수 있는
아오시마 테이쇼쿠(정식)도 추천 메뉴이다.

- 주소 京都府与謝郡伊根町字亀島 459 道の駅・舟
  屋の里 1F
- 가는 법 이네우라코엔伊根浦公園에서 도보 9분
- 전화번호 0772-32-0750
- 운영시간 11:00~17:00(겨울에는 ~16:00), 수 휴무

이네 카페	Ine Café	🍜

2017년 4월에 오픈한 관광교류 시설인 후나야비요리 내에 있는 이네 카페는 넓은 유리창을
통해서 후나야가 늘어선 이네만의 멋진 경치를 바라보며 식사와 카페를 즐길 수 있는 곳이다.
후나야비요리 내에는 이네 카페 외에도 스시 캇포 요리집인 와다츠미, 물건 판매동, 교류
체험동 등이 있다.
후나야의 지역 특성에 잘 녹아드는 목조 외관과 내부 및 따뜻한 느낌의 패브릭 등이 편안함을
준다. 바다에 바로 맞닿은 위치 덕분에 탁 트인 전망의 즐거움과 함께 달콤한 디저트와 커피
한잔의 여유를 누릴 수 있다. 커피 외에도 현지의 식재료를 사용한 점심을
수량 한정으로 먹을 수 있다. 다른 세계와 차단된 듯 느긋하게
흐르는 이네노후나야에서의 시간을 즐길 수 있는 멋진 공간이다.

- 주소 京都府与謝群伊根町字平田 593-1
- 가는 법 이네우라코엔伊根浦公園에서 도보 7분
- 구글맵 goo.gl/maps/Vq5h87qqDnS2
- 전화번호 0772-32-1720
- 운영시간 11:00~17:00, 수 휴무

아마노하시다테
근교

姫 히메
路 지

히메지는 효고현 남서부에 위치한 도시로서, 고베에 이어 효고현 제 2의 도시이다. 세계 유산이자 국보인 히메지성과 반슈(효고현 남서부의 옛 지명)의 가을 마츠리(축제)가 유명하며, 메이지 시대 이후 일본을 대표하는 학자와 문인을 다수 배출한 곳이기도 하다.

음식으로는 히메지 오뎅과 구쟈야키가 유명하며, 역에서 일어서서 가볍게 먹는 소바인 에키소바는 히메지역이 발상지이자 이곳의 명물 음식으로서, 현재는 일본의 많은 역에서 에키소바를 만날 수 있다.

도시의 이름은 히메지성이 위치한 산의 옛 이름인 히메지노오카 또는 히메지오카에서 유래한 것으로 알려져 있다.

여행 형태	당일치기
위치	효고현 히메지시 兵庫県姫路市
가는 법	오사카역大阪駅 ━ 신칸센, JR고베선, 재래선 ━ 히메지역姫路駅

- **주소** 兵庫県姫路市本町 68
- **가는 법** 히메지역姫路駅에서 하차 후 도보 15분
- **전화번호** 079-285-1146
- **운영시간** 09:00~17:00, 12/29~30 휴무
- **요금** 입장료 어른 1,000엔, 초·중·고생 300엔
- **홈페이지** www.city.himeji.lg.jp/guide/castle

히메지성은 1333년 히메지 지역에 요새를 구축한 이후, 초대 히메지 영주가 확장과 개축을
하여 1617년 현재 성 주변 건축물의 모습을 갖추게 되었다. 성 높이는 약 46m로, 아름다운
조형미와 함께 적의 침입을 방지, 교란하는 구조물이라는 것이 흥미롭다. 성의 모양과
성벽의 색깔 때문에 백로가 날개를 펴고 날고 있는 모습처럼 보인다고 해서 하쿠로죠 또는
시라사기죠라고 불리기도 한다. 히메지성의 천수각은 일본에 현존하는 12개의 천수각 중에서
가장 크다. 외부에서는 5층으로 보이지만, 내부는 지하 1층과 지상 6층으로 이루어진 7층
구조이다. 5년 동안의 보수, 수리를 거쳐 2015년부터 일반인들에게 공개되고 있다.
1993년 12월에 나라의 호류지와 함께 일본 최초로 세계 문화유산에 등록되었다. 17세기
일본의 성곽 건축을 대표하는 사적 건축물로 평가받아 국보로 지정되었고, 성내 74개의
건축물 또한 중요문화재로 지정되었다.

히메지시 100주년을 기념하여 1992년에 오픈한 약 1만 평 규모의 정원으로,
중앙에 있는 연못 주위를 돌며 즐길 수 있게 만든 일본식 정원이다.
히메지성을 배경으로 크고 작은 9개의 정원으로 구성되어 있으며, 문과 담을
지날 때마다 다른 풍경의 정원을 즐길 수 있다.
가장 큰 정원인 오야시키 정원은 히메지 영주의 저택 터에 만들어진 것으로,
작은 폭포와 연못의 250여 마리 비단 잉어가 정취를 더해준다. 정원 중앙에
있는 두 건물을 잇는 통로를 걸을 때 북소리 비슷한 소리가 난다. 가을에
단풍이 든 경치는 특히 아름다워 많은 관광객이 방문하여 사진을 촬영하는
명소이다. 코코엔 내에서는 여유롭게 거닐고 있는 왜가리의 모습도 볼
수 있다. 녹차를 즐길 수 있는 다실과 정원을 바라보며 식사를 할 수 있는
레스토랑도 있다.

- **주소** 兵庫県姫路市本町 68
- **가는 법** 히메지성姫路城에서 도보 6분
- **전화번호** 079-289-4120
- **운영시간** 09:00~17:00, 12/29~30 휴무
- **요금** 입장료 어른 310엔, 초·중·고생 150엔
- **홈페이지** himeji-machishin.jp/ryokka/kokoen

아마노하시다테

天橋立

캇스이켄	活水軒	🥢

코코엔 내에 있는 9개의 정원 중에서 가장 넓은 오야시키 정원에 있는 음식점으로, 효고현 반슈의 명물인 붕장어와 히메지시의 특산물인 유메소바 등 지역 식재료를 사용한 요리를 제공하고 있다. 또한, 녹음에 둘러싸인 운치 있는 정원과 연못을 바라보며 식사와 차를 즐길 수 있는 곳으로 유명하다.

히메지 지역의 명물 음식인 붕장어를 맛볼 수 있는 아나고쥬 세트와 아나고동 세트가 가장 인기 있는 메뉴. 아나고쥬는 큼직한 붕장어가 찬합에 담겨 나오며, 아나고동은 먹기 좋게 자른 붕장어가 밥그릇에 담겨서 나온다. 유메소바, 미니 아나고동, 텐푸라, 사시미 등을 한꺼번에 맛볼 수 있는 히메고젠도 추천 메뉴이다.

- **주소** 兵庫県姫路市本町68 好古園内
- **가는 법** 히메지성姫路城에서 도보 6분
- **구글맵** goo.gl/maps/skMSBnFHWW62
- **전화번호** 079-289-4131
- **운영시간** 10:00~16:00(식사 11:00~15:00),
  12/20~30 휴무

모리시타	森下	🥢

1972년에 창업한 지역 맛집으로, 초기에는 오코노미야키집이었으나 우연히 만들게 된 구쟈야키가 명물 음식으로 인기를 얻게 되었다. 4~5명 정도의 좁은 실내 공간에는 오랜 단골손님들이 자리를 채우고 있다.

모리시타에서는 현재 보기 드문 연탄으로 달군 철판에서 재료들을 구워서 음식을 만든다. 구쟈야키는 달귀진 철판 위에 돼지기름을 두르고 양배추와 속 재료를 굽고, 묽게 밀가루 푼 물과 소 힘줄을 끓여서 만든 국물을 부어서 얇게 펼친다. 바닥 면이 바삭하게 구워질 때까지 기다린 뒤 윗부분의 걸쭉한 부분을 분리해서 손님 앞에 제공하고, 철판에 붙은 눌린 부위를 떼어내서 그 위에 올린 뒤 소스를 부어서 완성한다. 몬쟈야키를 먹기 좋게 오코노미야키풍으로 만든 형태로 독특한 매력이 있다. 취향에 따라 스지(소 힘줄), 이까(오징어) 등을 추가해서 먹을 수 있는데, 대부분의 손님들이 스지를 추가한 구쟈야키를 주문한다.

- **주소** 兵庫県姫路市忍町 78
- **가는 법** 히메지역姫路駅에서 도보 7분
- **전화번호** 079-281-4591
- **운영시간** 12:00~20:00, 연중무휴

슈센테이 나다기쿠 | 酒饌亭 灘菊 🍴

1961년에 오픈한 슈센테이 나다기쿠는 1910년에 창업한 사케 양조장에서 운영하는
이자카야다. 히메지 오뎅을 중심으로 다양한 단품 요리와 함께 술 한잔 하기 좋은 곳이며, 점심
때는 식사 메뉴도 준비되어 있다.
나다기쿠에서는 히메지 오뎅을 하나하나 단품으로 주문해서 먹을 수도 있고, 나다기쿠
명물인 오쿠시 오뎅을 주문해서 먹을 수도 있다. 오쿠시 오뎅은 히메지 지역이 소금 산업으로
번성하였을 때 근로자의 공복을 달래주기 위해 히메지 오뎅을 꼬치로 꽂아서 풍성하게 먹을
수 있도록 한 것. 스지니쿠(소 힘줄), 타마고(달걀), 아츠아게(두껍게 썰어서 튀긴 두부), 곤약,
고보텐(우엉튀김)이 꼬치에 꽂혀져 나온다. 생강이 첨가된 간장 맛의 오쿠시 쿠로 오뎅과
사케카스(술 지게미) 맛의 오쿠시 시로 오뎅 두 가지가 있어서 취향에 따라 선택이 가능하다.
또한, 알을 낳을 수 없는 노계를 구워서 얇게 썬 뒤 폰즈 소스를 추가한 히네폰은 식감이
쫄깃하여 술 안주로 인기 있다.
독특하게도 이자카야 내의 테이블석 쪽 의자는 북으로 준비되어 있는데 실제로 축제에도
사용되는 북들이다. 입구 옆에 있는 오뎅 냄비는 히메지성의 모양을 하고 있어 시선을 끈다.

○ **히메지 오뎅姫路おでん**
쇼와 초기에 히메지 지역에서는 조림 요리에 생강이 첨가된
간장을 뿌려서 먹는 식습관이 있었다. 이것이 오뎅에도 적용된
것이 바로 히메지 오뎅이다. 히메지 지역에서 당연스럽게 먹던
것이라 특별한 이름이 없었으나, 2006년 히메지 음식의 홍보를
위해 '히메지 오뎅'이라고 이름을 붙이기 시작했다. 오뎅 국물의
진한 맛이 매력이다.

- **주소** 兵庫県姫路市東駅前町 58
- **가는 법** 히메지역姫路駅에서 도보 5분
- **전화번호** 079-221-3573
- **운영시간** 평일 11:30~14:00, 16:30~21:30, 토
  11:30~21:30, 일 공휴일 11:30~20:30, 수 휴무

아마노하시다테
근교

竹
田
城
跡

타케다 성터

효고현 아사고시에 있는 타케다성은 1431년에 축조된 성이다. 일명 '천공의 성', '일본의 마추픽추' 등으로 불려 많은 관광객들이 방문하는 곳. 9~11월의 가을날 새벽부터 8시 사이 일교차가 크고 바람이 약하며 화창한 아침에는 운해 속에 떠 있는 듯한 타케다 성터의 환상적인 모습을 볼 수 있다. 이 모습 때문에 천공의 성이라 불리기 시작했다.

타케다 성터는 현재 돌담 구조의 성터만 남아 있는 상태. 돌담이 겹겹이 만들어내는 성의 조형미가 특징이다. 아침 해가 뜨기 시작할 무렵에 황금빛으로 덮인 성터의 모습이 너무 아름답다. 봄에는 벚꽃, 여름에는 푸른 하늘, 가을에는 운해, 겨울에는 눈에 덮인 모습으로 사계절 다양한 모습을 보여준다. 2006년 일본의 100대 명성에 선정되었다.

타케다역에서 왕복 순환버스인 텐쿠버스로 타케다 성터 근처까지 접근이 가능하며, 타케다역에서 산행으로 걸어가면 40여 분이면 도착할 수 있다.

여행 형태   당일치기

위치   효고현 아사고시 와다야마쵸 타케다 169 兵庫県朝来市和田山町竹田 169

가는 법

● **아마노하시다테 출발**
아마노하시다테역天橋立駅 ➡ 탄고 릴레이たんごリレー ➡ 후쿠치야마역福知山駅 ➡ JR선 ➡ 와다야마역和田山駅 ➡ JR반탄선播但線 ➡ 타케다역竹田駅 ➡ 순환버스天空バス ➡ 타케다 성터 하차

● **오사카 출발**
오사카역大阪駅 ➡ JR선 ➡ 히메지역姫路駅 ➡ JR반탄선播但線 ➡ 테라마에역寺前駅 ➡ JR반탄선播但線 ➡ 타케다역竹田駅 ➡ 순환버스天空バス ➡ 타케다 성터 하차

전화번호   079-674-2120

운영시간   3~5월 08:00~18:00, 6~8월 06:00~18:00, 9~11월 04:00~17:00, 12월~1/3 10:00~14:00, 1/4~2월 말 휴무

요금   관람료 어른 500엔, 중학생 이하 무료

구글맵   goo.gl/maps/8z14GCyTPGF2

- **주소** 兵庫県朝来市和田山町殿新井土 13-1
- **가는 법** 타케다역竹田駅에서 순환버스인 텐구버스天空バス로 10분
- **전화번호** 079-670-6518
- **운영시간** 08:30~17:00, 부정기 휴무
- **홈페이지** www.zentanbus.co.jp/yamajiro/

2001년에 오픈한 관광 시설로서 시설 내에는 레스토랑, 매점, 기념품 가게, 자료 전시실 등이 있다. 타케다 성터의 관광객 증가로 2010년에 리뉴얼 오픈하였다. 매점에서는 지역 특산품인 타지마우시(소고기), 이와츠네기(대파) 등을 판매하고 있으며, 2010년부터 운영하고 있는 자료 전시실에서는 타케다성의 역사, 타케다 성터의 사진 등을 전시하고 있다. 레스토랑에서는 타지마우시를 100% 사용한 수제 햄버거인 타지마우시 버거가 손님들에게 인기를 끌고 있다.

아
마
노
하
시
다
테

天橋立

쿠라시키 미관지구

倉敷美観地区

홋카이도

아오모리현
아키타현
이와태현
야마가타현
미야기현
니가타현
후쿠시마현
도이마현
도치기현
이시카와현
나가노현
군마현
후쿠이현
사이타미현
이바라키현
기후현
야마나시현
도쿄도
교토부
시가현
치바현
아이치현
가나가와현
시마네현
효고현
시즈오카현
오사카부
미에현
돗토리현
오카야마현
히로시마현
카가와현
나라현
야마구치현
에히메현
토쿠시마현
후쿠오카현
고치현
와카야마현
사가현
오이타현
나가사키현
쿠마모토현
미야자키현
가고시마현

쿠라시키 강가 주변에는 흰 벽과 기와지붕이 인상적인 건물들이 있다. 바람에 흔들리는 버드나무가 이루는 거리 풍경이 '미관지구'라는 이름처럼 아름다운 곳이다. 1600년대 물자 수송의 중심 지역이며 쌀과 목화의 집산지로서 번영을 누렸으며, 쿠라시키라는 지명은 물자 중계지로서 일시적인 보관 장소인 '쿠라시키치倉敷地(창고 부지)'에서 유래한 말이다.

세계적인 서양 명화를 소장하고 있는 오하라 미술관, 쿠라시키를 대표하는 방적공장을 재개발한 붉은 벽돌의 쿠라시키 아이비 스퀘어, 민예품 약 700여 점이 전시되어 있는 쿠라시키 민예관 등 관광 명소들이 많다. 에도 시대부터 다이쇼 시대까지 지어진 창고, 상가, 오래된 민가 등을 개조한 카페와 레스토랑이 손님들을 맞이한다. 2008년 쿠라시키의 회사가 잡화 및 문구용 테이프로 처음 판매를 시작한 마스킹 테이프는 쿠라시키를 대표하는 상품이다. 미관지구의 상징적인 장소인 쿠라시키카와를 비롯, 옛 모습을 그대로 간직하고 있는 대부분의 지역이 1979년에 국가지정 중요전통적 건축물 보존지구로 지정되었다. 작은 배를 타고 쿠라시키 미관지구의 거리 풍경을 감상하는 쿠라시키카와 부네나가시와 거리 산책은 시간이 느리게 흐르는 듯한 분위기를 느끼며 여유와 낭만을 즐길 수 있다.

여행 형태   당일치기

위치   오카야마현 쿠라시키시 츄오&혼마치 岡山県倉敷市中央&本町

가는 법

● **오카야마 공항 출발**
오카야마 공항岡山空港 ━ 리무진 버스 ━ 오카야마역 니시쿠치岡山駅西口 ━ 오카야마역岡山駅 ━ JR 산요본선山陽本線 ━ 쿠라시키역倉敷駅 ━ 쿠라시키역에서 도보 10분

● **히로시마역 출발**
히로시마역広島駅 ━ 신칸센 ━ 오카야마역岡山駅 ━ JR 산요본선山陽本線 ━ 쿠라시키역倉敷駅 ━ 쿠라시키역에서 도보 10분

쿠라시키
倉敷

아치 신사
阿智神社

쿠라시키 아이비 스케어
倉敷アイビースクエア

🅢 토리야야 혼포
冨來屋本舗

쿠라시키 게스트하우스 유린안
🅢 倉敷ゲストハウス有鄰庵

미야케쇼텐
三宅商店

🅢 쿠라시키야
倉敷屋

쿠라시키 고하칸
倉敷珈琲館

쿠라시키 모모코 쿠라시키 혼텐
くらしき桃子倉敷本店

이즈츠야 🅢
井筒屋

코에이도 쿠라시키이도도리텐 🅢
廣榮堂倉敷雄築店

쿠라시키 시민문화회관
🅢 倉敷公民館

유린소
有隣荘

쿠라시키 고코칸
倉敷考古館

쿠라시키칸 관광안내소
倉敷館 觀光案內所

쿠라시키 민게칸
倉敷民藝館

일본 향토 완구관
日本郷土玩具館

쿠라시키 데님 스트리트
倉敷デニムストリート

카페 엘 그레코
Café El Greco

오하라 미술관
大原美術館

🅡 킷코도 혼텐
橘香堂本店

쿠라시키 모노가타리칸
倉敷物語館

킷코도 미관지구점
橘香堂美觀地区店

🅢 미소카츠 우메노키
みそかつ梅の木

쿠라시키 모모코 쿠라시키츄오텐
くらしき桃子倉敷中央店

자연사박물관
倉敷市立自然史博物館

쿠라시키도서관
倉敷市立中央図書館

쿠라시키츄오 거리 倉敷中央通り

A
B
C
D
E
F

- **주소** 岡山県倉敷市中央 1-1-15
- **가는 법** 쿠라시키역倉敷駅에서 도보 11분
- **전화번호** 086-422-0005
- **운영시간** 12~2월 09:00~15:00, 3~11월 09:00~17:00, 월 휴무
- **요금** 어른 2000엔, 초 중 고생 500엔
- **홈페이지** www.ohara.or.jp

오카야마의 사업가이자 쿠라시키 방적의 2대 사장인 오하라 마고사부로가 1929년에 사망한 화가 친구인 코지마 토라지로를 기념하여 1930년에 개관한 일본 최초의 사립 서양 근대 미술관이다. 오하라 가문의 쌀 창고였던 건물을 개조하여 1963년에 공예관으로, 1970년에 동양관으로 각각 개관하였다. 현재는 본관, 분관, 공예관, 동양관, 코지마 토라지로로 기념관으로 구성되어 있다.

담쟁이 덮인 돌담 문을 들어서면 로댕의 조각 '성 요한', '칼레의 시민' 동상과 함께 본관 건물이 손님을 맞이하고 있다. 개관 당시의 모습이 그대로 남아 있는 그리스 신전 같은 본관 건물 안으로 들어가면, 서양 미술을 중심으로 엘 그레코의 '수태고지', 클로드 모네의 '수련', 폴 고갱의 '향기로운 대지' 등 다수의 명화와 함께 일본 국내외 미술품 약 3,500여 점의 소장품을 감상할 수 있다. 분관에는 근대 일본의 서양화, 현대 회화, 조각 등이 전시되어 있으며, 본관과 분관 사이에는 일본 정원인 신케이엔이 있다. 공예관에는 영국의 도예가 버나드 리치 등 도예가들의 작품과 민예 운동에 참여한 작가들의 판화, 염색, 공예 작품들이 진열되어 있다. 동양관에는 중국의 고미술과 석불, 청동기, 도자기 등 선사시대부터 중세 무렵의 동아시아 미술품도 전시되어 있다.

아치 신사

阿智神社

- 주소 岡山県倉敷市本町12-1
- 가는 법 쿠라시키역倉敷駅에서 도보 13분
- 전화번호 086-425-4898
- 홈페이지 achi.or.jp

쿠라시키 미관지구의 츠루카타야마 정상에 자리 잡은 1,700여 년 역사의
오래된 신사이다. 아치는 쿠라시키의 옛 이름으로서 쿠라시키 수호신을
모시는 신사.
본전 북쪽에 있는 아치노후지는 약 500년 이상 된 일본에서 가장 크고 오래된
등나무로서, 쿠라시키시의 꽃이며 오카야마현의 천연기념물로 지정되어
있다. 매년 5월 5일에 열리는 후지 축제에는 많은 사람들이 방문한다. 신사
정원으로서는 일본에서 가장 오래된 유적인 아마츠 이와사카도 구경할 수
있다. 해발 약 35m인 아치 신사에서는 쿠라시키 미관지구와 시내 전경을
내려다볼 수 있다.

쿠라시키 코코칸

倉敷考古館

- 주소 岡山県倉敷市中央 1-3-13
- 가는 법 쿠라시키역倉敷駅에서 도보 12분
- 전화번호 086-422-1542
- 운영시간 09:00~17:00, 월·화 휴무, 연말연시 휴무
- 요금 입장료 어른 500엔, 대학생·고등학생 400엔,
  초·중생 300엔
- 홈페이지 www.kurashikikoukokan.com

에도 시대에 건축한 2층 쌀 창고 건물을 개조하여
1950년 11월에 개관한 작은 민간 박물관이다.
흙벽돌 외벽에 네모나고 평평한 기와를 붙여 이은
틈을 석회로 불룩하게 만들어서 검은색 벽에 흰색 격자가 들어간 독특한
형식의 벽인 '나마코카베なまこ壁'가 특색이다. 지역 경제인과 지역 시민,
학생들의 모금으로 설립된 박물관이며, 쿠라시키에 남아 있는 창고 건물
중에서는 가장 오래된 건물이다. 키비(현재 오카야마현 전체와 히로시마현의
일부) 지방과 그 주변 일대를 중심으로 한 유적에서 발견된 구석기 시대부터
카마쿠라, 무로마치 시대의 유물을 중심으로 1,500여 점이 전시되어 있다.
기증받은 고대 페루 및 중국의 문화재 등도 전시되어 있다.

쿠라시키칸 관광안내소

倉敷館 観光案内所

- 주소 岡山県倉敷市中央 1-4-8
- 가는 법 쿠라시키역倉敷駅에서 도보 13분
- 전화번호 086-422-0542
- 운영시간 09:00~18:00, 연중무휴

1917년에 쿠라시키의 지역 관청으로 건설된 서양식 목조 건축물이었으나, 현재는 관광안내소로서 관광객에게 정보 제공 및 휴식처로 이용되고 있다. 건물은 국가 등록 유형문화재로 지정되어 있다. 외국어 지원이 된 가이드 맵이 비치되어 있으며, 무료 Wi-Fi 이용, 코인 로커, 다목적 화장실 등 다양한 편의 시설을 이용할 수 있다. 안내소 직원에게 관광 정보에 대한 문의도 가능하다. 쿠라시키카와 부네나가시의 티켓도 관광안내소에서 구입할 수 있다.

쿠라시키 민예관

倉敷民藝館

- 주소 岡山県倉敷市中央1-4-11
- 가는 법 쿠라시키역倉敷駅에서 도보 13분
- 전화번호 086-422-1637
- 운영시간 09:00~17:00, 월 휴무, 연말연시 휴무
- 요금 어른 1200엔, 대학생 고등학생 500엔, 초 중생 300엔
- 홈페이지 kurashiki-mingeikan.com

에도 시대 말기의 쌀 창고 건물을 개조하여 1948년에 개관한 민예관으로 흰 벽과 검은 기와의 아름다운 조화가 특징이다. 쿠라시키에서 오래된 건물을 활용한 첫 사례이며, 일본 전국의 민예관 중에서 도쿄 일본 민예관에 이어 두 번째로 개관하였다. 일본 최초의 도쿄 일본 민예관, 쿠라시키 민예관 모두 오하라 가문의 공헌으로 만들어지게 된 것이다.

'민예民藝'는 다이쇼 시대 말기에 야나기 무네요시가 만든 단어로서, 사람들의 생활 속에서 사용되는 아름다운 물건을 민예품이라고 한다. 쿠라시키 민예관에는 일본 국내외의 도자기, 유리, 염색, 직물, 금속, 석공예품, 칠기, 종이, 죽세공, 민화 등 약 1만 5천 점을 소장하고 있으며 약 700여 점이 전시되어 있다.

쿠라시키 미관지구 ——— 倉敷美観地区

유린소

有隣荘

- 주소 岡山県倉敷市中央 1-3-18
- 가는법 쿠라시키역倉敷駅에서 도보 12분
- 전화번호 086-422-0005

오하라 마고사부로가 병든 아내를 위해 1928년에 만든 오하라 가문의 옛
별장이다. 특수 유약을 사용하여 만든 녹색 기와와 오렌지색 담이 독특한
저택으로, 지역 내에서는 미도리고텐이라고 부르기도 한다. 텐노의 숙소로도
사용된 적이 있으며 종종 귀빈을 맞이했던 특별한 공간이다. 평소에는
비공개되고 있어서 외관만 관람할 수 있으나, 1997년부터 매년 봄과 가을,
2번만 특별 전시로 내부를 공개하고 있다.

일본 향토 완구관

日本郷土玩具館

- 주소 岡山県倉敷市中央 1-4-16
- 가는법 쿠라시키역倉敷駅에서 도보 13분
- 전화번호 086-422-8058
- 운영시간 10:00~17:00, 1/1 휴무
- 요금 박물관 성인 500엔, 중·고생 300엔, 초등학생 이하 무료
- 홈페이지 www.gangukan.jp

옛 쌀 창고를 이용하여 1967년에 완구 박물관으로 개관하였다.
1600년대부터 1980년대까지의 일본 각지의 장난감과 공예품을 중심으로
4만여 점 중 약 5,000점을 상설 전시하고 있는 완구 박물관으로 숍, 갤러리,
카페 등도 있다. 완구 박물관은 유료 입장이며 지방색 넘치는 향토 장난감,
인형, 팽이 등 친숙한 완구들을 감상할 수 있다. 숍에서는 주사위, 연, 팽이,
종이풍선, 물총 등 향수를 불러일으키는 장난감과 잡화 등을 판매하며,
'+1Gallery'에서는 일본 전국의 다양한 작가들이 만든 공예품과 미술품을
전시하고 있다. 원래 정원이었던 공간을 개조한 카페에서는 완구에 둘러싸여
휴식을 취할 수 있다.

와슈잔은 세토나이카이가 바라보이는 해발 133m의 산으로, 해상에서 보면 독수리가 양 날개를 펼치고 있는 듯한 모습 때문에 붙여진 이름이다. 와슈잔 전망대는 일본 최초의 국립공원인 세토나이카이 국립공원의 절경을 즐길 수 있는 곳으로, 혼슈와 시코쿠를 연결하는 세계 최대 규모의 세토오하시와 함께 세토나이카이에 떠 있는 크고 작은 50여 개의 섬들과 시코쿠 지역까지도 한눈에 보인다. 특히 와슈잔의 정상인 쇼슈호에서는 동쪽에 하리마나다, 서쪽에 미즈시마나다 등 세토나이카이의 멋진 풍경을 360도 파노라마로 즐길 수 있다. 산기슭에서 정상까지 산책로가 정비되어 있으며, 와슈잔 방문자센터, 레스토랑, 상점 등도 위치하고 있다. 와슈잔에서 바라보는 석양은 세토오하시의 인공미와 세토나이카이의 자연미가 조화를 이루어 일본 석양 100선에 선정되었다.

- **주소** 岡山県倉敷市下津井田之浦
- **가는 법** 코지마역JR児島駅에서 하차하여 코지마역 앞 4번 정거장에서 시모덴 버스下電バス 를 이용하여 와슈잔 제2전망대鷲羽山第2展望台에서 하차 후 도보 5분
- **구글맵** goo.gl/maps/cWeMa5EogaL2

미야케쇼텐 | 三宅商店 🍜

오카야마의 과일을 사용한 파르페, 케이크가 유명한 카페이다. 건물은 에도 시대 후기에
지어진 상가 건물로, 원래는 오래된 식료품 및 잡화점이었으나 리노베이션하면서 이름을
그대로 이어받아 쿠라시키의 인기 카페로 다시 태어났다.
계절별로 제철 과일을 사용한 8가지 파르페가 준비되어 있으며, 가장 인기 메뉴는 7~8월에
맛볼 수 있는 모모 프로즌 파르페이다. 요구르트 풍미의 복숭아 서벗과 신선한 제철 복숭아를
가득 담고 상큼한 맛의 라즈베리까지 추가해서 내주는 모모 프로즌 파르페는 손님들을 줄
세우는 별미 파르페이다. 각 계절별로 시트러스 파르페, 딸기 파르페, 녹차 파르페, 포도
파르페, 밤 파르페, 사과 파르페 등 제철 식재료를 사용한 파르페를 맛볼 수 있다. 여름에는
시원한 빙수도 판매하고 있다. 계절 야채가 듬뿍 들어간 부드러운 맛인 미야케 카레도 인기
메뉴이다.

- **주소** 岡山県倉敷市本町3-11
- **가는 법** 쿠라시키역倉敷駅에서 도보 15분
- **전화번호** 086-426-4600
- **운영시간** 월~금 11:00~17:30, 토 11:00~19:30, 일 08:30~17:30, 계절에 따라 변경 있음, 연중무휴
- **홈페이지** www.miyakeshouten.com

유린안 | 有鄰庵 🍜

2011년에 오픈한 유린안은 100년 이상 된 민가를 개조하여 낮에는 카페, 밤에는 게스트
하우스로 운영하고 있다. 카페 내에 있는 대형 테이블은 900여 년 된 칠엽수 하나를 통째로
사용해서 만든 것이다. 인기 메뉴인 달걀밥은 오카야마의 쌀, 간장, 달걀을 사용하고 있는데,
특히 150여 년 된 지역 간장업체와 컬래버레이션하여 만든 특제 부추간장이 맛의 비결이다.
달걀 2개가 제공되고 후리카케도 테이블에 놓여 있기 때문에 두 번에 걸쳐 각각 다른 방법으로
먹어보는 재미가 있다. 먹은 뒤 2주 후에 행복해진다는 시아와세 푸딩은 미소 짓는 모습을
그려넣은 푸딩으로 일찍 품절되는 인기 디저트이다. 복숭아주스는 오카야마현의 유명 유리
공예가가 만든 복숭아 모양인 듯 엉덩이 모양인 듯 재미난 유리컵에 담겨 나온다.

- **주소** 岡山県倉敷市本町 2-15
- **가는 법** 쿠라시키역倉敷駅에서 도보 11분
- **전화번호** 086-697-6222
- **운영시간** 11:00~17:00, 부정기 휴무
- **홈페이지** yuurin-an.jp/cafe

쿠라시키 모모코 쿠라시키 혼텐 | くらしき桃子倉敷本店 ☕

건축한 지 150여 년이 된 오래된 민가를 리뉴얼하여 2013년에 오픈한 카페 겸 숍이다.
1층에서는 오카야마산 과일을 사용한 젤리, 스틱 젤리, 푸딩, 잼 등을 판매하고 아이스크림과
주스는 테이크아웃 할 수 있다. 2층 카페에서는 프랑스 유리 공예가인 에밀 갈레의 작품들을
감상하며 제철 과일을 사용한 과일 파르페와 디저트를 먹을 수 있다. 계절에 따라 파르페
메뉴가 변경되기 때문에 딸기, 귤, 망고, 수박, 복숭아, 포도, 청포도, 체리, 밤 등을 이용한
파르페를 계절별로 즐길 수 있다. 어느 계절이나 4종류 이상의 파르페가 준비되어 있기 때문에
일 년 내내 방문해도 좋은 곳이다. 복숭아 하나를 통째로 사용해서 가장 인기 있는 모모
파르페는 7월 중순부터 9월 중순까지 맛볼 수 있다. 복숭아 퓨레를 듬뿍 사용하고 생크림을
넣어서 만든 농후한 맛의 푸딩인 시미즈 하쿠토 푸딩은 손님들이 선물용으로 가장 많이
구입하는 상품이다. 2016년 3월에는 분점으로 쿠라시키 미관지구 입구 쪽에 쿠라시키 모모코
쿠라시카츄오텐도 오픈하였다.

- 주소 岡山県倉敷市本町 4-1
- 가는 법 쿠라시키역倉敷駅에서 도보 16분
- 전화번호 086-427-0007
- 운영시간 11:00~17:00, 부정기 휴무
- 홈페이지 kurashikimomoko.jp

쿠라시키 미관지구 ——— 倉敷美観地区

카페 엘 그레코 | Café El Greco 🍜

원래는 오하라 미술관의 설립자인 오하라 마고사부로의 사무실로, 오하라 미술관에서 그림을 감상한 사람들이 쉴 수 있는 공간을 만들자는 취지로 오하라 마고사부로의 장남이 리뉴얼하여 1959년에 오픈하였다. 녹색의 담쟁이덩굴이 우거진 건물 외관, 화가 엘 그레코의 복제화가 걸려 있는 실내, 느티나무로 만든 테이블에 놓여 있는 신선한 꽃이 담긴 꽃병 등 인상적인 공간이 연출되는 카페이다.

모카를 중심으로 4가지 원두로 만든 넬드립의 블렌드 커피가 천장이 높은 복고풍의 실내 공간을 따뜻하게 만들어준다. 밀크셰이크와 함께 인기 디저트 메뉴인 레어 치즈 케이크는 오너가 뉴욕에서 먹었던 치즈 케이크를 재현한 메뉴로, 부드러운 감촉과 토핑된 블루베리 소스와 조화가 좋다.

- 주소 岡山県倉敷市中央 1-1-11
- 가는 법 쿠라시키역倉敷駅에서 도보 10분
- 전화번호 086-422-0297
- 운영시간 10:00~17:00, 월 휴무
- 홈페이지 www.elgreco.co.jp

토라이야 혼포 | 冨來屋本舗

빗츄 쿠라시키 지역의 향토요리 음식점으로, 료칸을 개조한 운치 있는 실내에서 타카키비멘을 비롯하여 오카야마의 특산물인 마마카리(밴댕이), 키니라(황금색 부추), 오카야마현 치야 지역의 브랜드 소고기인 치야규 등 다양한 메뉴를 맛볼 수 있다. 가장 인기 메뉴는 토라이야 혼포만의 명물 음식인 타카키비멘이다. 타카키비(수수) 가루와 밀가루로 반죽한 면을 사용한 타카키비멘은 특유의 수수색과 매끄러운 질감, 그리고 쫄깃한 식감이 특징으로, 빗츄 쿠라시키 지역에서 전해져 내려온 식문화를 기초로 창작요리를 선보이고 있다. 타카키비멘은 오카야마의 계절 식재료로 만든 찬합요리와 함께 제공된다. 타카키비멘에 치야규동, 마마카리 스시, 키니라 스시 등을 추가해서 먹을 수 있는 키비젠도 인기다.

· **주소** 岡山県倉敷市本町 6-21
· **가는 법** 쿠라시키역倉敷駅에서 도보 14분
· **전화번호** 086-427-0122
· **운영시간** 11:00~20:00(L.O. 19:00), 월 휴무
· **홈페이지** www.try8.jp

○ **키니라黄ニラ**
메이지 초기부터 재배되고 있는 오카야마현의 특산물로서, 일본 전국 생산량의 70%가 오카야마에서 생산되고 있다. 녹색 부추보다 부드럽고 단맛이 도는 것이 특징이며, 정장整腸, 해독, 식욕 증진 등에 효용이 있고 비타민이 많이 포함되어 있어서 옛부터 약의 하나로서 귀하게 여겼다.

쿠라시키 미관지구 ── 倉敷美観地区

코에이도 쿠라시키온도리텐 | 廣榮堂 倉敷雄鶏店 🍜

코에이도는 1856년에 창업한 화과자 전문점. 코에이도 쿠라시키온도리텐은 쿠라시키
미관지구의 남쪽 입구에 있는 분점이다. 메이지 시대의 민가를 활용하였으며, 건물 꼭대기에
걸려 있는 닭 모양의 풍향계가 특색이다.
코에이도는 오카야마의 명물 음식인 키비당고(수수경단) 원조집으로 알려져 있다. 원조
키비당고뿐만 아니라 콩가루, 복숭아, 흑설탕 등의 다양한 맛이 있다. 옛 키비당고 맛을 재현한
무카시 키비당고, 규히(말랑말랑한 찹쌀과자의 일종)를 얇은 피로 감싼 쵸후 등도 손님들에게
인기가 있다. 가게 안에 다양한 예술 작품을 설치한 카페 공간도 있다.

○ **키비당고きびだんご**
옛날 일본의 키비당고는 키비(수수)를 구할 수 있는 곳이라면
어디든지 당고를 만들어 팥고물을 찍어 먹거나 국물을 부어서
먹던 흔한 음식이었으나, 오래 보관하기는 어려웠다. 저장성
향상을 위해 키비 대신 찹쌀을 이용해서 부드러운 과자로
만든 것이 현재의 키비당고다. 키비는 반죽의 마지막에
풍미를 위해서 조금 첨가하고 있다. 키비당고는 오카야마에서
탄생한 것으로 알려진 모모타로桃太郎 전설에도 등장하는
음식이며, 오카야마현은 옛날부터 키비의 생산량이 많아서
예전에는 키비국吉備国이라고 불렸을 정도였다.

* **주소** 岡山県倉敷市本町 5-22
* **가는 법** 쿠라시키역倉敷駅에서 도보 15분
* **전화번호** 086-421-3888
* **운영시간** 09:00~18:00, 목 휴무
* **홈페이지** www.koeido.co.jp/main.html

킷코도 미관지구점 | 橘香堂 美観地区店   🍜

1877년에 창업한 킷코도는 화과자 전문점으로, 쿠라시키 명물 과자인 무라스즈메가 인기이다. 창업 당시 쿠라시키 지역은 쌀의 집산지로서, 무라스즈메는 풍년을 기원하는 춤을 출 때 썼던 삿갓과 무리를 이룬 참새가 날개를 펼친 모양을 이미지화한 것이다. 신선한 달걀과 밀가루를 사용해서 얇게 크레이프를 만들고, 그 안에 팥소를 넣은 화과자이다. 카페 코너도 있어서 녹차 등 음료와 함께 세트로도 맛볼 수 있다. 장인이 직접 무라스즈메를 만드는 모습을 볼 수 있으며, 관광객들은 무라스즈메 만들기 체험도 할 수 있다.

무라스즈메 이외에도 밤 하나가 통째로 들어간 쿠리만, 쿠라시키의 민속 예능에 사용되는 북을 표현한 도라야키인 텐료다이코, 지역 특산 설탕을 사용한 나카요시 등의 화과자가 손님들에게 사랑받고 있다.

- **주소** 岡山県倉敷市阿知2-22-13
- **가는 법** 쿠라시키역倉敷駅에서 도보 9분
- **전화번호** 086-424-5725
- **운영시간** 09:30~18:00, 연말연시 휴무
- **홈페이지** kikkodo.com

미소카츠 우메노키 | みそかつ梅の木   🍜

1980년에 창업한 경양식당이다. 작은 크기의 돈카츠를 미소타레(된장 소스)에 찍어 먹는 미소카츠가 명물인 음식점.

기름기가 적은 돼지안심에 고운 빵가루를 입힌 뒤 튀기지 않고 오븐에 굽는 방식으로 만들어서 기름지지 않고 담백하며 부드러운 맛의 돈카츠를 맛볼 수 있다. 창업 당시부터 변하지 않는 독창적인 맛의 미소타레와 잘맞는 돈카츠이다. 풍성하게 올려주는 양배추도 인상적이다. 미소카츠 테이쇼쿠로 주문하면, 밥과 함께 메추리알 반숙이 들어간 붉은 된장국과 간단한 반찬이 함께 나온다. 탄력 있는 새우살이 들어간 새우튀김도 인기 메뉴다.

- **주소** 岡山県倉敷市阿知 2-19-3
- **가는 법** 쿠라시키역倉敷駅에서 도보 7분
- **전화번호** 086-422-1282
- **운영시간** 11:00~21:00(L.O. 20:30), 목 휴무
- **홈페이지** misokatsu-umenoki.com

쿠라시키야 | 倉敷屋

쿠라시키의 전통 직물 원단인 쿠라시키 한푸,
데님으로 만든 일본풍 잡화 및 액세서리,
쿠라시키 브랜드 상품 등을 판매하는
잡화점이다. 쿠라시키 한푸로 만든 가방,
파우치, 데님으로 만든 액세서리, 청바지
등이 인기 있으며, 쿠라시키 미관지구를
연상시키는 벽 디자인의 토트백과 파우치도
선물용으로 인기 있다. 쿠라시키야의
트레이드 마크인 토끼 레이블이 들어간
맥주와 사이다도 판매하고 있다. 2층에는
게게게노 키타로 코너가 있으며, 2m가 넘는
누리카베(일본 요괴 일종)도 전시되어 있다.

- **주소** 岡山県倉敷市本町 3-15
- **가는 법** 쿠라시키역倉敷駅에서 도보 12분
- **전화번호** 086-425-0081
- **운영시간** 10:00~17:00, 부정기 휴무

쿠라시키 데님 스트리트 | 倉敷デニムストリート

2014년 11월에 오픈한 쿠라시키 코지마산
데님 관련 상품 판매점. 옷, 가방, 수품,
잡화, 장식품 등 700여 종류가 넘는 다양한
상품을 갖추고 있다. 오카야마현 쿠라시키시
코지마는 1965년 일본 최초로 데님 청바지가
만들어진 곳으로 '데님의 성지'로 알려져
있다.
테이크아웃 푸드 코너에서는 데님의 특징을
살린 푸른 빛깔의 고기만두인 데님 만, 푸른
빛깔의 버거 번을 사용한 데님 버거, 라무네
맛의 소프트 아이스크림인 데님 소프트 등
재미난 메뉴를 판매하고 있다. 데님 만과
데님 버거의 푸른색은 치자나무의 꽃을, 데님
소프트의 푸른색은 블루베리를 이용하여
만든 것이다.

- **주소** 岡山県倉敷市中央 1-10-11
- **가는 법** 쿠라시키역倉敷駅에서 도보 15분
- **전화번호** 086-435-9135
- **운영시간** 09:30~17:30, 연중무휴

이즈츠야	井筒屋	🧺

쿠라시키 미관지구의 뒷골목에
있는 지자케(토산주) 전문점이다.
향기로운 준마이긴죠(쌀로 빚은 술)인
'우마가아우馬が合う'부터 오크통 숙성의
코메소츄(쌀소주), 무기소츄(보리소주)까지
다양한 맛의 쿠라시키 지자케를 현장에서
음미해보고 구입할 수 있다. 쿠라시키
복숭아, 쿠라시키 청포도 같은 리큐어 상품도
인기 있다.

- **주소** 岡山県倉敷市本町 5-10
- **가는 법** 쿠라시키역倉敷駅에서 도보 14분
- **전화번호** 086-422-6283
- **운영시간** 10:00~17:00, 화 휴무
- **홈페이지** www.izutsuya.net

아리오 쿠라시키	アリオ倉敷	🧺

쿠라시키역 북쪽 출구에 인접한 쇼핑
센터다. 지역 사회에 상쾌한 공기 같은
존재가 되겠다는 목표로 공기의 요정인
'아리엘Ariel'에서 힌트를 얻어 Amusement,
Relaxation, Information, Originality의 첫자를
인용하여 아리오Ario라고 이름을 만들었다.
일본의 유명 편의점인 세븐일레븐을
소유하고 있는 세븐&아이 홀딩스가
운영하는 복합 쇼핑몰이다. 2층 규모에
텐만야 후루사토관, 로프트, 점프 숍, ABC
Mart 등 다양한 매장과 레스토랑, 푸드코트가
입점해 있다.

- **주소** 岡山県倉敷市寿町12-2
- **가는 법** 쿠라시키역倉敷駅에서 도보 1분
- **전화번호** 086-434-1111
- **운영시간** 09:00~21:00, 연중무휴
- **홈페이지** kurashiki.ario.jp

쿠라시키 아이비 스퀘어　倉敷アイビースクエア 🏛

- 주소 岡山県倉敷市本町 7-2
- 가는 법 쿠라시키역倉敷駅에서 도보 14분
- 전화번호 086-422-0011
- 홈페이지 www.ivysquare.co.jp

목화와 쌀의 집산지였던 쿠라시키에서 1889년에 건설된
방적 공장을 재개발하여 1973년에 복합 교류 시설로
탄생한 곳이 바로 쿠라시키 아이비 스퀘어이다. 붉은
벽돌과 담쟁이가 인상적인 부지 내에는 호텔, 레스토랑,
오르골 박물관, 도예 체험 공방 등이 있다. 붉은 벽돌은
방적 공장 내부의 온도 조절을 위해서 만들어진 것이다.
옛날 솜 창고를 개조한 쿠라보 기념관은 1969년에
건립되어 당시 산업의 발자취를 전하고 있다.
휴양과 교양을 테마로 다소 조명을 낮춘 차분한 분위기의 이 호텔은 2층 건물로서 160여 개의
객실을 보유하고 있으며, 쿠라시키 미관지구 내에 위치하고 있어서 관광을 즐기기에는 최적의
위치이다.

쿠라시키 코히칸　倉敷珈琲館

에도 시대의 오래된 민가였던 건물을
유럽풍으로 리모델링하여 1971년에 오픈한
커피 전문점이다. 엄선된 원두를 직접
로스팅한 뒤 정성껏 넬드립(천으로 드립하는
방식)한 향기로운 커피 한잔과 복고풍의
실내 분위기는 무척이나 잘 어울린다. 계절
한정 커피도 준비되어 있는데 7~9월에 마실
수 있는 만델링 아이스와 10~6월에 마실
수 있는 코하쿠노죠오가 인기다. 만델링
아이스는 쓴맛이 강한 커피 위에 달콤한
우유를 올려서 부드러운 맛을 즐길 수
있으며, 코하쿠노죠오는 6~8시간 동안 내린
커피 위에 리큐어와 꿀을 섞은 크림을 얹은
디저트 같은 커피다.

- 주소 岡山県倉敷市本町 4-1
- 가는 법 쿠라시키역倉敷駅에서 도보 12분
- 전화번호 086-424-5516
- 운영시간 10:00~17:00, 연중무휴
- 홈페이지 www.kurashiki-coffeekan.com

쿠라시키 근교

岡山市

오카야마시

츄코쿠와 시코쿠 지역의 교통 요충지인 오카야마는 맑고 청명한 날씨를 자랑하며 '하레노쿠니(날씨가 좋은 나라, 맑은 나라)'라 불린다. 강수량 1mm 미만인 날이 일본 내에서 가장 많은, 맑은 날씨 때문. 맑고 따뜻한 기후 덕분에 봄의 딸기를 시작으로 복숭아, 포도, 배 등 일 년 내내 맛있는 과일이 많이 생산되어 과일 왕국이라고도 불리고 있다. 무엇보다도 풍성한 제철 과일을 이용한 다양하고 개성 넘치는 파르페를 호텔, 카페, 레스토랑에서 맛볼 수 있다.

키비 문화와 모모타로 전설의 발상지로서 오카야마성, 코라쿠엔, 키비츠 신사 등의 역사적 명소들에 많은 관광객들이 방문하고 있다. 우리가 일상생활에서 쉽게 볼 수 있는 점자 블록이 1967년에 세계 최초로 설치된 도시이기도 하다.

여행 형태 1박 2일 여행

위치 오카야마현 오카야마시 岡山県岡山市

가는 법 오카야마 공항岡山空港 ➡ | 신오사카역新大阪駅, 히로
리무진 버스 ➡ 오카야마 | 시마역広島駅 ➡ 신칸센 ➡
역 니시구치岡山駅西口 | 오카야마역岡山駅

오카야마성

岡山城

- **주소** 岡山県岡山市北区丸の内2-3-1
- **가는 법** 노면전차역 시로시타역城下駅에서 도보 9분, 오카야마역岡山駅에서 도보 22분
- **전화번호** 086-225-2096
- **운영시간** 09:00~17:30, 12/29~31 휴무
- **요금** 입장료 어른 400엔, 초·중생 100엔
- **홈페이지** okayama-kanko.net/ujo

우키타 히데이에가 1597년에 완성한 성으로서, 외벽의 검게 옻칠한 판자 때문에 까마귀성이라고 불리기도 한다. 1945년에 폭격으로 천수각과 대부분의 건축물이 소실되었다가 1966년에 재건했다. 츠키미야구라, 니시노마루 니시테야구라는 축조 당시 그대로 현존하여 국가 중요문화재로 지정되었다. 1997년에 400주년을 기념하여 외장을 단장하고 금색 범고래상, 금박 기와 등을 보수하여 킨우죠로 불리던 당시의 성 모습을 재현하였다. 1층은 비젠 야키 공방과 찻집, 기념품 가게가 있으며, 2층은 이케다 시대의 자료 전시와 함께 당시 공주 의상을 체험할 수 있다. 3층은 오카야마성의 역사를 전시하고 있으며, 4층은 오카야마성의 특징 및 에피소드를 알기 쉽게 소개하고 있으며 소실되기 전 오카야마성의 모습을 엿볼 수 있다. 5~6층은 전망대로, 5층은 코라쿠엔과 아사히카와를 배경으로 금색 범고래상인 킨샤치의 사진을 찍기 좋으며, 6층은 오카야마 시내를 360도로 바라볼 수 있다. 1년 4개월의 개보수공사를 거쳐 2022년 11월 3일에 리뉴얼 오픈하였다.

오카야마 영주 이케다 츠나마사가 1700년에 완성한 정원으로, 1871년 이케다 가문이 고코엔을 코라쿠엔으로 명칭 변경한 뒤 오카야마현에 양도함으로써 일반인들에게 개방하였다. 일본 3대 정원 중 하나이며 약 14만m²의 넓은 면적을 가지고 있는 못을 중심으로 한 정원으로 1952년에 국가지정 특별 명승지가 되었다. 오카야마성과 먼 산을 정원의 일부로 이용하는 조경 기법을 도입한 일본 정원이다. 봄에는 매화, 벚꽃, 진달래, 여름에는 꽃창포와 연꽃, 겨울에는 동백 등 계절마다 다양한 꽃을 감상할 수 있다.

영주의 거처였던 엔요테이, 평면적인 정원에 입체감을 부여한 높이 6m의 유이신산, 정원 중앙에 위치한 연못인 사와노이케, 정원 내 옛날 논의 정취가 남아 있는 세이덴, 정원을 바라보며 녹차와 모찌, 경단을 즐길 수 있는 100년 역사를 가진 후쿠다차야, 300년 전의 모습 그대로인 등롱 등 넓은 정원을 산책하며 다양한 정취를 느낄 수 있다. 초봄 축제, 잔디 태우기, 연꽃 행사, 모내기, 달 감상회 등 매월 다채로운 행사가 진행된다. 여름과 가을에는 야간 라이트 업 행사로 환상정원이 개최된다.

· **주소** 岡山県岡山市北区後楽園 1-5
· **가는 법** 노면전차역 시로시타역城下駅에서 도보 11분, 오카야마역岡山駅에서 도보 24분
· **전화번호** 086-272-1148
· **운영시간** 3/20~9/30 07:30~18:00, 10/1~3/19 08:00~17:00, 연중무휴
· **요금** 입장료 어른 410엔, 65세 이상 140엔, 고등학생 이하 무료
· **홈페이지** www.okayama-korakuen.jp

키비츠신사 吉備津神社

옛날부터 산 전체가 '신의 산'으로 숭배되어 온 키비츄산의 서쪽 산기슭에 위치한 신사로, 오카야마현에서 가장 오래된 신사로 알려져 있다. 닌토쿠 텐노 시대에 창건된 것으로 알려져 있으나 정확한 기록은 남아 있지 않다. 모모타로 전설의 원형이라는 우라타이지의 이야기가 전해지고 있는 신사이며, 그때 퇴치된 귀신의 목이 묻혀 있다는 전설과 함께 나루카마신지(가마솥 울리는 소리로 길흉을 점치는 행사)의 기원이 되었다.

'히요쿠 이리모야 즈쿠리'라는 독특한 양식의 본전과 하이덴은 1425년에 재건하여 일본 국보로 지정된 웅장한 신전이다. 일본 전국에서 유일한 양식으로 '키비츠 즈쿠리吉備津造'라고도 불리우고 있다. 본전 왼쪽 계단 위에는 학문의 신, 스가와라 텐신과 예술의 신, 아메노우즈메를 모신 '이치도샤一童社'가 있다. 본전의 서쪽에는 1579년에 재건하여 중요문화재로 지정된 약 400m의 아름다운 곡선미를 자랑하는 회랑의 멋진 모습을 볼 수 있다. 신사 내에는 3월에는 벚꽃, 4월에는 모란, 5월에는 영산홍, 6월에는 수국, 가을에는 은행나무가 멋진 전경을 자랑한다.

- 주소 岡山県岡山市北区吉備津 931
- 가는 법 키비츠역吉備津駅에서 도보 9분
- 전화번호 086-287-4111
- 운영시간 05:00~18:00, 연중무휴
- 요금 무료
- 홈페이지 www.kibitujinja.com

○ **모모타로桃太郎**
일본 전래 동화의 하나로, 복숭아에서 태어난 동자가 할머니로부터 받은 키비당고黍団子를 개, 원숭이, 꿩에게 나눠주고 그들을 부하로 삼아 귀신을 퇴치한 뒤, 보물을 가지고 와서 고향에서 할아버지, 할머니와 행복하게 살았다는 이야기이다.

키비츄산의 동쪽 산기슭에 위치한 키비츠히코노미코토를 모시는 신사이다. 스이코 텐노 시대에 창건되었다고 전해지고 있으나 문헌상에 최초로 언급된 것은 헤이안 시대 후기이다. 입구 쪽에 있는 2개의 큰 석등은 높이 11.5m로 서일본에서는 가장 큰 석등이다. 천 년 이상 된 신목 헤이안스기는 1930년의 화재로 많은 건축물과 함께 나무의 반이 소실되었으나, 2004년에 소실된 반을 시멘트로 복원하여 현재도 키비츠히코 신사의 상징이 되고 있다. 신사 내에 있는 4개의 건축물 중에서 맨 뒤에 있는 본전만 에도 시대의 건축물이고, 나머지 3개의 건축물 와타리덴, 사이몬덴, 하이덴은 화재로 소실된 뒤 쇼와 시대에 재건축한 것이다. 하지 때 아침의 해가 토리이 정면으로부터 올라가기 때문에 '아사히노미야(아침 해가 뜨는 신사)'라고도 불리고 있다.

- 주소 岡山県岡山市北区一宮 1043
- 가는 법 비젠이치노미야역前一宮駅에서 도보 4분
- 전화번호 086-284-0031
- 운영시간 06:00~18:00, 연중무휴
- 요금 무료
- 홈페이지 www.kibitsuhiko.or.jp

쇼쿠도 야마토 | 食堂やまと 🍜

1948년에 창업한 양식당이지만, 돈코츠 쇼유 맛의 추카소바가 인기를 끌며 오카야마시에서
가장 인기 있는 라멘집으로 불리고 있다. 추카소바는 돼지뼈, 돼지껍데기, 야채를 주재료로
하며 다시마, 얇게 자른 가다랑어포의 다시가 가미된 라멘 국물이 별미이다. 곧은면을 사용하며
토핑으로는 차슈(돼지고기 조림), 모야시(숙주), 멘마(마른 죽순), 네기(파) 등을 올려준다.
원래 양식당이기 때문에 돈카츠, 카츠동, 하야시 라이스, 오믈렛 등도 인기 있다. 카츠동은
오카야마의 명물 음식인 데미글라스 소스의 데미카츠동으로, 카츠동에 사용하는 데미글라스
소스는 추카소바의 국물을 베이스로 만든다. 돈카츠는 안심, 삼겹살 부위를 함께 사용하고
있다.

◦ 데미카츠동デミカツ丼
오카야마 지역의 명물 음식인 데미카츠동은 1931년에 창업한
아지츠카사 노무라味司 野村에서 처음 선보인 음식이다.
데미카츠동은 돈부리에 밥을 담고 그 위에 데미글라스
소스를 붓고 양배추를 얹고, 그 양배추 위에 돈카츠를 담은
뒤에 한 번 더 데미글라스 소스를 부어준다. 토핑으로
그린피스를 몇 개 올리는 것이
일반적. 아지츠카사 노무라의
인기로 오카야마의 많은
음식점에서 데미카츠동을
제공하면서 오카야마의 지역
명물 음식이 되었다.

◦ 구글맵 아지츠카사 노무라 goo.gl/maps/dXH7EEbho7J2

• 주소 岡山県岡山市北区表町 1-9-7
• 가는 법 오카야마역岡山駅에서 도보 16분
• 전화번호 086-232-3944
• 운영시간 11:00~19:00, 화 휴무
• 홈페이지 www.shokudou-yamato.com

아즈마 스시 | 吾妻寿司 🍜

오카야마역 내의 쇼핑몰인 산스테 오카야마에 있는 아즈마 스시는 1912년에 오픈한 오래된 스시집이다. 오카야마 향토 요리인 바라즈시(오카야마식 회덮밥), 밴댕이, 삼치 등 지역 수산물을 중심으로 한 요리를 선보이고 있다.

오카야마 바라즈시는 에도 시대에 내려진 이치쥬잇사이(국 한 그릇과 나물 한 그릇의 검소한 식사) 법령의 영향으로 탄생한 오카야마 명물 음식. 생선용 식초를 배합한 밥에 다양한 재료를 올려서 먹는 오카야마 대표 스시이다. 밴댕이, 붕장어, 삼치, 새우, 문어, 뱅어, 연근, 달걀지단 등 올라가는 재료의 양이 상당히 화려한 스시이다. 바라즈시 이외에도 다양한 생선류를 스시로 맛볼 수 있으며, 테이크아웃 코너에서는 밴댕이 초절임을 밥에 올린 마마카리 즈시, 삼치로 만든 사와라 오시즈시 등을 도시락으로 판매하고 있다.

○ **마마카리ままかり(밴댕이)**
마마카리는 '옆집에서 밥을 빌릴 정도로 맛있다'라는 의미에서 유래되었다. 세토나이카이瀬戸内海 연안 지역에서 많이 어획된다. 오카야마에서는 마마카리의 초절임이 유명하다.

- **주소** 岡山県岡山市北区駅元町1-1 さんすて 岡山 2F
- **가는 법** 오카야마역岡山駅에서 도보 1분
- **전화번호** 086-227-7337
- **운영시간** 11:00~22:00, 연중무휴
- **홈페이지** azumazushi.ecgo.jp

사카이야 혼텐 | 酒囲屋本店

2009년 오픈한 오카야마 시내에 오래된 민가 같은 분위기의 인기 이자카야다. 사카이야
혼텐의 대표 인기 메뉴는 사와라 시오타타키. 오카야마현에서 사시미라고 말하면
사와라(삼치)를 가리킬 정도로 오카야마 사람들에게 사랑받고 있는 생선이 바로 사와라이다.
겉을 살짝 구운 뒤 두툼하게 썰어주는 사와라 시오타타키는 간장을 찍을 필요없이 와사비만
올려서 먹어도 진하고 풍성한 맛을 느낄 수 있다. 갯가재를 살짝 초절임한 샤코즈, 성게알과
오징어를 말아서 만든 우니 이까 마끼, 으깬 감자 샐러드인 포테이토 사라다 등도 인기 있다.
오카야마현 인근에서 잡히는 신선한 어패류, 야채류와 함께 오카야마의 지자케를 즐겨보자.
메뉴는 고객에 따라 양을 조절하고 있기 때문에 모든 메뉴에 가격 표시가 되어 있지 않으므로
주문 시 문의하는 것이 좋다.

- **주소** 岡山県岡山市北区平和町1-14 1F
- **가는 법** 오카야마역岡山駅에서 도보 8분
- **전화번호** 086-226-0737
- **운영시간** 17:00~23:00, 일 휴무
- **홈페이지** www.sakaiyahonten.com

에비메시야	えびめしや

1966년에 창업한 에비메시야는 오카야마에 에비메시(새우볶음밥)를 전파하고 에비메시가 오카야마 명물음식으로 자리잡는 데 큰 역할을 한 인데이라 계열의 양식당이다. 음식점 이름대로 에비메시가 대표 메뉴. 매일 오전 문 열자마자 많은 손님들이 찾는 맛집이다. 에비메시는 미리 만들어 놓지 않고 주문받으면 그때부터 후라이팬에서 1인분씩 만들기 시작한다. 밥에 에비메시만의 특제소스와 새우를 넣고 윤기나게 볶은 뒤 달걀지단으로 마무리한다. 창업 이래 한 번도 변하지 않은 에비메시야의 레시피다. 캐러멜 소스, 케첩 등으로 짙은 갈색 빛깔을 내는 밥의 질감이 절묘하다. 고소하면서도 은은한 단맛에 간이 세지 않은 소스, 그리고 탱글한 새우의 식감까지 누구나 좋아할 만한 맛이다. 에비메시와 함께 나오는 콜슬로우는 최적의 조합이다. 에비메시 플레이트 메뉴도 인기다. 에비메시 플레이트는 에비메시 위에 오므라이스처럼 부드러운 계란을 덮은 오무에비메시, 함바그, 치킨카츠, 에비 후라이, 멘치카츠, 치킨난반 중에서 하나를 선택하여 에비메시와 함께 하나의 플레이트로 나온다.

- 주소 岡山県岡山市北区万成西町2-53
- 가는 법 오카야마역岡山駅에서 버스 15분
- 전화번호 086-251-6221
- 운영시간 11:00~15:00, 17:00~22:00, 수 휴무

○ 에비메시 えびめし
원래 에비메시의 원조는 도쿄의 카레 하우스인 '인데이라いんでぃら'이다. 당시 인데이라의 직원이 고향인 오카야마에 에비메시를 소개하면서 널리 퍼지게 되었다. 에비메시는 탱탱한 새우와 달걀지단으로 포인트를 준 검은 빛깔의 볶음밥이다.

아사츠키 혼텐	浅月本店

1948년에 오픈한 아사츠키 혼텐은 돈코츠 쇼유 맛의 오카야마 라멘을 대표하는 라멘집이다. 오카야마에서 가장 오래되었다. 입구에서부터 풍겨오는 구수한 라멘 냄새가 식욕을 자극한다. 실내에는 테이블석뿐만 아니라 좌식 자리도 있어서 아이들을 데리고 가기도 좋다.
아사츠키 혼텐의 인기 메뉴는 오카야마 라멘의 스탠더드라고 할 수 있는 츄카소바와 돈카츠 토핑을 올린 카츠소바이다.
츄카소바는 돼지뼈, 돼지껍데기, 눈퉁멸, 다시마, 사과, 양파, 마늘 등을 반나절 이상 끓여낸 국물이 부드럽고, 스트레이트 면에 국물맛이 잘 배어 있다. 토핑으로 나오는 식감 좋은 차슈와 멘마의 감칠맛도 좋다. 넉넉히 올려주는 파도 인상적이다. 카츠소바는 아사츠키 혼텐의 명물 라멘으로 TV와 잡지에서 화제가 된 큼직한 돈카츠를 올린다. 돈카츠 양만으로도 충분히 배부를 만한 크기의 돈카츠는 라멘 국물을 머금어서 부드러우며 국물과 돈카츠 안의 돼지고기 맛이 잘 어울린다. 오니기리 안에 텐푸라가 들어가 있는 텐무스도 라멘과 함께 먹으면 좋다.

- 주소 岡山県岡山市北区奉還町2-5-25
- 가는 법 오카야마역岡山駅에서 도보 5분
- 전화번호 086-252-1400
- 운영시간 10:30~21:00(L.O. 20:30), 목 휴무

쿠라시키 미관지구 ── 倉敷美観地区

카페 모야우 | Café Moyau

지어진 지 60년이 넘은 농기구 창고를 개조하여 2011년에 오픈한 카페로, 아사히카와
강변에 위치하고 있다. 나무로 된 벽과 기둥, 높은 천장이 운치 있는 분위기를 자아내는 인기
카페이다. 1층은 2,000여 권의 책이 진열되어 있는 도서관 같은 좌석과 복고풍 소파 좌석으로
구성되어 있으며, 2층은 아사히카와와 츠루미바시, 그리고 그 너머로 코라쿠엔이 바라보이는
편안한 좌식으로 이루어져 있다.
식사 메뉴는 히가와리 고항과 오므라이스가 인기 있다. 히가와리 고항은 계절 야채를 중심으로
한 반찬과 함께 따뜻한 미소시루, 잡곡밥이 제공된다. 오므라이스는 하룻밤 절인 소의 힘줄에
레드 와인 소스, 부드러운 달걀이 잘 어우러진 인기 메뉴이다. 식사, 음료와 함께 독서를
하거나 창가 좌석에 앉아 다리를 건너는 사람들을 여유롭게 바라보며 기분 좋은 한때를 보낼
수 있는 카페다.

- **주소** 岡山県岡山市北区出石町 1-10-2
- **가는 법** 코라쿠엔後楽園에서 도보 5분
- **전화번호** 086-227-2872
- **운영시간** 09:00~11:00(수, 토 만), 월~토 11:30~18:00(L.O. 17:30),
  일 11:30~16:00(L.O. 15:00), 부정기 휴무

후지야 | 冨士屋

1950년에 오픈하여 3대에 걸쳐 변함없는 맛을 이어오고 있는 츄카소바 전문점. 아사츠키 혼텐과 함께 오카야마를 대표하는 오카야마 라멘 맛집이다. 원래는 우동 및 전채 요리를 제공하는 식당이었으나, 1953년에 츄카소바 전문점으로 전환하였다.

후지야의 츄카소바는 천천히 오랜 시간 동안 끓인 돼지뼈 육수에 양조장에서 특별히 만든 특제 간장과 라드를 첨가하여 완성한 국물은 깔끔하고 깊은 맛이 느껴지며, 얇은 스트레이트 면과 궁합이 잘 맞는다. 삼겹살과 등심을 특제 간장에 장시간 끓여서 지방을 줄이고 담백하게 먹을 수 있는 챠슈도 인기 비결 중 하나다.

- 주소 岡山県岡山市北区奉還町2-3-8
- 가는 법 오카야마역岡山駅에서 도보 5분
- 전화번호 086-253-9759
- 운영시간 11:00~19:30, 수 휴무

킷사 혼마치 | 喫茶 ほんまち

오카야마역 앞의 숨겨진 맛집. 아는 사람만 아는 인기 디저트 카페이다. 커피와 디저트 메뉴가 다양하며, 특히 카푸치노와 카페모카를 주문하면 그날 그날 다양한 라테 아트를 즐길 수 있다. 풍부한 향의 에스프레소에 우유와 미세한 우유 거품을 추가해서 부드러운 맛이 돋보이는 카푸치노를 추천한다. 계절 과일을 듬뿍 사용한 계절 파르페 메뉴, 마롱 페이스트 안에 커스타드 크림과 생크림이 들어간 몽블랑도 많은 손님들이 주문하는 인기 메뉴. 창가의 카운터 석에서 혼자 조용한 시간을 보내기도 좋고, 늦게까지 영업하기 때문에 언제든 방문하기 좋다.

- 주소 岡山県岡山市北区本町2-22 錦ビル2F
- 가는 법 오카야마역岡山駅에서 도보 4분
- 전화번호 086-224-8650
- 운영시간 12:00~24:00(L.O. 23:00), 부정기 휴무

쿠라시키 미관지구 ── 倉敷美観地区

토쿠시마
徳
島

홋카이도

아오모리현
아키타현
이와테현
야마가타현
미야기현
니가타현
후쿠시마현
이시카와현
도야마현
도치기현
군마현
나가노현
이바라키현
후쿠이현
사이타미현
기후현
시가현
야마나시현
도쿄도
교토부
아이치현
가나가와현
치바현
돗토리현
오사카부
시마네현
효고현
미에현
시즈오카현
오카야마현
나라현
히로시마현
카가와현
야마구치현
에히메현
와카야마현
후쿠오카현
고치현
시가현
오이타현
나가사키현
쿠마모토현
미야자키현
가고시마현

토쿠시마현

일본 시코쿠 동쪽에 위치한 토쿠시마현은 세토나이카이, 키이스이도, 태평양과 접하고 있으며, 산악 지역이 현 전체 면적의 약 80%를 차지하고 있을 만큼 자연에 둘러싸인 지역이다. 토쿠시마현에서 가장 높은 츠루기산을 중심으로 북쪽은 오보케의 깊은 협곡과 토쿠시마 평야를 이루고 있으며, 남쪽은 경사면 산지에 숲이 발달하였고 평지는 적은 편이다. 어느 각도에서 봐도 눈썹 모양으로 보이는 비잔은 토쿠시마시의 상징적인 존재다. 8월이면 토쿠시마 시내를 뜨겁게 달구는 약 400년 역사의 아와오도리阿波おどり(토쿠시마의 전통춤 축제)는 일본 전역에서 관광객을 불러 모으고 있으며, 특산물로 스다치(영귤), 와삼봉(고급 설탕) 등이 유명하다.

여행 형태	1박 2일 여행
위치	토쿠시마현 토쿠시마시 德島県徳島市

가는 법

● **오사카 출발**
오사카 시티 에어 터미널OCAT ➡ 오사카-토쿠시마 고속버스 ➡ 토쿠시마에키마에徳島駅前 하차

● **타카마츠 출발**
타카마츠역高松駅 ➡ 코토쿠센高德線 ➡ 토쿠시마역徳島駅 하차

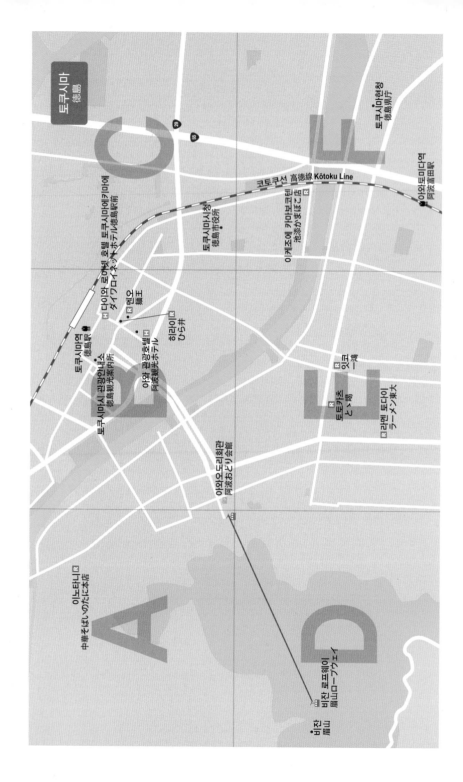

토쿠시마
徳島

코토쿠선 高徳線 Kōtoku Line

토쿠시마현청
徳島県庁

아와토미다역
阿波富田駅

토쿠시마시청
徳島市役所

이케조에 카마보코텐
池添かまぼこ店 R

다이와 로이넷 호텔 토쿠시마에키마에
ダイワロイネットホテル徳島駅前 R

메오
繭王 R

토쿠시마역
徳島駅

히라이
ひらゐ R

토쿠시마시 관광안내소
徳島市観光案内所

일고
一鴻 R

아와 관광호텔
阿波観光ホテル H

토토키츠
とゝ喜 R

라멘 토다이
ラーメン東大 R

이노타니 R
中華そばいのたに本店

아와오도리회관
阿波おどり会館

비잔 로프웨이
眉山山ロープウェイ

비잔
眉山

1999년 7월에 오픈한 전시·공연·문화 복합시설이다. 8월의 4일 동안만 볼 수 있었던
토쿠시마를 대표하는 전통 행사인 아와오도리를 일 년 내내 공연하고 방문객들이 즐길 수
있도록 개관하였다. 역사다리형의 독특한 건물 외관은 등불을 표현한 것이며, 회관 앞에 있는
벤치의 지붕은 아와오도리 때 여성이 쓰는 삿갓 모양을 형상화한 것이다.
1층에는 토쿠시마현 주요 정보 안내 코너와 토쿠시마의 특산물인 스다치, 나루토 킨토키를
사용한 식품 등을 비롯한 다양한 기념품을 구입할 수 있는 숍인 아루데요 토쿠시마가 있다.
특히 토쿠시마현의 대나무로 만든 장식품인 아와오도리 타케닌교가 인기 있다. 2층은 250명을
수용할 수 있는 아와오도리 홀. 낮에는 아와오도리회관 전속 공연팀인 아와노카제가 공연을
하고, 밤에는 유명 33개 렌이 매일 교대로 1팀씩 공연을 한다. 공연 중에는 관객들과 함께 춤을
추는 아와오도리 체험 코너가 있다. 2층 한편에는 유명 33개 렌의 등불이 전시되어 있다. 3층은
아와오도리의 역사, 의상, 악기 등 아와오도리에 대해서 자세히 알 수 있는 아와오도리 뮤지엄,
4층은 춤 연습 및 회의 공간, 5층은 비잔 정상으로 갈 수 있는 로프웨이역이다.

· **주소** 德島県徳島市新町橋 2-20
· **가는 법** 토쿠시마역徳島駅에서 도보 10분
· **전화번호** 088-611-1611
· **운영시간** 09:00~20:00, 12/28~1/1, 2월 6월 9월
  12월 둘째 주 수 휴무(공휴일이면 그다음 날 휴무)
· **요금** (낮 공연) 어른 800엔, 중학생 이하 400엔,
  (밤 공연) 어른 1,000엔, 중학생 이하 500엔
· **홈페이지** www.awaodori-kaikan.jp

아와오도리 阿波おどり

에도 시대 때부터 약 400년의 역사를 가진 일본의 전통 예능이며, 토쿠시마 현민의 대표적인 축제이다. 아와오도리의 기원에 대해서는 여러 가지 설이 있는데, 1587년 토쿠시마성의 완성을 축하하여 춤을 춘 것이 그 시작이라는 설, 1578년에 개최된 후류오도리風流おどり가 아와오도리의 원형이라는 설, 음력 7월 15일에 열리는 봉오도리盆おどり에서 파생된 것이라는 설 등이다. 매년 토쿠시마시에서는 8/12~15까지 4일간 아와오도리 축제가 열리며, 매년 약 130만 명의 관광객이 운집하여 토쿠시마시 시내 중심가가 춤의 무대가 된다. 아와오도리 특유 두 박자의 경쾌한 리듬에 맞춰 여성은 삿갓을 쓰고 나막신을 신고 두 손 들고 요염하게 춤을 추며, 남성들은 맨손 또는 부채를 들고 버선을 신고 크고 재미난 춤사위를 보여준다. 춤을 추며 행진할 때면 구경꾼들도 몸과 마음이 들뜨게 된다.

스다치 すだち(영귤)

토쿠시마의 특산물인 스다치는 시원하고 상쾌한 신맛으로 인기 있으며, 토쿠시마가 일본 전국 생산량의 거의 100%를 차지하고 있다. 이름은 스다치의 과즙을 식초로 사용한 스다치바나에서 유래했다. 스다치는 구연산과 비타민C가 많이 들어 있어서 피로 회복에 좋으며 혈당치 상승의 억제에도 효과가 있다. 토쿠시마 요리에서 빠지지 않으며, 다양한 스다치 관련 상품이 판매되고 있다. 1974년에 스다치의 꽃은 토쿠시마현의 꽃으로 지정되어 있으며, 1993년에는 스다치쿤이라는 토쿠시마현의 캐릭터도 탄생했다.

이노타니	中華そばいのたに本店 🍜	라멘 토다이	ラーメン東大 🍜

1966년에 오픈한 이노타니는 토쿠시마 라멘의 원조집으로 알려져 있다. 1999년 신요코하마 라멘 박물관의 요청으로 기간 한정 출점하게 된 것이 토쿠시마 라멘을 일본 전국에 알리게 된 계기가 되었다. 메뉴는 츄카소바 한 가지이며, 토핑으로 올라가는 고기와 면의 양에 따라서 대, 중을 선택할 수 있다. 라멘을 주문할 때 꼭 같이 주문해야 하는 것이 바로 날달걀과 밥이다. 간장의 달짝지근함이 배어 있는 얇게 썬 돼지고기를 라멘 위의 날달걀에 찍어 먹는 것이 토쿠시마 라멘의 특징. 밥과도 잘 어울려서 대부분의 사람들이 라멘과 함께 밥을 주문한다. 토쿠시마 사람들은 라멘은 밥에 잘 어울리는 반찬이라는 개념으로 먹는다. 국물은 돼지뼈, 야채, 말린 생선 등으로 만든 돈코츠 쇼유(돼지뼈 육수와 간장)의 진한 맛으로, 짙은 갈색의 국물 빛깔만으로도 그 진함이 느껴진다. 이때 날달걀은 진한 국물의 맛을 부드럽게 만들어줘서 먹기 편하게 해준다. 국물이 잘 배인 곧은면에 아삭아삭한 죽순, 색감 좋은 다진 파까지 토핑으로 올라간다.

- 주소 德島県徳島市西大工町 4-25
- 가는 법 토쿠시마역徳島駅에서 도보 11분
- 전화번호 088-653-1482
- 운영시간 10:30~17:00, 월 휴무

1999년에 오픈한 토쿠시마를 대표하는 토쿠시마 라멘 체인점으로, 시코쿠와 간사이 지역을 중심으로 14개의 점포가 있으며 본점은 토쿠시마 오미치에 있다. 라멘 업계의 정점을 목표로 한다는 의미를 담아 토다이(도쿄대)라는 이름을 붙였다. 토쿠시마 라멘의 특징은 라멘 위에 날달걀을 올려서 먹는 것이지만, 모든 토쿠시마 라멘에 날달걀을 넣는 것은 아니다. 토쿠시마 라멘은 그 맛과 빛깔에 따라 핫케이, 챠케이, 키케이로 나누는데, 챠케이 토쿠시마 라멘이 날달걀과 잘 어울린다. 라멘 토다이는 장시간 끓인 돼지뼈 육수에 진한 간장으로 맛을 낸 챠케이 토쿠시마 라멘으로, 날달걀과 궁합이 좋다. 날달걀을 무료로 손님들에게 제공하기 시작한 것이 바로 라멘 토다이이다. 라멘 토다이에서는 날달걀이 무료로 무한 제공된다. 밥을 주문해서 날달걀 비빔밥을 해먹는 것도 맛있게 먹는 추천 방법. 야채와 고기를 9:1로 넣고 얇은 피로 감싼 토쿠시마 교자는 스타치와 소금을 찍어서 먹는 독특한 스타일로 라멘과 함께 먹으면 좋다. 같은 계열의 토쿠시마 라멘 체인점으로 '멘오'도 함께 운영하고 있다.

- 주소 德島県徳島市大道 1-36
- 가는 법 토쿠시마역徳島駅에서 도보 15분
- 전화번호 088-655-3775
- 운영시간 11:00~04:00, 연중무휴
- 홈페이지 ramen-todai.com

○ 멘오 토쿠시마 에키마에 혼텐麵王 徳島駅前本店
- 구글맵 goo.gl/maps/zkBMoEaJ2fw

토쿠시마 ─── 徳島

토토카츠 | とゝ喝 🍜

토쿠시마 근해의 천연 해산물만을 사용하는 인기 일본 요리 전문점이다. 특히 나루토 해협에서
자란 천연 도미를 사용한 타이메시(도미솥밥), 타이사카무시(도미찜) 등으로 제대로 살 오른
고급 도미의 맛을 즐길 수 있다. 도미의 왕이라 불리는 나루토 타이, 그 나루토 타이 중에서도
최상급으로 손꼽히는 우즈하나다이는 거친 나루토 해협의 조류 속에서 자라 육질이 탱탱하고
탄력 넘치며 밝은 연분홍색을 띤 최고의 도미로 알려져 있다. 냄비에 우즈하나다이 한 마리를
통째로 넣어 40여 분간 밥을 짓고, 소금과 간장으로 도미의 맛을 한층 끌어올린 타이메시는
토토카츠의 간판 메뉴이다. 타이메시의 남은 밥은 오니기리(일본식 주먹밥)로 만들어서
가지고 갈 수도 있다.
토쿠시마 근해에서 잡히는 해산물을 사용한 오츠쿠리 모리아와세(사시미 모둠), 붕장어,
쑤기미 등의 요리도 인기 있다. 토쿠시마 특산물인 스다치로 만든 스다치슈, 나루토 특산물인
나루토 킨토키로 만든 이모 소주(고구마 소주) 등 토쿠시마현의 지자케와 함께 즐기는 것이
더욱 더 좋다.

- 주소 徳島県徳島市紺屋町13-1 とゝ喝ビル1F・2F
- 가는 법 토쿠시마역德島駅에서 도보 13분
- 전화번호 088-625-0110
- 운영시간 17:00~23:00(L.O. 22:30), 일 휴무
- 홈페이지 www.totokatsu.com

히라이 | ひら井 🍴

토쿠시마역에서 가까워 퇴근길 직장인들의 휴식처이면서 관광객들에게도 인기인 이자카야다. 히라이의 명물인 한입 크기의 토쿠시마 교자와 호네츠키도리 등이 인기. 닭고기와 토쿠시마산 연근으로 만든 소와 쫄깃한 피로 만든 수제 토쿠시마 교자는 유자 껍질과 고추로 만든 유즈코쇼와 곁들여서 먹으면 더 맛있다. 포장도 가능하다. 오븐에서 천천히 구워내는 호네츠키도리는 마늘 베이스에 소금과 후추로 맛을 냈으며, 닭 특유의 육즙을 제대로 살려서 맥주, 하이볼 등과 잘 어울리는 음식이다. 그 밖에도 토쿠시마현의 식재료를 사용한 간단한 안주와 주문하면 바로 제공되는 토리아에즈(즉석) 메뉴도 준비되어 있다.

- **주소** 德島県德島市寺島本町東 3-7-2
- **가는 법** 토쿠시마역德島駅에서 도보 1분
- **전화번호** 088-657-5050
- **운영시간** 월~토 17:00~24:00, 일·공휴일 17:00~23:00, 연중무휴

이케조에 카마보코텐 | 池添かまぼこ店 🍴

1910년에 오픈하여 100년이 넘게 전통의 맛을 유지하고 있는 수제 카마보코(어묵) 전문점으로, 토쿠시마 시민들의 부엌이라고 불리는 나카스 이치바에 위치하며 새벽 5시부터 영업을 하고 있다.
인기 상품인 피쉬카츠는 명태살에 카레가루, 고추, 후추 등의 향신료를 넣고 빵가루를 입혀 튀긴 음식으로서 토쿠시마를 대표하는 향토 명물 음식이다. 밥반찬, 간식, 술안주로 사랑받고 있다. 카레맛 나는 피쉬카츠에 마요네즈의 단맛과 산미를 추가하여 먹기 좋게 한입 크기로 만든 카츠 마요볼도 인기이다. 감자 대신 생선살을 사용하고 계절 야채가 들어간 교롯케, 토쿠시마 특산물인 스다치와 치쿠와(어묵 종류)가 만난 스다치 치쿠와, 양파가 듬뿍 들어간 타마네기텐 등도 추천 상품이다.

- **주소** 德島県德島市幸町 3-100
- **가는 법** 토쿠시마역德島駅에서 도보 12분, 아와토미다역阿波富田駅에서 도보 5분
- **전화번호** 088-622-8255
- **운영시간** 09:00~17:00, 일, 공휴일 휴무
- **홈페이지** ikezoe-kamaboko.com

토쿠시마 —— 德島

| 잇코 | 一鴻 | 🍲 |

1997년에 오픈한 잇코는 뼈가 붙은 닭다리구이인 호네츠키도리 전문점이다. 토쿠시마의
자연에서 80일 이상 키운 아와오도리로 만든 호네츠키도리가 인기이다. 잇코의 특제 가마에서
노릇노릇 구워내고 17가지 향신료로 만든 특제 양념으로 맛을 낸 호네츠키 아와오도리는
뜨거운 철판 위에 올려 나오는데, 튀는 기름에 옷을 버리지 않도록 종이에 감싸져서 나온다.
가위가 함께 제공되니 한입 크기로 잘라 먹기 좋으며 고소하고 뛰어난 육질에 술 생각이 절로
나는 음식이다. 호네츠키도리 이외에도 가슴살, 닭다리살, 목살, 닭날개 등 아와오도리의 각
부위를 사용한 스미비야키 메뉴도 인기 있다. 무네니쿠 치킨난반, 츠쿠네 등 일품 메뉴도
인기 있다. 토쿠시마현의 특산물을 사용한 메뉴도 준비되어 있는데, 나루토 특산물인 나루토
킨토키로 만든 고구마튀김 스틱, 토쿠시마의 명물 음식인 카레맛 와다지마 피쉬카츠 등도 추천
메뉴이다.

- **주소** 德島県徳島市仲之町1-46 アクティアネックスビル 2F
- **가는 법** 토쿠시마역徳島駅에서 도보 12분
- **전화번호** 088-623-2311
- **운영시간** 월~토 18:00~24:00(L.O 23:30), 일, 공휴일
  17:00~23:00(L.O 22:30), 연중무휴
- **홈페이지** www.i-kko.com

아와 관광호텔 | 阿波観光ホテル 🏠

- **주소** 德島県德島市一番町 3-16-3
- **가는 법** 토쿠시마역德島駅에서 도보 2분
- **전화번호** 088-622-5161
- **요금** 싱글룸 7,920엔~, 트윈룸 13,200엔~, 더블룸 15,400엔~
- **홈페이지** www.awakan.jp

크리스탈 모양의 독특한 외관이 특징인 관광호텔로, 호텔 모든 객실의 침대는 세미 더블 침대를 사용하여 편안한 밤을 보낼 수 있다. 아침은 토쿠시마 식재료를 사용한 바이킹 메뉴가 제공되며, 저녁 식사는 근해에서 잡은 해산물을 사용한 조메키 요리와 함께 아와의 향토 요리를 즐길 수 있다. 토쿠시마에서는 유일하게 스쿠버 다이빙 전용 수영장이 구비되어 있다.

다이와 로이넷 호텔 토쿠시마 에키마에 | ダイワロイネットホテル徳島駅前 🏠

- **주소** 德島県德島市寺島本町東 3-8
- **가는 법** 토쿠시마역德島駅에서 도보 1분
- **전화번호** 088-611-8455
- **요금** 싱글룸 8,200엔~, 트윈룸 11,700엔~
- **홈페이지** www.daiwaroynet.jp/tokushimaekimae

2015년 10월에 오픈한 다이와 로이넷 계열의 도시형 호텔로, 세련된 인테리어와 모던한 분위기의 스탠더드룸, 레이디룸, 슈피리어룸 등 207개 객실이 손님을 맞이하고 있다. 숙박객 중 여성들에게는 특별 여성용품이 제공되며, 어린이를 동반한 고객들에게는 웰컴 키즈용품이 준비되어 있다. 편안한 잠자리를 위해 5종류의 베개를 프런트에서 선택할 수 있으며, 어메너티는 미키모토 코스메틱의 상품이 구비되어 있다.

토쿠시마 근교

鳴門 **나루토**

토쿠시마현의 북동쪽에 위치한 나루토시는 효고현 고베시로부터 아와지시마를 통과하는 자동차 도로가 연결되어 있어서 시코쿠 및 토쿠시마현의 관문이라고 할 수 있는 곳이다. 도시 이름의 유래가 된 나루토 해협이 있으며, 거친 조류의 흐름으로 만들어지는 우즈시오 (소용돌이)가 유명하다. 또한, 포카리스웨트로 널리 알려진 오츠카 그룹은 나루토를 대표하는 기업이다. 특산물로는 나루토 킨토키(나루토 특산 고구마), 나루토 와카메(나루토 특산 미역) 등이 유명하다.

여행 형태	당일치기
위치	토쿠시마현 나루토시 德島県鳴門市

가는 법

● **토쿠시마 출발**
토쿠시마역德島駅 ➡ 나루토센鳴門線
➡ 나루토역鳴門駅 하차

● **타카마츠 출발**
타카마츠역高松駅 ➡ 코토쿠센高徳線
➡ 이케노타니역池谷駅 ➡ 나루토센鳴
門線 ➡ 나루토역鳴門駅 하차

○ **나루토 킨토키**なると金時

토쿠시마를 대표하는 농산물인 나루토 킨토키는 나루토시의 오게지마大毛島가 원산지이다. 속살이 황금색을 띤 고구마를 킨토키金時라고 부르던 것으로부터 '나루토 킨토키'라고 이름을 붙이게 되었다. 토쿠시마현의 온난하고 강우량이 적은 기후와 바다의 미네랄을 함유하고 있는 모래에서 재배되는 것이 뛰어난 맛의 비밀이며, 고구마 중 최고의 브랜드로 인기가 있다.

97

토쿠시마현 나루토시와 효고현 미나미아와지시 사이에 위치한 나루토 해협은 세계 3대
조류 중 하나로 알려져 있다. 세토나이카이와 키이스이도의 조수간만의 차, 약 1.3km로
좁은 나루토 해협의 폭, 약 2m에 달하는 해수면의 낙차, 그리고 시속 20km의 빠른 유속으로
우즈시오(소용돌이)가 자주 발생하며, 봄과 가을에는 크기가 커져 최대 지름이 20m일
때도 있어서 세계 최대 크기를 자랑한다. 그 박력 있는 모습을 보기 위해 연간 100만여 명의
관광객이 방문하고 있다. 나루토의 우즈시오를 관찰하기 좋은 시기는 만조와 간조의 전후이며,
우즈노미치의 홈페이지에서 매일 관찰 적기를 확인할 수 있다.

우즈시오ㅜ゙ㄱ潮를 감상하는 세 가지 방법

❶ 배를 타고 감상(우즈시오 키센ㅜ゙ㄱㄴㅑお汽船)

우즈시오 키센을 타고 나루토 해협의 호쾌하고 박력 있는 소용돌이를 가장 가까운 거리에서
감상할 수 있다. 길이 1,629m의 오나루토쿄大嗚門橋 아래에서 평소에는 좀처럼 볼 수 없는
해수면의 낙차, 굉음을 내며 빠르게 흐르는 조류의 흐름, 끊임없이 생겨나고 사라지는
소용돌이는 신기함에 질리지 않고 계속 보게 된다. 소요 시간은 약 20분 정도이며 매일 30분
간격으로 운행하고 있기 때문에 예약 없이 방문해도 좋다.

- **주소** 德島県鳴門市鳴門町土佐泊浦字福池 65-63
- **가는 법** 나루토역鳴門駅 앞에서 나루토코엔鳴門公園행
  토쿠시마 버스德島バス를 타고 정류장 카메우라구치亀
  浦口에서 하차 후 도보 2분
- **구글맵** goo.gl/maps/H1rFBkKCVSC2
- **전화번호** 088-687-0613
- **운영시간** 08:00~16:30(1일 18편 운행), 연중무휴
- **요금** 성인 1,600엔, 초등생 800엔
- **홈페이지** www.uzushio-kisen.com

❷ 걸어서 감상(우즈노미치渦の道)

우즈노미치는 오나루토쿄의 해상 45m에 450m의 산책로와 전망대를 설치한 관광 시설이다.
교량 입구에서 전망대까지 통로를 통해 걸어가면서 나루토 해협의 경관을 좌우로 바라볼 수
있으며, 4개소에 설치된 투명한 유리 바닥을 통해서 소용돌이와 암초 모습을 볼 수 있다.

- **주소** 德島県鳴門市鳴門町(鳴門公園內)
- **가는 법** 나루토역鳴門駅 앞에서 나루토코엔鳴門公園행 토
  쿠시마 버스德島バス를 타고 정류장 나루토코엔鳴門公園
  에서 하차 후 도보 5분
- **구글맵** goo.gl/maps/Bi9PT4LbdrL2
- **전화번호** 088-683-6262
- **운영시간** 3~9월 09:00~18:00, 10~2월 09:00~17:00, 3, 6, 9, 12월 둘째 월 휴무
- **요금** 우즈노미치 입장료 어른 510엔, 중·고생 410엔, 초등생 260엔
- **홈페이지** www.uzunomichi.jp

❸ 전망대에서 감상

나루토코엔 내에 있는 오차엔 전망대, 센죠지키 전망대에서 오나루토쿄와 나루토 해협 전체를
바라볼 수 있으며, 기념사진 촬영하기에도 좋은 곳이다.

- **주소** 德島県鳴門市鳴門町
- **가는 법** 나루토역鳴門駅 앞에서 나루토코엔鳴門公園행
  토쿠시마 버스德島バス를 타고 정류장 나루토코엔鳴門
  公園에서 하차
- **구글맵** 오차엔 전망대 goo.gl/maps/uyKJfBhfimN2
- **구글맵** 센죠지키 전망대 goo.gl/maps/SoSoL5HYnZp

1998년에 오츠카 그룹의 창립 75주년 기념사업으로 창업자의 고향인 나루토시에 개관하였다. 세계 25개국, 190여 개의 박물관이 소장하고 있는 고대에서 현대까지의 서양 미술 작품 1,000여 점을 실물 크기로 도판에 재현한 작품들이 전시되어 있는 세계 최초의 도판 명화 미술관이다. 도자기로 만든 큰 판에 원화의 색채와 크기를 그대로 재현하여, 2000년이 지나도 퇴색하지 않고 그대로 모습이 유지된다. 약 3만㎡의 면적에 전시 공간은 지하 3층부터 지상 2층까지 순차적으로 감상하면 약 4km에 달한다고 한다. 고대 유적과 교회 등의 벽화를 재현한 공간, 서양 미술의 변천을 알기 쉽게 전시한 공간, 화가들의 표현 방법에 주목한 테마 전시 공간 등이 있다. 특히 레오나르도 다빈치, 피카소, 고흐, 모네, 샤갈 등 유명 작가의 작품을 관람할 수 있어서 마치 교과서나 화집 속을 걷고 있는 기분이 든다. 바티칸 시스티나 성당에 있는 미켈란젤로의 '천지창조'를 비롯한 천장 벽화를 재현한 공간은 그 장엄함으로 관광객들에게 가장 인기 있는 장소이다. 모나리자, 최후의 만찬, 게르니카 등 세계의 명화가 한자리에 전시되어 있으며 사진 촬영도 가능하다.

오츠카 국제미술관 大塚国際美術館

- 주소 德島県鳴門市鳴門町土佐泊浦字福池 65-1
- 가는 법 나루토역鳴門駅 앞에서 나루토코엔鳴門公園행 토쿠시마 버스德島バス를 타고 정류장 오츠카 국제미술관大塚国際美術館 앞에서 하차
- 전화번호 088-687-3737
- 운영시간 09:30~17:00, 월, 연말연시 휴무, 8월은 무휴
- 요금 입장료 어른 3,300엔, 대학생 2,200엔, 초·중·고생 550엔
- 홈페이지 o-museum.or.jp

o 오츠카 그룹 大塚グループ

1921년 오츠카 부사부로가 토쿠시마현 나루토시에서 오츠카 제약공장을 설립한 것을 시작으로 오로나인 연고의 히트로 발전하게 된 회사다. 현재 제약을 포함한 의료 사업, 건강 기능성 상품 사업 등을 전개하고 있으며, 우리나라에서는 이온 음료인 포카리스웨트로 널리 알려진 기업이다.

토쿠시마 —— 德島

아소코 쇼쿠도 | あそこ食堂 🍜

1968년에 오픈한 대중식당으로, 나루토 지역 명물 음식인 나루토 우동을 메인 메뉴로 지역 주민들에게 사랑을 받고 있다. 문을 열고 들어서면 바로 눈앞에 펼쳐지는 반찬들의 쇼케이스에 놀라게 된다. 방석이 깔려 있는 좌식 자리와 테이블 자리로 이루어진 내부는 그리 넓지 않지만 포근한 느낌을 주는 공간이다.

아소코 쇼쿠도에서 맛볼 수 있는 나루토 우동은 매일 아침 수타로 직접 뽑아내는 우동면이 매끈하고 부드러워서 먹기에 좋으며, 한국 사람들에게도 익숙한 맛의 우동국물이다. 나루토 우동 메뉴로는 치쿠와와 얇게 썬 유부가 올라간 테우치 우동과 미역이 가득 담겨서 나오는 와카메 우동이 인기이다. 우동과 함께 신선한 지역 해산물을 사용한 스시, 생선구이, 생선조림, 튀김 등 다양한 가정 요리가 준비되는 오늘의 반찬인 히가와리 오카즈를 자유롭게 선택해서 먹을 수 있다. 반찬들이 술안주로도 좋아서 반찬들과 함께 먼저 술 한잔 한 뒤에 우동을 먹는 손님들이 많다. 계산할 때면, 고맙다는 인사와 함께 귤이나 고구마를 서비스로 안겨주는 따뜻한 정이 있는 음식점이다.

ㅇ **나루토 우동鳴門うどん**
옛날부터 소금 산업이 발달했던 나루토 지역에서 염전 노동자들이 빠른 시간에 가볍게 먹을 수 있는 음식으로 우동을 먹기 시작한 것이 그 기원이다. 담백한 국물, 가늘고 부드러우면서 두께가 일정하지 않은 면, 간단한 토핑이 나루토 우동의 특징이다.

• **주소** 德島県鳴門市撫養町南浜字東浜 327
• **가는 법** 나루토역鳴門駅에서 도보 5분
• **전화번호** 088-686-1615
• **운영시간** 11:00~21:00, 목 휴무

토쿠시마 근교

祖
谷
溪

이야케이

이야케이가 위치한 미요시시는 2006년 여러 마을이 병합되어 탄생한 시이다. 시코쿠의 거의 중앙에 위치하여 예로부터 교통의 요충지로서 발전해왔다. 도시의 90%가 산지로 구성되어 있으며, '자연이 살아 숨쉬고, 사람이 빛나는 교류의 고장'이라는 모토를 내걸 정도다. 쿠로사와 습지, 산악 지역의 경치를 물씬 느낄 수 있는 오보케, 이야케이 등 풍류와 자연을 즐기기 좋은 지역이다. 천혜의 자연에서 얻는 다양한 식재료를 사용한 이야소바, 데코마와시 등의 향토 요리도 꼭 맛볼 만하다.

여행 형태 당일치기

위치 토쿠시마현 미요시시 德島県三好市

가는 법 토쿠시마역德島駅 ➡ 토쿠시마센德島線 ➡ 아와이케다역阿波池田駅 하차

쇼벤코조

小便小僧

📷

- **주소** 徳島県三好市池田町松尾
- **가는 법** 아와이케다역阿波池田駅에서 카즈라바시かずら橋행 시코쿠 교통버스四国交通バス 승차, 정류장 후로노타니風呂ノ谷에서 하차
- **구글맵** goo.gl/maps/Py1wEHFnYAF2

1968년에 계곡으로부터 약 200m 높이의 바위 위에 토쿠시마현의 조각가인 카와사키 료코가 제작한 동상이다. 이야가도 공사 후 남아 있던 돌출된 바위 위에서 지역 아이들과 여행자들이 담력 시험을 했다는 일화를 바탕으로 만들어진 오줌싸개 소년의 동상이 재미있다.

이야케이

祖谷溪

📷

- **주소** 徳島県三好市西祖谷山村田ノ内
- **가는 법** 쇼벤코조小便小僧에서 차로 6분, 도보 57분
- **구글맵** goo.gl/maps/jqx5ciNqde52

토쿠시마현 최고의 비경으로 손꼽히는 이야케이는 츠루기산을 수원지로 하는 에메랄드색의 이야가와에 약 20km에 걸쳐 발달한 V자형의 계곡이다. 굽이치는 계곡의 모습이 일본어 히라가나의 '히ひ'자를 닮았다고 해서 '히노지케이코쿠ひの字渓谷'라고도 불린다. 봄과 여름은 계곡의 맑은 물이 싱그러우며, 가을이 되면 계곡에서 산봉우리까지 모두 단풍으로 물들어 토쿠시마현의 단풍 명소로 인정받고 있다.

카즈라바시란 산속 계곡의 카즈라(넝쿨)를 묶어서 만든 다리다. 기록에
의하면 예전에는 7개 또는 13개의 카즈라바시가 있었다고 전해지고 있으나
현재는 이야노 카즈라바시와 오쿠이야 니쥬 카즈라바시만 남아 있다.
카즈라바시의 유래는 헤이케 일족이 사누키 야시마 전투에서 패한 뒤 이야로
도망쳤을 때 타이라노 쿠니모리가 고안한 것이라는 설과 순례 중이던
코보 대사가 불편을 겪고 있던 주민들을 위해 만들었다는 설 등 여러 설이
존재하고 있다.

길이 45m, 폭 2m, 수면으로부터 높이 14m의 이야노 카즈라바시는 옛날에는
계곡 지역의 유일한 이동 시설이었다. 카즈라로 만든 다리는 타이쇼 시대
때부터 안전을 위해 와이어 등을 사용하여 3년마다 보강 및 교체 공사를
진행하고 있다. 나무 바닥판 사이는 10cm 정도 떨어져 있기 때문에 건너갈
때 발 밑으로 강물이 보이는 것이 스릴 만점이다. 1955년에 중요 유형
민속문화재로 지정되었다. 이야가와의 맑은 물과 함께 사계절 자연과의
조화가 아름다운 경관을 연출하고 있으며, 매일 밤 켜지는 조명으로
몽상적인 분위기를 불러일으킨다. 주변에는 헤이케의 유민들이 옛 생활에
그리워 폭포를 바라보며 비파를 연주하고 마음을 달랬다고 전해지는 폭포
비와노타키가 있다.

- **주소** 德島県三好市西祖谷山村善徳 162-2
- **가는 법** 아와이케다역阿波池田駅에서 카즈라바시かずら橋행 시코쿠 교통버스四国
  交通バス 승차, 정류장 카즈라바시かずら橋에서 하차
- **구글맵** goo.gl/maps/Hdbrb4Luhim
- **요금** 입장료 어른 550엔, 초등학생 350엔
- **운영시간** 4~6월 08:00~18:00, 7~8월 07:30~18:30, 9~3월 08:00~17:00

이야노 카즈라바시 祖谷のかずら橋

토쿠시마 ── 徳島

오보케
大歩危

- 주소 德島県三好市山城町上名 1553-1
- 가는 법 아와이케다역阿波池田駅에서 카즈라바시かずら橋행 시코쿠
  교통버스四国交通バス 승차, 정류장 미치노에키 오보케道の駅大歩危
  에서 하차(오보케역大歩危駅에서 도보 23분)
- 구글맵 goo.gl/maps/MTjUfLhARPC2
- 전화번호 0883-84-1489
- 요금 오보케 유람선 어른 1,200엔, 3세~초등학생 600엔
- 운영시간 (오보케 유람선) 09:00~17:00, 연중무휴

시코쿠의 산간 지역을 가로지르는 요시노가와의 흐름에 의해 2억 년의 시간 동안 사암이
변성하여 생긴 사질편암이 침식되어 약 8km에 걸쳐 형성된 계곡이다. 독특한 지명은
낭떠러지의 옛말인 호키 또는 호케로부터 유래했다는 설과 '큰 걸음으로 성큼성큼 걸어가면
위험하다'라는 말에서 유래했다는 설 등이 있다. 아름다운 바위와 V자 계곡의 모습을 통해
일본 열도의 형성 과정을 알 수 있는 귀중한 장소로서 2014년에 국가지정 천연기념물,
2015년에 국가지정 명승지가 되었다.
100년 이상의 역사를 가진 오보케 유람선을 타고 오보케의 아름다움을 즐길 수 있다. 특히
독특한 함력편암을 가까이에서 구경할 수 있고, 봄에는 싱그러운 신록과 함께 벚꽃, 철쭉,
그리고 가을에는 단풍으로 물든 계곡에서 사계절의 계곡미를 즐길 수 있다. 여름철에는 거친
물길을 따라 래프팅, 카약을 즐기는 사람도 많다.

시코쿠 본네트 버스 | 四国ボンネットバス 📷

아와이케다역 앞에서 출발하는 관광버스다. 옛 스타일의 본네트 버스를 타고 가이드의 설명과 함께 차창을 통해 아름다운 경관과 관광 명소 구경 및 식사를 세트로 즐길 수 있다. 3월 중순부터 11월 말까지 주로 주말과 공휴일에만 운행하고 있으며, 5월, 8월, 10~11월은 매일 운행하고 있다. 여름에는 냉방 문제로 본네트 버스가 아닌 일반 관광버스로 운행한다. 시코쿠 본네트 버스의 관광 코스는 10시 45분에 아와이케다역 앞에서 출발하여, 쇼벤코조, 이야케이, 이야노 카즈라바시, 헤이케야시키, 미치노오케 오보케를 거쳐 오보케 유람선 승선 후 16시 20분에 아와이케다역으로 돌아오는 코스이다. 각 관광 명소의 입장료, 유람선 승선료뿐만 아니라 호텔 카즈라바시에서의 점심 식사가 모두 포함되어 있다. 100% 예약제로 운영되며 예약은 전화로 가능하다. 버스 노후화로 인해 2021년 11월 28일부터 운행이 일시 중지 중이다. 이후 클라우드 펀딩으로 보수 자금을 마련하였으며, 현재 버스의 보수 및 운행 재개를 준비 중이다.

- 주소 德島県三好市井川町西井川 311-2
- 전화번호 0883-72-1231
- 요금 어른 8,800엔, 어린이 8,500엔
- 홈페이지 www.yonkoh.co.jp

호텔 카즈라바시 | ホテルかずら橋 🏠

- 주소 德島県三好市西祖谷山村善徳 33-1
- 가는 법 아와이케다역阿波池田駅에서 카즈라바시행 시코쿠 교통버스四国交通 バス 승차, 정류장 호텔 카즈라바시ホテル かずら橋에서 하차
- 전화번호 0883-87-2171
- 요금 와실(8조畳) 15,120엔~, 와실(12조畳) 16,200엔~
- 홈페이지 www.kazurabashi.co.jp

이야노 카즈라바시 근처에 있는 호텔로서, 약 30여 개 객실을 구비하고 있으며 신이야 온천도 갖추어 지역 관광객을 맞이하고 있다. 대욕장과 노천탕도 준비되어 있다. 특히 케이블카로 이동하는 텐쿠노천탕에서 일상의 피로를 풀면서 멋진 절경을 바라볼 수 있다. 식사는 화로에서 구운 은어, 데코마와시와 함께 이야소바 등 이야의 향토 요리를 맛볼 수 있다. 이야소바는 면이 굵고 짧으며 국물은 엷은 맛이 특징. 데코마와시는 토란, 곤약, 두부 등을 꼬치에 끼워 유자된장을 발라서 구운 향토 요리이다.

카가와현

香川県

홋카이도

아오모리현

아키타현

이와테현

야마가타현   미야기현

니가타현   후쿠시마현

이시카와현   도야마현   도치기현
후쿠이현   나가노현   군마현
기후현   야마나시현   사이타마현   이바라키현
시마네현   돗토리현   교토부   시가현   도쿄도   치바현
오카야마현   효고현   아이치현   가나가와현
히로시마현   오사카부   미에현   시즈오카현
야마구치현   나라현
후쿠오카현   에히메현   고치현   토쿠시마현   와카야마현
사가현   오이타현
나가사키현
쿠마모토현   미야자키현   **카가와현**
가고시마현

우동 순례
うどん巡り

카가와현 타카마츠시 高松市
사카이데시 坂出市
마루가메시 丸亀市
젠츠지시 善通寺市
아야우타군 綾歌郡

카가와현은 일본 최초의 국립공원으로 지정된 세토나이카이 국립공원의 중심인 시코쿠의 동북부에 위치하고 있다.

카가와현의 명칭은 현청 소재지인 타카마츠시가 속해 있었던 카가와군에서 따온 것. 카가와는 옛날 산중의 강이 향기를 내며 흘렀다는 카오리노가와에서 유래된 것으로 알려져 있다.

카가와현은 일본에서 가장 작은 현이며, 많은 저수지 및 그릇을 뒤집어 놓은 듯한 모양의 산들이 멋진 경치를 이루고 있다. 쫄깃한 식감의 사누키 우동, 멋진 자연과 함께 풍부한 수산물의 천연 수족관이라고도 불리는 세토나이카이, 콘피라상이라 불리며 현민들에게 사랑받고 있는 코토히라구, 세토대교 등이 유명하다. 또한, 소금과 설탕의 명산지로 고급 설탕인 와삼봉이 유명하다.

카가와현에는 다양하고 특색 있는 우동집들이 많다. 각 집에서 소小자로 조금씩 맛보고 다음 우동집을 방문하는 '우동 메구리(うどん巡り: 우동 순례)'를 많이 한다. 다양한 토핑을 얹어서 자신만의 우동을 만들어 먹을 수 있는 것이 특히 매력적이다. 2011년부터 카가와현은 우동을 전면에 내세운 관광 캠페인인 '우동현'을 실시하고 있다.

사누키 우동讃岐うどん에 대하여

카가와현은 옛날 사누키국 때부터 양질의 밀, 소금, 간장, 그리고 말린 잔멸치가 특산품으로 생산되고 있어서 우동 재료를 쉽게 구할 수 있었다. 덕분에 겐로쿠 시대에 이미 우동을 만들어서 먹고 있었던 것으로 알려져 있다. 우동이 카가와현의 명물로 알려지기 시작한 것은 1960년대부터이다. 그 뒤 1980년대에 카가와현의 정보지에서 개성적인 우동집을 소개하는 기획인 '게릴라 우동 츠곳코ゲリラうどん通ごっこ'가 인기를 끌었으며, 1988년 세토대교의 개통으로 관광객의 증가와 함께 각종 TV 및 언론 매체에서 사누키 우동을 다루면서 1990년대 초반 사누키 우동 붐이 일게 되었다. 2006년에는 사누키 우동의 붐을 주제로 한 영화《UDON》이 개봉되었으며, 2011년부터는 관광 캠페인으로 "우동현. 그러나 우동만 있는 게 아닌 카가와현"이 시작되어 사누키 우동의 인기는 계속되고 있다.

사누키
우동의 종류

∘ **카케 우동かけうどん**
삶은 우동면을 찬물에 씻은 뒤, 따뜻한 다시를 부어서 먹는 우동이다. 다시는 말린 잔멸치나 카츠오부시 등으로 맛을 내는데 각 음식점마다 조리법에서 개성이 나타난다. 취향에 따라 파, 유부, 튀김찌꺼기, 고춧가루 등을 뿌려서 먹으면 좋다.

∘ **붓카케 우동ぶっかけうどん**
삶은 우동면을 찬물에 씻은 뒤, 진한 츠케다시를 뿌려서 먹는 우동이다. 파, 갈은 무 등이 토핑으로 나오는 경우가 많으며 재료들과 함께 비벼 먹는다. 사누키 우동 특유의 쫄깃한 식감을 느끼기에 좋다.

○ **카마아게 우동**釜あげうどん
가마솥에서 삶은 우동면을 그대로
삶은 물과 함께 그릇에 담아주는
우동이다. 따뜻하고 부드러운
식감을 즐기기 좋은 우동이다.

○ **카마타마 우동**釜玉うどん
삶은 우동면을 찬물에 씻지 않고 뜨거운
상태 그대로 날달걀을 넣은 뒤 쇼유(醬油 ;
간장)를 뿌려서 비벼 먹는 우동이다.

○ **쇼유 우동**醬油うどん
삶은 우동면을 찬물에 씻은 뒤, 쇼유를 뿌려서
먹는 우동이다. 생강, 파 등이 토핑으로 나오는
경우가 많다.

○ **자루 우동**ざるうどん
삶은 우동면을 찬물에 씻은 뒤 자루(ざる ;
소쿠리)에 담아서 제공하는 우동이다. 우동면은
소바처럼 츠유에 찍어서 먹는다.

카레 우동　　　　니쿠 우동
カレーうどん　　　肉うどん

그 외에도 우동면에 카레 국물을 부어서 먹는 카레 우동,
달콤한 양념에 절인 소고기를 토핑으로 올려서 먹는 니쿠 우동,
겨울철 카가와현의 향토 요리로 무, 당근, 토란 등의 야채를 끓여서
우동면 위에 부어서 먹는 싯포쿠 우동しっぽくうどん 등이 있다.

사누키 우동집의 종류

카가와현에 있는 사누키 우동집들은 크게 아래의 세 종류로 나누어진다.

○ **일반점一般店**
일반 음식점처럼 우동을 주문하면 직원이 자리까지 가져다주는
스타일이다. 일부 사이드 메뉴는 셀프 서비스인 곳도 있다.
예 나가타 인 카노카長田in 香の香, 오카센おか泉, 테우치 우동
츠루마루手打ちうどん 鶴丸, 카와후쿠 혼텐川福 本店

○ **셀프セルフ**
쟁반을 들고 줄을 서서 우동을 받고 자신이 좋아하는 토핑을
선택한 뒤 자리에 앉아서 먹는 스타일이다. 음식을 다 먹고 난 뒤
식기도 직접 반납구에 반납을 해야 한다.
예 나카무라 우동中村うどん, 치쿠세이竹清, 사누키 우동 가모讚岐うどん がもう,
우동 잇푸쿠うどん 一福, 하유카はゆか, 야마시타 우동텐山下うどん店

야마고에우동

히노데 세이멘죠

○ 제면소製麺所

면을 만드는 제면소에서 직접 운영하는 식당으로 고객의 요청에
따라 우동을 제공하는 곳이 대부분이기 때문에 실내에 좌석 수가
적고 시간 제한, 수량 제한인 곳이 많다.

예 야마고에 우동山越うどん, 히노데 세이멘죠日の出製麺所

야마고에우동

우동버스

○ 우동 버스うどんバス

카가와현의 유명 사누키 우동집들은 현 전체에 퍼져 있어서
대중교통으로 방문하는 것이 쉽지 않은 우동집이 많다. 렌터카를
이용해서 방문하는 것도 좋지만, 유명 우동집과 함께 카가와현의
관광 명소도 방문할 수 있는 우동 버스를 이용하는 것이 좋다.
타카마츠역에서 출발하여 사누키 우동의 유명 점포에서의 식사,
리츠린코엔, 코토히라, 마루가메성 같은 관광 명소 방문, 우동
만들기 체험 등을 포함한 반나절 코스와 1일 코스가 준비되어
있다. 가이드의 친절한 설명과 함께 기념품으로 우동 수첩도
나누어 준다. 현재는 2023년 2월부터 잠시 운휴 중이다.

주소 香川県丸亀市土器町北 2-77(琴参バス株式会社)
전화번호 087-851-3155, 0877-22-9191(예약)
접수시간 평일 09:00~18:00, 주말 공휴일 09:00~16:00
요금 평일 반나절 코스 대인 1,000엔, 소인 500엔 평일 1일 코스 대인 1,600엔,
소인 800엔 주말 공휴일 1일 코스 대인 1,500엔, 소인 750엔
홈페이지 www.kotosan.co.jp/sp (인터넷 예약 가능)

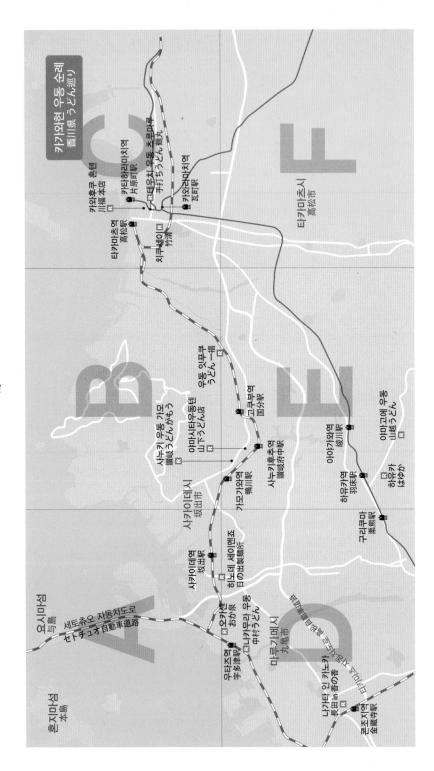

카가와현 우동 순례
香川県 うどん巡り

혼지마섬
本島

요시마섬
与島

세토츄오 자동차도로
セトチュオ自動車道路

우타즈역
宇多津駅

오카센 おか泉
岡泉

나카무라 우동
中村うどん

하노데 세이멘조
日の出製麺所

사카이데시
坂出市

사카이데역
坂出駅

마루가메시
丸亀市

나가타 인 카노카
長田 in 春の香

타카마츠 고토히라 전기철도

곤조지역
金蔵寺駅

구리쿠마역
栗熊駅

하유카
はゆか

하유카역
羽床駅

아야가와역
綾川駅

야마고에 우동
山越うどん

사누키후추역
讃岐府中駅

가모가와역
鴨川駅

야마시타우동텐
山下うどん店

사누키 우동 가모
讃岐うどんかもう

고쿠부역
国分駅

우동 잇푸쿠
うどん一福

치쿠세이
竹清

타카마츠역
高松駅

타카마츠시
高松市

카와후쿠 혼텐
川福本店

카타하라마치역
片原町駅

테우치 우동 츠루마루
手打うどん鶴丸

카와라마치역
瓦町駅

112

2002년에 오픈한 젠츠지시에 있는 우동집으로, 카가와현 사람들도 인정하고, 각종 사누키
우동책에서도 카마아게 우동이라면 '나가타 인 카노카'라는 말이 있을 정도로 유명한 곳이다.
음식점 이름은 '카가와의 향기'라는 의미로 붙여진 이름이다.

따뜻한 물에 담겨 나오는 카마아게 우동은 은은히 피어오르는 김과 함께 구수한 우동 냄새가
식욕을 자극한다. 우동면의 겉은 부드럽고, 먹으면 목넘김이 좋으며 씹으면 면의 탱탱함이
느껴진다. 각 테이블에 있는 큰 술병은 우동면을 찍어 먹는 말린 잔멸치 베이스의 다시이다.
감칠맛 나는 다시는 카마아게 우동의 방점을 찍어주는 존재이다. 우동면을 찍어 먹고 남은
다시를 모두 다 마시고 일어나는 사람들도 많을 정도로 다시의 맛이 훌륭하다. 다시가 담긴 큰
술병은 굉장히 뜨겁기 때문에 병목에 감겨 있는 끈을 잡고 컵에 붓는 것이 좋다.

우동과 함께 사이드 메뉴로 마키즈시, 바라즈시, 타코메시 등을 곁들이면 더욱 좋다. 가족이나
일행들이 있다면 모두 함께 먹을 수 있도록 큰 대야에 담겨 나오는 타라이 우동을 추천한다.

- 주소 香川県善通寺市金蔵寺町本村 1180
- 가는 법 콘조지역金蔵寺駅에서 도보 10분
- 전화번호 0877-63-5921
- 운영시간 09:00~15:00, 수, 목 휴무(공휴일일 경우에는 영업)
- 홈페이지 kanoka.jp

- 주소 香川県綾歌郡宇多津町浜八番丁129-10
- 가는 법 우타즈역宇多津駅에서 도보 13분
- 전화번호 0877-49-4422
- 운영시간 평일 11:00~20:00, 주말·공휴일 10:45~20:00,
  월·화 휴무(공휴일일 경우에는 영업)
- 홈페이지 www.okasen.com/honten

1992년에 오픈한 아야우타군의 인기 우동집으로 휴일에는 1,000명에 가까운 인원이 몰릴
정도로 그 맛은 현지 주민과 관광객들에게 정평이 나 있다. 깔끔한 일본풍으로 인테리어 된
실내는 우동집이 아니라 일본요리점인 듯한 느낌이 든다.
오카센의 우동면은 탄력이 장점. 족타 작업을 4시간 동안 5번 실시하며 그날의 온도, 습도 등을
고려하여 밟는 힘과 시간을 조정하고 있다.
오카센의 인기 메뉴는 등록 상표를 취득한 히야텐 오로시이다. 갓 삶은 면을 찬물에 헹궈서
그릇에 담고, 큼직한 에비텐 2개, 각종 텐푸라, 다이콘 오로시와 함께 특제 다시를 부으면
호화로운 사누키 우동이 완성된다. 실크 같은 매끄러운 목 넘김과 그 어떤 우동면보다도
쫄깃함이 느껴지는 탄력, 갓 만든 튀김의 따뜻함과 고소함, 감칠맛 나는 특제 다시의 하모니가
뛰어난 우동이다. 음식점 한쪽에 준비된 오뎅 나베에서 먹고 싶은 오뎅을 골라서 먹을 수
있는데, 우동이 나올 때까지 오뎅을 먹으며 기다리는 것이 사누키 우동을 즐기는 방법 중
하나다.

· 주소 香川県丸亀市土器町東 9-283 CLOVER SHOEIビル 1F
· 가는법 우타즈역宇多津駅에서 도보 15분
· 전화번호 0877-21-6477
· 운영시간 10:00~14:00, 금 휴무
· 홈페이지 www.nakamura-udon.jp

1995년에 오픈한 곳으로, 지금은 없어진 사누키 우동의 전설과도 같은
'니시모리 우동'의 맛을 잇고 있는 우동집이다. 모든 작업을 수작업으로 하고
있으며, 연일 사람들이 줄 서서 기다리고 있는 인기 맛집이다.
나카무라 우동의 대표 메뉴는 카마타마로, 약 8분간 삶아낸 면을 달걀이 담긴
그릇에 부어서 내준다. 다진 파와 갈은 무는 실내 중앙에 있는 테이블에서
취향에 맞게 담아서 먹으면 된다. 무의 경우에는 강판으로 본인이 직접 갈아서
먹어야 하는 소소한 재미도 있다. 텐푸라 메뉴 중에서는 큼직한 치쿠와竹輪와
주홍색 빛깔의 나가텐長天이 추천 메뉴이다.

· 주소 香川県高松市亀岡町 2-23
· 가는법 카와라마치역瓦町駅에서 도보 15분
· 전화번호 087-834-7296
· 운영시간 11:00~14:30(재료 소진 시 마감), 월 휴무
· 홈페이지 chikuseiudon.com

1968년에 오픈한 셀프 우동집. 부부가 함께 운영 중인데, 우동은 남편이,
텐푸라는 부인이 담당하고 있다. 우동과 함께 갓 만든 텐푸라가 유명하다.
특히 반숙 달걀튀김인 '아츠아츠 한쥬쿠타마고텐あつあつ半熟卵天' 원조집으로
알려져 있다. 우동면은 매일 가게에서 직접 만들며, 텐푸라는 주문 후 바로
튀긴다. 어떤 우동을 주문하든지 손님들이 꼭 함께 먹는 메뉴가 바로 아츠아츠
한쥬쿠타마고텐이다. 고온에서 튀겨낸 반숙 달걀튀김은 젓가락으로 반을
나누면 노른자가 주르륵 흘러내린다. 큼직한 치쿠와(어묵)도 인기 텐푸라다.

테우치 우동 츠루마루

手打ちうどん 鶴丸

- 주소 香川県高松市古馬場町9-34
- 가는 법 카와라마치역瓦町駅에서 도보 5분
- 전화번호 087-821-3780
- 운영시간 20:00~02:00, 일·공휴일 휴무
- 홈페이지 teuchiudon-tsurumaru.com

1981년에 오픈한 심야에 영업하는 수타 우동 전문점으로, 카레 우동이
유명하여 오픈 전부터 줄 서 있는 타카마츠 시내의 인기 우동집이다.
일본인들은 술을 마신 뒤에 마지막으로 라멘, 소바, 오니기리 등을 먹는 것이
일반적이지만, 우동현이라 불리는 카가와현에서는 우동으로 마무리하는
사람들이 많다. 츠루마루의 사장님이 술 한잔 걸친 후 마무리로 먹을 수 있는
우동집이 있는 것도 좋을 것 같다는 생각으로 오픈하여 30년 넘게 타카마츠
사람들의 인기를 독차지하고 있다. 방문 손님의 90% 이상이 주문한다는 카레
우동은 면에 카레의 루가 잘 배어 있고, 맵기보다는 순한 단맛이 도드라진다.
집에서 만들어 먹는 카레 같은 편안한 느낌이 있는 카레 우동이며, 마지막에
오니기리를 남은 카레 국물에 비벼먹으면 더욱 좋다.

사누키 우동 가모

讃岐うどん がもう

- 주소 香川県坂出市加茂町420-1
- 가는 법 가모가와역鴨川駅에서 도보 15분
- 전화번호 0877-48-0409
- 운영시간 08:30~13:30, 월, 일 휴무

1957년에 오픈한 우동 가게다. 아침부터 평온한 농촌을 보며 느긋하게 우동을
즐길 수 있다. 자리는 12석밖에 없다. 이 때문에 가게 앞 벤치에 앉거나 주차장,
공터에서 서서 먹는 사람들도 있다. 메뉴는 우동 한 가지. 주문 시 면 상태를 정해
알려줘야 한다. 면은 차갑게 나오는 츠메타이つめたい, 미지근한 누쿠인ぬくいん,
따뜻한 카마아게釜揚げ 중 선택할 수 있다. 취향에 따라 카케다시나 쇼유를
우동에 부어 먹으면 된다. 추천 메뉴는 카마아게에 감칠맛 나는 카케다시를 붓고
토핑으로 유부를 올려서 먹는 '카케 우동(유부 토핑)'이다.

1941년에 오픈한 야마고에 우동은 1990년대에 일어난 우동 붐의 진원지로서, 하루 최대 2,000명이 방문할 정도로 인기다. 원래는 가족이 경영하는 도매 전문 제면 공장으로 시작하였으나 1990년대 미디어에서 우동 제면소 붐을 다루면서 고객이 증가하게 되어 제면소 내에 우동을 먹을 수 있는 정원과 공간을 증설하게 되었다.

카가와현 중앙인 아야우타군에 위치하여 양질의 물이 풍부하게 솟아나는 자연 환경에 힘입어 양질의 우동을 손님들에게 제공하고 있다. 자신이 먹고 싶은 토핑을 골라 정취 있는 일본 정원에서 우동을 즐길 수 있다. 카가와현의 우동집 중에서 가장 긴 행렬을 자랑하는 곳으로 다소 긴 대기시간을 감수해야 한다. 무엇보다 갓 삶은 따뜻한 우동에 날달걀을 풀어서 비벼 먹는 '카마타마 우동'의 원조집으로 알려져 있다. 카마타마 우동은 카마아게와 타마고의 합성어로, 우동 붐 당시에 손님 중 한 명이 큰 솥에서 갓 삶아 낸 따뜻한 우동면에 자신이 가져온 신선한 달걀을 풀어서 비벼 먹는 모습을 보고 정식 메뉴로 착안했다고 한다. 원래 이름은 카마아게 타마고 우동이었으나 현재는 이름을 줄여서 카마타마 우동으로 부르고 있다. 따뜻한 우동면 때문에 날달걀이 반숙 상태가 되는데, 반숙 달걀의 고소함과 씹을수록 우러나오는 우동면의 단맛이 매력적이다. 우동집 내에서는 짠맛이 강하지 않은 카마타마용 간장이 제공되니 살짝 부어서 비벼 먹으면 더욱 더 맛있다.

- **주소** 香川県綾歌郡綾川町羽床上602-2
- **가는 법** 아야가와역綾川駅에서 차로 6분, 도보 35분
- **전화번호** 087-878-0420
- **운영시간** 09:00~13:30, 수, 일 휴무(부정기 휴무 있음)
- **홈페이지** yamagoeudon.com

히노데 세이멘죠 | 日の出製麺所 🖐

1930년에 창업한 사카이데시에 있는 제면소로, 단 한 시간만 우동을 먹을 수 있다. 그러나 너무 맛이 좋아 언제나 장사진을 이루는 곳이다. 원래 제면소이기 때문에 식사를 할 수 없었지만 손님의 요구로 삶은 면을 비닐 봉투에 담아서 제공하였고, 손님들이 그 봉투에 다시를 넣어서 먹기 시작한 것이 지금에 이르게 되었다. 제면소의 영업에 지장이 없는 범위에서 우동을 제공하고자 제면소 한편에 식사 공간을 마련하고 점심 때 한 시간만 영업하는 스타일을 취하고 있다. 식사는 오전 11시 반부터 12시 반까지 한 시간만 가능하지만 상품 판매는 오전 9시부터 오후 4시까지 가능하다.

주문은 면의 양으로 소(1인분), 중(1.5인분), 대(2인분) 중에서 선택하고, 면의 상태로 뜨거운 면, 차가운 면, 미지근한 면을 선택하면 된다. 기본적으로 삶은 면만 그릇에 담아서 제공하기 때문에 테이블에 있는 붓카케다시, 쇼유, 아게타마, 파, 생강, 깨 등을 이용해서 자신의 취향에 맞게 만들어 먹으면 된다. 파는 자신이 원하는 크기만큼 가위로 잘라서 우동 위에 올려서 먹으면 된다. 추가 금액을 내고 온센타마고(온천달걀), 치쿠와텐(오뎅튀김), 아지츠케 니쿠(양념고기) 등도 먹을 수 있다.

- **주소** 香川県坂出市富士見町 1-8-5
- **가는 법** 사카이데역坂出駅에서 도보 10분
- **전화번호** 0877-46-3882
- **운영시간** 11:30~12:30(상황에 따라 11:00부터 영업할 때도 있음. 12:30에 줄 서 있는 손님까지 입장 가능), 부정기 휴무(일 영업)
- **홈페이지** www.hinode.net

| 우동 잇푸쿠 | うどん 一福 | 👍 |

2007년에 오픈한 우동 잇푸쿠는 마루가메시의 인기
우동집인 '나카무라 우동'에서 일을 하던 사장님이 새롭게
오픈한 곳이다. 사누키 우동집에서는 흔치 않은 자루 우동이
인기다. 차가운 우동을 소쿠리에 올려서 내주는 자루 우동은
츠케츠유에 찍어먹는 우동. 차가우면서도 탄력 넘치는
우동 면발이 일품이다. 면은 5분이 경과하면 맛이 변하기
시작하기 때문에 최대한 바로 먹는 것을 권하고 있다. 그 외에도 카케 우동, 붓카케 우동,
카레 우동, 니쿠 우동 등의 다양한 메뉴가 있으며, 10~2월까지만 맛볼 수 있는 싯푸쿠 우동도
별미이다. 우동과 함께 먹는 다양한 토핑 중에서도 작은 새우들을 튀겨낸 '코에비 카키아게',
단맛이 나게 조려낸 강낭콩을 튀긴 '킨토키마메', 가지를 튀긴 '나스텐' 등은 추천하는 토핑
메뉴다.

- 주소 香川県高松市国分寺町新居169-1
- 가는 법 하시오카역端岡駅에서 도보 11분
- 전화번호 087-874-5088
- 운영시간 월~목 10:00~14:00, 주말·공휴일 10:00~15:00, 금 휴무

| 하유카 | はゆか | 👍 |

2003년에 '사누키 우동의 전통과 옛 제조법 등을 지키면서
새로운 맛을 추구하고 싶다'라는 생각으로 창업한 새로운
수타 우동집이다. 아야우타군의 현도 278호선에 인접해
있다. 입구 쪽에서는 우동면을 만드는 과정을 직접 볼 수
있다.
추천 메뉴는 붓카케 오로시 우동이다. 살짝 단맛 나는 다시와
영귤, 간 무의 산뜻한 느낌이 절묘한 맛을 이룬다. 다시는 취향에 따라 코이(진한 맛),
우스이(엷은 맛)로 선택이 가능하다. 면발은 두꺼우면서도 안에 심이
느껴질 정도로 탄력과 쫄깃함이 매력이다. 다른 우동집과는 달리
청고추와 잔멸치의 조합인 아오토 치리멘을 넣어서 우동을
매콤하고 감칠맛 나게 먹을 수 있는 것이 특징이다.

- 주소 香川県綾歌郡綾川町羽床下 2222-5
- 가는 법 하유카역羽床駅에서 도보 15분
- 전화번호 087-876-5377
- 운영시간 10:00~15:30, 월 휴무(월요일이 공휴일일 경우에는 화 휴무)

야마시타우동텐 | 山下うどん店 👍

1959년에 오픈한 인기 우동 가게. 사누키 우동을 다룬
영화 《UDON》에도 등장했다. 대중교통으로는 찾아가기
어렵지만 주말이면 차량이 줄을 잇는다. 가게 옆으로 조용히
흐르는 개천도 인상적이다. 실내에는 옛날 방식을 고집하며
장작불로 끓이는 큰 가마솥에서 우동을 삶아내는 모습이
소박하다. 이 집 우동은 사카이데의 맑은 물로 만들어 씹는
맛이 좋은 통통한 면이 특징이다. 여기에 말린 잔멸치로 맛을 낸 국물의 매력까지 더해진다.
토핑으로는 다른 집에서는 맛보기 어려운 큼직한 보리새우튀김인 시바에비 카키아게가 가장
인기다. 간 새우를 넣어 붉은 빛깔을 띠는 튀김오뎅 아카텐, 하나만 먹어도 배부를 것 같은
굵은 타코도 인기다. 계산은 식사 후 자신이 먹은 것을 직원에게 말하고 결제하는 시스템이니
본인이 먹은 우동 및 토핑을 기억해두자.

- 주소 香川県坂出市加茂町 147-1
- 가는 법 사누키후추역讃岐府中駅에서 도보 15분
- 전화번호 0877-48-1304
- 운영시간 08:30~15:00(재료 소진 시 영업 종료), 월 · 일 휴무
- 홈페이지 yamashitaudon.shop

120

카와후쿠 혼텐 | 川福 本店 👍

1950년에 오픈한 자루 우동 원조집. 보통 우동은 국물이나
간장을 면에 부어서 먹는 것이 일반적이지만 자루 우동은
소바처럼 면을 츠유에 찍어 먹는다. 인기 메뉴는 텐자루
우동. 갓 튀긴 텐푸라와 윤기가 흐르는 우동면을 살짝 말아서
자루(소쿠리)에 담아낸다. 면을 츠유에 찍어 입 안 가득
넣으면 탄력 넘치는 면발이 느껴진다. 목 넘김 또한 좋다.
일본인들은 우동을 먹을 때 '목 넘김'을 중요하게 생각한다. 카와후쿠 혼텐은 숱한 시행착오를
거쳐 면의 굵기가 4mm일 때 목 넘김이 가장 좋다는 결론에 이르렀다. 지금도 우동면은 굵기
4mm, 길이 90cm를 유지한다. 자루 우동 외에도 카마아게 우동, 니쿠 우동, 붓카케 우동,
싯포쿠 우동 등 약 30여 종류 우동이 있어 선택의 폭이 넓다. 고기, 채소, 해산물, 우동 등을
넣고 끓여 먹는 우동 스키나베 같은 다양한 단품 메뉴도 있다.

- 주소 香川県高松市大工町 2-1
- 가는 법 카타하라마치역片原町駅에서 도보 4분
- 전화번호 087-822-1956
- 운영시간 11:00~14:00, 18:00~23:30, 화 휴무

카가와현 근교

高

타카마츠

松

타카마츠시는 남쪽으로는 토쿠시마현, 북쪽으로는 세토나이카이에 접해 있는 항구 도시로서 시코쿠 카가와현의 현청 소재지이다.

1988년 세토 대교의 개통, 1989년 타카마츠 공항의 개항 등으로 큰 변화와 발전을 이루고 있으며, 세토우치의 섬을 중심으로 3년에 한 번씩 개최되는 세토우치 국제예술제는 세토나이카이의 매력을 세계에 널리 알리고 있다. 세토나이카이의 자연과 예술이 어우러진 나오시마, 테시마, 쇼도시마 등은 타카마츠항에서 모두 한 시간 이내에 있다.

여행 형태	1박 2일 여행
위치	카가와현 타카마츠시 香川県高松市
가는 법	타카마츠 공항高松空港 ▸ 타카마츠 공항 리무진 버스 ▸ 타카마츠역高松駅 하차

오카야마역岡山駅 ▸ 세토오하시센瀬戸大橋線 ▸ 타카마츠역高松駅 하차

리츠린코엔

栗林公園

시운산 동쪽 기슭에 위치한 국가 지정 특별 명승의 일본 정원이다. 시코쿠에서는 유일한 특별 명승지이기도 하다. 1631년경 사누키국의 영주였던 이코마 일가가 정원 건설에 착수한 뒤 100여 년에 걸쳐 1745년 완성되었으며, 1875년부터 일반인에게 공개되기 시작하였다. 약 75만m²의 광대한 부지에 에도 시대의 지천 회유식의 남쪽 정원과 다이쇼 시대에 근대적으로 정비 및 보수한 북쪽 정원으로 나뉘어져 있다. 미슐랭 그린 가이드에서 별 3개를 받아 세계적으로도 그 아름다움을 인정받고 있다.

시운산을 배경으로 6개의 연못과 13개의 산으로 구성되어 있으며, 소나무, 단풍나무 등 다양한 수목과 수려한 정원석이 조화롭다. 매화, 벚꽃, 연꽃 등은 사계절 내내 운치 있는 모습을 보여준다. 특히 히라이호에 올라서 바라보는 엔게츠교와 연못의 경치는 리츠린코엔을 대표하는 모습으로 많은 사람들에게 사진 촬영 장소로 유명하다. 공원 내에는 다실인 키쿠게츠테이 외에도 차 한잔과 함께 여유를 누릴 수 있는 카페 히구라시테이, 카가와현의 민예품을 전시하고 있는 사누키 민예관, 특산품을 전시 및 판매하고 있는 상공 장려관 등이 있으며, 동문에 인접한 리츠린 안에서는 카가와현의 특산물 및 기념품 등을 구입할 수 있다.

- 주소 香川県高松市栗林町1-20-16
- 가는 법 JR타카마츠역 버스터미널에서 노선버스(33, 35, 41, 43, 47, 51, 53번) 승차, 정거장 리츠린코엔 앞栗林公園前 하차, 리츠린코엔역栗林公園駅에서 도보 9분
- 전화번호 087-833-7411
- 운영시간 12~1월 07:00~17:00, 2월 07:00~17:30, 3월 06:30~18:00, 4~5월 05:30~18:30, 6~8월 05:30~19:00, 9월 05:30~18:30, 10월 06:00~17:30, 11월 06:30~17:00, 연중무휴
- 요금 입장료 어른 410엔, 중학생 이하 170엔, 미취학 아동 무료
- 홈페이지 www.my-kagawa.jp/ritsuringarden

마루가메마치 상점가

丸亀町商店街

- **주소** 香川県高松市丸亀町
- **가는 법** 타카마츠역高松駅에서 도보 10분
- **구글맵** goo.gl/maps/Pf3dKryg3V12
- **전화번호** 087-823-0001

마루가메마치 상점가는 길이 470m로, 타카마츠시의 중앙 상점가를 대표한다. 1588년 현재의 카가와현 마루가메시인 마루가메번의 영주가 타카마츠성으로 이동하였을 때 마루가메의 상인들을 이주시켜 장사를 시작한 것이 그 기원으로 알려져 있다. 2007년에 완성된 상점가의 상징이기도 한 높이 32m의 크리스털 돔에는 이노쿠마 겐이치로의 작품이 전시되어 있다. 느티나무가 심어져 있는 시민들의 쉼터인 케야키 광장도 있다. 20여 년 걸친 재개발 사업으로 예전의 번영과 활기를 되찾고 있다.

키타하마 앨리

北浜 alley

- **주소** 香川県高松市北浜町4-14
- **가는 법** 타카마츠역高松駅에서 도보 15분
- **구글맵** goo.gl/maps/DejJWPR8gXF2
- **홈페이지** www.kitahama-alley.com

쇼와 시대 초기에 지어진 키타하마쵸의 곡물 창고 3동을 리노베이션하여 2001년에 오픈한 복합 상업 시설이다. 카페, 잡화, 갤러리, 바, 미용실 등 9개 업종 19개 점포들이 입점해 있다. '앨리alley'라는 이름처럼 옛 창고 골목의 이미지가 남아 있어서 향수를 불러일으킨다. 시원한 바닷바람도 느낄 수 있어서 젊은이들에게 인기 명소가 되고 있다. 건물의 외벽은 손대지 않고 그대로이기 때문에 폐허처럼 보일 수 있지만 내부에는 세련된 점포들이 손님들을 맞이하고 있다. 프리마켓이나 콘서트 등도 개최되고 있다. 여러 점포들 중에서 추천 점포는 우미에umie이다. 우미에는 키타하마 앨리 2층에 위치한 카페로, 탁 트인 넓은 실내에 책도 많이 비치되어 있어서 한가로이 시간을 보내기 좋다. 카페의 창문을 통해서 타카마츠항과 바다를 바라볼 수 있다.

카가와현 우동 순례 ──── 香川県 うどん巡り

仏生山温泉 天平湯

- **주소** 香川県高松市仏生山町乙 114-5
- **가는 법** 붓쇼잔역仏生山駅에서 도보 8분
- **전화번호** 087-889-7750
- **운영시간** 평일 11:00~24:00, 주말·공휴일 09:00~24:00, 매월 넷째 화 휴무
- **요금** 어른 700엔, 3세~초등학생 350엔
- **홈페이지** busshozan.com

2005년에 오픈한 세련된 현대적인 건물이 색다른 느낌을 주는 천연 온천이다. 온천의 원천 온도는 32.6℃이며 나트륨 탄산수소염의 수질로 알려져 있다. 인테리어는 나무를 많이 이용하여 포근하면서도 깔끔하다. 50m 서점, 휴식을 위한 다다미 공간 외에 전시 및 기념품 판매도 함께하고 있다. 간단한 식사와 우동, 빙수 등을 먹을 수 있는 공간도 마련되어 있다. 욕실 내부는 탁 트인 대욕탕, 밤하늘을 바라볼 수 있는 정원과 히노키 노천탕 등 쾌적하고 멋진 분위기에서 온천을 즐길 수 있다. 타카마츠역으로부터 붓쇼잔역까지의 왕복권, 붓쇼잔온센 입욕권, 그리고 타월이 제공되는 부채 모양의 '코토덴온센 승차 입욕권'을 이용하는 것이 좋다.

키사야 모토조

象屋元蔵

- **주소** 香川県高松市藤塚町1-9-7
- **가는 법** 카와라마치역瓦町駅으로부터 도보 10분
- **전화번호** 087-861-2530
- **운영시간** 10:30~17:30, 매주 월, 연말연시 휴무
- **홈페이지** ototosenbei.com

타카마츠시에 있는 명물 오토토 센베이를 생산, 판매하는 과자점이다. 다이쇼 시대에 세토나이카이 연안 지방에서는 시장에 내놓지 못하는 작은 물고기 등을 센베이로 만들어 먹는 풍습이 있었다. '오토토お魚'란 물고기라는 뜻. 세토나이카이의 해산물을 그대로 먹는 센베이로, 하나하나 수작업을 한다. 가장 인기 있는 문어를 비롯하여 새우, 오징어, 고등어 등 12종류의 상품이 상시 준비되어 있다. 보존료를 일절 사용하지 않는다.

잇카쿠 타카마츠텐 | 一鶴 高松店

1952년 오픈한 잇카쿠는 카가와현 명물 음식인 호테츠키도리 원조집으로 알려져 있다. 원래 오코노미야키와 오뎅집으로 시작하였으나 로스트 치킨에서 아이디어를 얻어 독자적으로 고안한 호네츠키도리가 호평을 얻으며 카가와현 내에서는 모르는 사람이 없는 인기 맛집이 되었다.

호네츠키도리는 소금, 후추, 마늘 등으로 밑간을 한 닭다리를 전용 가마에서 구워서 닭껍질은 바삭바삭 풍미가 좋고 고소하며, 한입 베어 물 때마다 육즙이 터져 나오는 속살의 맛이 매력이다. 호네츠키도리는 닭다리 밑 부분을 냅킨으로 감싸서 들고 먹거나 가위로 먹기 좋게 잘라서 먹는다. 호네츠키도리는 두 가지가 있는데, 쫄깃한 식감과 씹을수록 단맛이 우러나오는 노계 '오야도리おやどり'와 부드러운 맛의 영계 '히나도리ひなどり'다. 취향에 따라 선택이 가능하다. 오야도리는 다소 질길 수 있기 때문에 닭다리에 칼집을 내서 먹기 좋게 내어준다. 후추와 향신료 등이 들어가서 조금 매운맛으로 맥주와의 궁합이 좋으며, 먹는 중간에 무료로 제공해주는 양배추는 입가심으로 먹으면 좋다. 마지막에는 오니기리를 주문해서 육즙과 기름이 어우러진 타레에 찍어 먹는 것으로 마무리를 한다. 닭고기가 들어간 밥인 토리메시도 인기 메뉴다.

- **주소** 香川県高松市鍛冶屋町4-11
- **가는 법** 타카마츠역高松駅에서 도보 15분
- **전화번호** 087-823-3711
- **운영시간** 평일 17:00~23:00(L.O. 22:30), 주말·공휴일 11:00~23:00(L.O. 22:30), 화, 연말연시 휴무
- **홈페이지** www.ikkaku.co.jp

카가와현 우동 순례 ——— 香川県 うどん巡り

란마루 | 蘭丸 🍴

2003년에 오픈한 인기 이자카야로 사누키 명물인 호네츠키도리, 사누키규, 올리브 하마치 등 신선한 세토우치의 해산물을 맛볼 수 있다.
카가와현으로 여행을 가면 사누키 우동과 함께 꼭 먹어봐야 할 음식인 호네츠키도리는 바삭한 껍질과 부드러운 속살이 매력인 영계 히나와 탄탄하면서 독특한 식감과 씹을수록 감칠맛이 우러나오는 육즙의 노계 오야, 두 가지 메뉴가 있다. 사누키 컷스테키 오로시폰즈는 A4 등급의 사누키규를 한 입 크기로 잘라서 구운 스테이크에 오로시폰즈(간 무+폰즈 소스)를 함께 먹는 인기 메뉴로서 부드러운 소고기의 맛이 매력이다. 올리브 하마치는 폴리페놀이 다량 함유되어 있는 올리브 잎을 사료에 넣어 양식한 어린 방어다. 뛰어난 육질로 사시미로 주문하는 사람들이 많다. 또한, 카가와현의 향토 요리인 쇼유마메(간장에 절인 콩)도 간단 안주로 인기 있다.

- **주소** 香川県高松市大工町7-4
- **가는 법** 카타하라마치역片原町駅에서 도보 5분
- **전화번호** 087-821-8405
- **운영시간** 17:00~22:00, 부정기 휴무

126

텐카츠 혼텐 | 天勝 本店 🍴

1866년에 오픈한 유서 깊은 요리점으로 세토나이카이의 제철 해산물을 맛볼 수 있다.
해산물을 중심으로 한 다양한 코스 요리, 카가와현의 명물 요리, 향토 요리 등이 준비되어 있다. 특히 카가와현을 대표하는 붕장어 요리가 인기. 음식점 한가운데에 커다란 수조가 있고 그 둘레에 자리가 마련되어 있다. 수조 안에 있는 다양한 물고기를 보며 식사를 할 수 있다.
개인실과 스시 카운터가 있는 2층, 단체 손님을 위한 3층 공간도 마련되어 있다.
갓 잡은 붕장어의 쫄깃한 식감이 매력적인 아나고 사시미, 개인 화로에서 직접 구워먹는 아나고 시라야키, 구운 붕장어에 달콤한 소스를 바른 아나고 테리야키 등이 인기 메뉴다. 그 외에 길이 50cm 이상의 대형 붕장어인 베에스케를 사용한 스키야키풍의 베에스케나베는 유명 맥주의 CM에 등장한 이후 인기가 상승하고 있다. 아나고 보즈시는 포장도 가능하다.

- **주소** 香川県高松市兵庫町7-8
- **가는 법** 타카마츠역高松駅에서 도보 7분
- **전화번호** 087-821-5380
- **운영시간** 평일 11:00~14:00, 17:00~22:00,
  주말 공휴일 11:00~15:00, 17:00~21:00,
  연중무휴

JR호텔 클레멘트 타카마츠 | JRホテルクレメント高松 🏠

- **주소** 香川県高松市浜ノ町1-1
- **가는 법** 타카마츠역高松駅에서 도보 2분
- **전화번호** 087-811-1111
- **요금** 스탠더드 싱글 9,200엔~, 스탠더드 트윈 15,000엔~
- **홈페이지** www.jrclement.co.jp

세토나이카이와 타카마츠 시내를 바라볼 수 있는
객실을 갖추고 있는 20층 건물의 시코쿠 최대 규모의
시티 호텔이다. 타카마츠역에서 도보 2분 거리로
접근성이 좋으며, 국제회의장 산포트 홀이 있는 타카마츠 심볼 타워와 연결되어 있다. 총
300개 객실에 최대 1,500명 수용이 가능한 대연회장 등 관광 및 비즈니스로 이용하기 좋은
호텔이다.

리가 호텔 제스트 타카마츠 | リーガホテルゼスト高松 🏠

- **주소** 香川県高松市古新町 9-1
- **가는 법** 타카마츠역高松駅에서 도보 10분
- **전화번호** 087-822-3555
- **요금** 스탠더드 싱글 9,000엔~, 스탠더드 트윈 13,000엔~
- **홈페이지** www.rihga-takamatsu.co.jp

1980년에 개업한 타카마츠의 번화가인 츄오도리에
위치한 시티 호텔이다. 119개의 객실은 2017년에
모던 클래식 콘셉트로 리뉴얼(5~7층)하였으며,
이케아 가구와 시몬스 침대를 사용하고 있다.
아침 식사로 카가와현 특유의 아침 우동, 지역 명물
쇼유마메, 세토우치의 생선구이 야키 사카나 등을
맛볼 수 있다. 타카마츠 공항을 오가는 리무진 버스
정류장이 호텔 정문 앞에 있다.

카가와현 **우동 순례**

香川県 うどん巡り

카가와현 근교

善通寺市 젠츠지시 琴平町 코토히라쵸 丸亀市 마루가메시

카가와현의 중서부에 위치한 마루가메시는 카가와현의 명물 음식인 호네츠키도리의 발상지이며, 전통 산업으로 마루가메 우치와(부채)의 생산이 번성하여 일본 전체 생산량의 90%를 차지한다.

코토히라쵸는 코토히라구의 문전 마을로서, 조즈잔 중턱에 있는 본궁까지 긴 돌계단의 콘피라 오모테산도(참배길)가 이어지고, 돌계단 옆에는 기념품 상점, 식당 등이 늘어서 있다. 특히 콘피라 우동 만들기 체험, 소프트 아이스크림 가게, 마루킨 우치와를 판매하는 상점 등이 인기 있다. 코토히라역 근처에는 1865년에 완성된 높이 27m로 일본에서 가장 높은 석등인 타카도로도 있다.

젠츠지시는 카가와현 북서부에 위치한 도시로서 코보 대사의 출생지이자 수많은 사찰들이 있어서 많은 참배객들이 방문하는 곳이다. 옛날에는 나카무라라고 불리운 지역이었으나 코보 대사가 건립한 젠츠지의 영향으로 지역의 이름도 젠츠지라고 부르게 되었다. 특산물로는 네모난 모양의 수박이 유명하다.

여행 형태	1박 2일 여행
위치	카가와현 마루가메시 香川県丸亀市
	카가와현 나카타도군 코토히라쵸 香川県仲多度郡琴平町
	카가와현 젠츠지시 香川県善通寺市

가는 법

● **마루가메시**
타카마츠역高松駅 ➡
요산센予讃線 ➡
마루가메역丸亀駅

● **코토히라쵸**
타카마츠역高松駅 ➡
요산센予讃線 또는
도산센土讃線 ➡
코토히라역琴平駅

● **젠츠지시**
타카마츠역高松駅 ➡
요산센予讃線 또는
도산센土讃線 ➡
젠츠지역善通寺駅

마루가메성

丸亀城

- 주소 香川県丸亀市一番丁
- 가는 법 마루가메역丸亀駅에서 도보 10분
- 구글맵 goo.gl/maps/DUy5qJNpgnG2
- 전화번호 0877-22-0331
- 운영시간 09:00~16:30, 연중무휴
- 요금 천수각 입장료 어른 200엔, 초등학생 중학생 100엔
- 홈페이지 city.marugame.lg.jp/site/castle/

1597년 작은 지성支城으로 축조되었다가 폐성된 뒤 1673년에 재완성되었다. 현재도 남아 있는 삼층의 천수각은 1660년에 준공된 것이다. 오기노 코바이라 불리는 높고 부드러운 곡선의 돌담이 특징이다. 성산城山 전체가 높은 돌담으로 3단, 4단 겹겹이 쌓여 있어서 평야나 낮은 언덕에 축조된 성의 전형적인 모습을 보여주고 있다. 일본에 현존하고 있는 목조 천수각 12개 중 하나인 마루가메성의 천수각은 국가지정 중요문화재이다. 시간을 알리는 북이 있었다는 오테이치노몬, 일본에서 제일 깊은 우물인 니노마루이도 등이 있다. 일본 명성名城 100선에도 선정되었다.

129

마루가메시이노쿠마 겐이치로현대미술관

丸亀市猪熊弦一郎現代美術館

- 주소 香川県丸亀市浜町 80-1
- 가는 법 마루가메역丸亀駅에서 도보 1분
- 전화번호 0877-24-7755
- 운영시간 10:00~18:00, 월 휴무(월요일이 공휴일일 경우에는 화 휴무), 12/25~31 휴무
- 요금 어른 300엔, 대학생 200엔, 고등학생 이하·65세 이상 무료
- 홈페이지 www.mimoca.org/ja

1991년에 개관한 미술관. 마루가메에서 유년 시절을 보낸 세계적인 화가 이노쿠마 겐이치로의 작품 약 2만 점을 소장하고 있다. 뮤지엄 숍과 카페는 미술관을 입장하지 않아도 이용할 수 있다. 뉴욕 현대 미술관, 도쿄 긴자 식스GINZA SIX 등을 설계한 건축가 타니구치 요시오가 설계하였으며, 자연광이 쏟아지는 개방적인 공간 연출로 느긋하게 작품을 감상할 수 있도록 배려했다. 미술관 정면에는 이노쿠마 겐이치로의 거대 벽화 '창조의 광장創造の広場'이 손님들을 맞이하고 있다.

카가와현 우동 순례 —— 香川県 우동巡り

코토히라구 | 金刀比羅宮 📷

해발 538m 조즈잔 중턱에 자리 잡고 있는 신사로서, 카가와현 사람들에게는
'콘피라상こんぴらさん'이라는 애칭으로 불리고 있다. 정확한 창건 시기는 알 수 없으나 에도
시대에도 이미 콘피라 참배가 활발하였으며 지금까지 바다의 수호신으로서 많은 참배객이
방문하고 있다. 참배길 오모테산도에서 본궁까지 785개의 돌계단이 있으며, 약 30분 정도
걸어가는 도중에 다양한 볼거리가 있어 심심하지 않다. 351번째 계단에는 1877년에 지어진
코토히라 총본부 건물이 있으며, 365번째 계단에는 신의 영역으로 들어간다는 대문이 있다.
대문을 들어서면 특별히 경내에서 장사를 허용한 카미요아메(코토히라구의 명물 사탕)를
판매하는 전문점인 고닌뱌쿠쇼가 있다. 대문에서 150m 정도 이어진 길(365~431번째 계단)은
봄이면 벚꽃이 만발하여 장관을 이룬다. 콘피라 이누의 청동상도 만날 수 있다.
628번째 계단의 완성까지 40여 년이 걸렸다는 아사히샤, 642번째 계단의 사카키몬를 거쳐
785번째 계단의 고혼구에 도달하게 된다. 코토히라구의 본당에 해당하는 현재의 고혼구는
1878년에 개축한 것이지만, 그 건립은 다이카(648년) 이전이라고 한다. 고혼구 앞에는 넓은
전망대가 있어서 탁 트인 경치로 사누키 평야를 볼 수 있고, 맑은 날에는 세토대교까지 보인다.

○ 콘피라 이누こんぴら狗

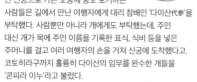

에도 시대에 서민들은 여행이 금지되어
있었지만 신궁 참배는 허락되어
있었다. 멀리 신궁으로 떠나는 참배는
서민들에게는 일생일대의 꿈이었으나
먼 신궁으로 가는 도중에 중도 포기하는
사람들은 길에서 만난 여행자에게 대리 참배인 '다이산代參'을
부탁했다. 사람뿐만 아니라 개에게도 부탁했는데, 주인
대신 개가 목에 주인 이름을 기록한 표식, 식비 등을 넣은
주머니를 걸고 여러 여행자의 손을 거쳐 신궁에 도착했다고.
코토히라구까지 훌륭히 다이산의 임무를 완수한 개들을
'콘피라 이누'라고 불렀다.

- **주소** 香川県仲多度郡琴平町 892-1
- **가는 법** 코토덴 코토히라역琴電琴平駅에서 도보
  34분, 코토히라역琴平駅에서 도보 36분
- **구글맵** goo.gl/maps/1E4ZVxifbVA2
- **전화번호** 0877-75-2121
- **운영시간** 4~9월 06:00~18:00, 10~3월
  06:00~17:00, 연중무휴
- **홈페이지** www.konpira.or.jp

콘피라 우동 | こんぴらうどん

코토히라구의 오모테산도에 있는 창업 70여 년이 되는 우동집이다. 카가와의 밀가루,
콘피라의 물, 세토우치의 소금을 이용하여 정통 수타 우동을 선보이고 있다.
면은 여름과 겨울에 소금물뿐만 아니라 굵기(여름은 다소 얇게, 겨울에는 다소 굵게)까지
조정하고 있다. 다시는 홋카이도산 다시마, 세토나이카이의 말린 잔멸치, 사바부시,
카츠오부시 등을 혼합해서 15시간 동안 끓여낸다. 간장은 모두 사누키의 식재료를
사용해서 만들고 있다. 파, 생강, 텐카스, 하나카츠오를 올리고 특제 쇼유를 부어서 먹는
쇼유 우동이 가장 인기 메뉴이다. 또한, 쇼유 우동에 갓 튀긴 토리텐을 토핑으로 올린 쇼유
토리텐(닭튀김)도 인기 메뉴이다. 토리텐은 사누키의 토종닭을 사용하고 있다.
콘피라 우동의 건물은 원래 사쿠라야 료칸이었고 지어진 지 100여 년이 지난 건물이다.
문화재로 지정되어 있다.

- **주소** 香川県仲多度郡琴平町 810-3
- **가는 법** 코토덴 코토히라역琴電琴平駅에서 도보 6분
- **전화번호** 0877-73-5785
- **운영시간** 08:00~17:00, 연중무휴
- **홈페이지** www.konpira.co.jp

카가와현 우동 순례 ── 香川県 うどん巡り

시코쿠노슌 | 四国の旬 🍜

코토히라구의 오모테산도에는 소프트 아이스크림의 거리라고 불릴 만큼 소프트
아이스크림집이 많다. 그중 시코쿠노슌은 나카노 우동 학교에서 운영하는 디저트
전문점으로 역시 소프트 아이스크림이 인기 있다.
우유맛의 밀크 소프트, 고급 설탕인 와삼봉을 사용한 와삼봉 소프트, 간장 맛의
쇼유 소프트 등의 다양한 소프트 아이스크림이 준비되어 있다. 코토히라의 소프트
아이스크림집에서만 먹을 수 있는 방법으로 대부분의 사람들이 오이리(구슬
모양의 과자)를 토핑으로 주문해서 컬러풀한 소프트 아이스크림을 즐겁게 사진
찍고 재미있게 먹는다. 바로 튀겨주는 따뜻하고 단맛의 와삼봉 도너츠, 올리브규
멘치카츠(갈은 고기와 야채를 넣고 튀긴 요리) 등의 계절 한정 간식 메뉴와
호네츠키도리(오븐에서 구워낸 닭다리 요리) 등 식사와 음식 메뉴도 판매하고 있다.

○ **오이리おいり**
주로 카가와현의 서쪽 지방에서 생산되는 구슬 모양의 과자로서
주로 결혼식 선물로 사용되거나 선물용 과자로 판매되고 있다.
400여 년 전 공주의 출가 시 오색 모찌바라餅花를 구워서 만든
아라레(화과자의 일종)를 헌상한 것이 오이리의 기원으로 알려져
있다. 신부가 시집을 갈 때 가족들이 챙겨주는 선물로서 상대방
가족의 일원으로 들어가 원만하게 지내도록 잘 부탁한다는
의미가 담겨 있다. 색상은 흰색, 분홍색, 하늘색, 노랑색, 오렌지색
등 다양하며 가볍고 입안에 넣으면 바로 녹는다. 코토히라의
소프트 아이스크림에는 오이리를 뿌려서 먹는 것이 특징이자
인기의 이유다.

· **주소** 香川県仲多度郡琴平町 716-5
· **가는 법** 코토덴 코토히라역琴電琴平駅에서 도보 5분
· **구글맵** goo.gl/maps/KqeE7d62Zk52
· **전화번호** 0877-75-0001
· **운영시간** 09:00~16:30, 비정기 휴무(일 영업)

소혼잔 젠츠지 | 総本山 善通寺

당나라에서 귀국한 코보 대사가 조상의 명복을 빌기 위해 6년의 세월에 길쳐 807년에 건립한
진언종 최초의 사원이다. 경내는 동원東院과 서원西院으로 나뉘어 있으며, 참배객이 끊이지 않는
곳이다. 동원에는 본존 약사여래를 모신 본당, 젠츠지의 상징이며 목조 오층탑으로는 최고
높이인 45m의 아름다운 오층탑, 석가당 등이 있다. 본당은

1699년에, 오층탑은 1902년에 재건한 것이다. 서원에는
대사당에 해당하는 미에도, 어두운 지하도를 지나가는
카이단 메구리(계단 순례)가 있으며, 서원의 보물관에는
국보인 금동 석장 머리 장식, 지장 보살 입상 등 수많은 절의
보물이 전시되어 있다.

- **주소** 香川県善通寺市善通寺町 3-3-1
- **가는 법**
  ❶ 젠츠지역善通寺駅에서 도보 17분
  ❷ 젠츠지역善通寺駅에서 시민버스市民バス 타고 향토관 앞郷土館前
  하차 후 도보 1분
- **전화번호** 0877-62-0111
- **홈페이지** www.zentsuji.com

쿠마오카 카시텐 | 熊岡菓子店 🥢

1896년에 창업한 옛날 과자점으로, 소혼잔 젠츠지의 동원東院과 서원西院 사이에 있다.
쿠마오카 카시텐의 명물 과자는 '카타빵堅パン'이다. 전쟁 때 '저장성이 좋고 배를 든든하게 할
수 있는 것'이라는 군의 요청으로 만들어진 군용 식품이었다. 창업 당시에는 헤이타이빵(군대
빵)이라고 불렀다. 카타빵은 전병 같은 과자로 돌처럼 딱딱하고 씹어 먹기 어려우니 입안에
넣고 차분히 녹여 먹는 것이 좋다. 생강과 설탕으로 맛을 낸 소박한 과자이며, 수작업으로
만드는 그 제조 공정 및 레시피 모두 비밀이다.
역사가 느껴지는 과자 진열장에 이시빵, 카쿠빵, 코마루빵, 다이마루빵 등을
개당 또는 그램으로 판매하고 있다.

- **주소** 香川県善通寺市善通寺町 3-4-11
- **가는 법**
  ❶ 젠츠지역善通寺駅에서 도보 18분
  ❷ 젠츠지역善通寺駅에서 시민버스市民バス 타고 향토관 앞郷土館前
  하차 후 도보 2분
- **전화번호** 0877-62-2644
- **운영시간** 09:00~16:00, 화, 매월 셋째 수 휴무

宮 미
 야
 지
島 마

훗카이도

아오모리현

아키타현

이와테현

야마가타현   미야기현

후쿠시마현

니가타현   도치기현

도야마현   군마현

이시카와현   이바라키현

후쿠이현   나가노현   사이타미현

기후현   야마나시현   도쿄도

교토부 시가현   가나가와현

아이치현   치바현

히로시마현   시즈오카현

돗토리현

시마네현   오카야마현

오카야마현   효고현   오사카부

야마구치현   나라현   미에현

에히메현 카가와현

후쿠오카현   토쿠시마현

사가현   오이타현 고치현   와카야마현

나가사키현

쿠마모토현   미야자키현

가고시마현

미야지마는 일본 히로시마 남서부의 세토나이카이에 있는 둘레 약 30km의 섬이다. 약 6천년 전에 세토나이카이가 생길 때 해안으로부터 분리되어 섬이 된 것으로 추정하고 있다. 고대 때부터 섬 자체가 자연 숭배의 대상이 되고 있었으며 신과 인간이 함께 살아가는 섬으로 불리고 있다.

해상에 있는 주홍색 오토리이와 신사 건물로 유명한 이츠쿠시마 신사, 천연 기념물로 지정된 원시림, 매년 새해 첫날 일출을 보기 위해 붐비는 미센 등 인기 관광 명소가 많아서 연간 400만 명의 관광객이 방문하고 있다. 교토부의 아마노하시다테, 미야기현의 마츠시마와 함께 일본 3경 중 하나이다. 이츠쿠시마 신사와 미센의 원시림까지 포함된 미야지마의 약 14% 지역이 1996년 세계문화유산에 등록되었다. 또한 섬 전체가 국가 특별 사적, 특별 명승, 그리고 세토나이카이 국립공원에 지정되어 있다.

미야지마 곳곳에서는 카메라를 꺼내도 도망치지 않고, 오히려 사람들의 과자와 음식물을 탐하는 사슴을 자주 볼 수 있다. 사슴은 신의 사자라고 하여 신성한 동물로 취급하고 있다. 미야지마 명물 음식으로 붕장어와 굴은 꼭 먹어봐야 할 음식이다.

여행 형태	1박 2일 여행
위치	히로시마현 하츠카이치시 미야지마쵸 広島県廿日市市宮島町
가는 법	히로시마역広島駅 ➡ 산요본선山陽本線 ➡ 미야지마구치에키역宮島口駅 ➡ 도보 3분 ➡ 미야지마구치 산바시宮島桟橋 ➡ 미야지마유키 페리宮島行きフェリー ➡ 미야지마 산바시宮島桟橋
구글맵	미야지마구치 산바시 goo.gl/maps/2ZV377cupMo 미야지마 산바시 goo.gl/maps/mRYNQ4Z5hZu

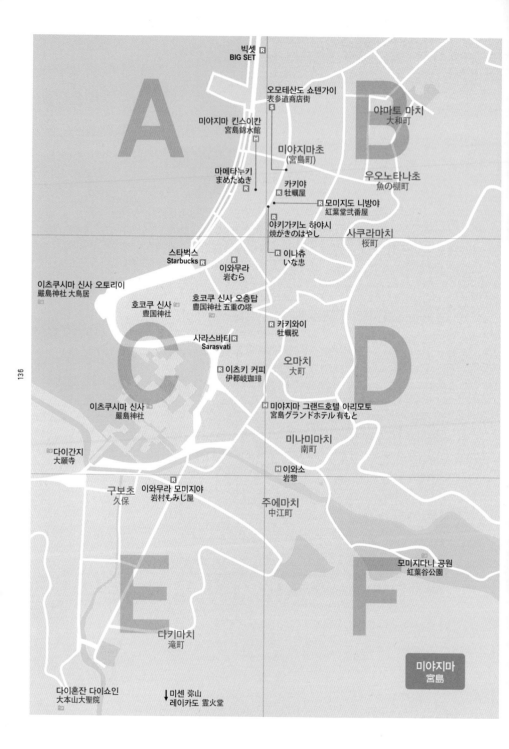

빅셋
BIG SET R

오모테산도 쇼텐가이
表参道商店街 S

야마토 마치
大和町

미야지마 킨스이칸
宮島錦水館 H

미야지마초
(宮島町)

마메타누키
まめたぬき
R

카키야
牡蠣屋 R

우오노타나초
魚の棚町

모미지도 니방야
紅葉堂弐番屋 R

야키가키노 하야시
焼がきのはやし

사쿠라마치
桜町

스타벅스
Starbucks R

이와무라
岩むら R

이나츄
いな忠 R

이츠쿠시마 신사 오토리이
嚴島神社 大鳥居

호코쿠 신사
豊国神社

호코쿠 신사 오층탑
豊国神社 五重の塔

카키와이
牡蠣祝 R

사라스바티
Sarasvati R

오마치
大町

이츠키 커피
伊都岐珈琲 R

이츠쿠시마 신사
嚴島神社

미야지마 그랜드호텔 아리모토
宮島グランドホテル 有もと H

다이간지
大願寺

미나미마치
南町

이와소
岩惣 H

구보초
久保

이와무라 모미지야
岩村もみじ屋 R

주에마치
中江町

다키마치
滝町

모미지다니 공원
紅葉谷公園

다이혼잔 다이쇼인
大本山大聖院

↓ 미센 弥山
레이카도 霊火堂

미야지마
宮島

- **주소** 広島県廿日市市宮島町 1-1
- **가는 법** 미야지마 산바시(宮島桟橋)에서 도보 7분
- **전화번호** 0829-44-2020(厳島神社)
- **운영시간** 08:30~16:30, 연중무휴
- **요금** 내부 입장 및 참배비 100엔

호코쿠 신사의 센죠카쿠千疊閣는 1587년부터 토요토미 히데요시가 안코쿠지 에케이에게 명하여 건립하기 시작한 대경당이다. 현재의 정식 명칭은 호코쿠 신사 본전이며 모모야마 건축양식으로 국가 중요문화재로 지정되어 있다. 센죠카쿠는 미야지마에서 가장 큰 건물로서 다다미를 깔면 857장의 넓이이기 때문에 센죠카쿠라 불리게 되었다. 공사 도중 토요토미 히데요시의 사망으로 천장, 벽, 정문 등이 미완성인 상태로 현재까지 유지되고 있다. 센죠카쿠 옆에 위치한 오층탑은 그동안 여러 번의 보수 및 수리를 거쳤지만 무로마치 시대의 모습을 여전히 간직하고 있다.

- **주소** 広島県廿日市市宮島町3
- **가는 법** 미야지마 산바시宮島桟橋에서 도보 14분
- **구글맵** goo.gl/maps/UUjsxu1KT8J2
- **전화번호** 0829-44-0179
- **운영시간** 08:30~17:00, 연중무휴
- **요금** 무료

공식 명칭은 '키쿄잔 호코인 다이간지亀居山放光院大願寺'. 진언종 사찰로 창건 시기는 불분명하지만 1200년경 승려 료카이가 재건한 것으로 전해지고 있다. 메이지 유신 때까지는 이츠쿠시마 신사에서 관리 업무를 했다. 그 후 메이지 정부의 신사와 사찰을 분리하는 정책에 따라 이츠쿠시마 신사에 있던 벤자이텐(칠복신 중 하나. 학업, 예술, 예능의 신)과 목조 약사여래상 등을 이곳으로 옮겨와 보존하고 있다. 이츠쿠시마 벤자이텐은 일본의 3대 벤자이텐으로 알려져 있다.

바다를 대지에 비유하여 바다에 떠 있는 것처럼 건립한 독창적인 구성과 헤이안 시대의
건축미를 자랑하는 신사이다. 해상에 우뚝 솟아 있는 주홍색의 웅장한 오토리이(신사에서
신과 인간의 영역 구분으로 경내의 입구를 나타내는 일종의 문)는 이츠쿠시마 신사의
상징이라 할 수 있다. 이츠쿠시마는 신을 모시는 섬이라는 뜻으로 알려져 있다. 593년 일본의
신 이치키시마히메노 미코토의 신탁으로 창건한 것이 그 시초라고 전해지고 있다. 현재의
신전은 1168년 축조된 것으로 수많은 건축물이 국보와 중요문화재로 지정되어 있다. 국보로
지정된 마로도 신사, 고혼샤, 중요문화재인 노부타이, 소리바시 등 20여 개 건축물이 약 270m에
달하는 주홍색 회랑으로 연결되어 있다. 일본 전국에 있는 약 500여 개의 이츠쿠시마 신사의
총본사이기도 하다.

이츠쿠시마 신사의 상징인 오토리이는 1875년에 재건된 것으로 높이 약 16.6m,
무게 약 60톤의 거대 건축물이다. 중심 기둥은 녹나무, 보조 기둥은 삼나무를
이용하여 만들었다. 기둥 안에 돌과 모래가 담겨 있어서 그 무게로 바람과
파도에 견딜 수 있도록 하였다. 상층부의 동쪽에는 태양, 서쪽에는 초승달이
새겨져 있다. 만조 시에는 배를 타고 오토리이에 접근할 수 있으며, 간조
시에는 걸어서 접근하여 웅장한 전체 모습을 감상할 수 있다. 오토리이 뒤로
석양이 지는 풍경은 많은 관광객의 발걸음을 붙잡는 절경이니 놓치지 말자.

- 주소 広島県廿日市市宮島町 1-1
- 가는법 미야지마 산바시宮島桟橋에서 도보 8분
- 구글맵 goo.gl/maps/jzuHdWW8sPF2
- 전화번호 0829-44-2020
- 운영시간 1/1 24:00~18:30, 1/2~1/3 06:30~18:30, 1/4~2월 말 06:30~17:30,
  3/1~10/14 06:30~18:00, 10/15~11/30 06:30~17:30, 12/1~12/31 06:30~17:00
- 요금 입장료 어른 300엔, 고등학생 200엔, 초·중생 100엔
- 홈페이지 www.itsukushimajinja.jp

미야지마 ─── 宮島

140

* **주소** 広島県廿日市市宮島町 210
* **가는 법** 미야지마 산바시宮島桟橋에서 도보 17분
* **구글맵** goo.gl/maps/y4RWXGxFL632
* **전화번호** 0829-44-0111
* **운영시간** 08:00~17:00, 연중무휴
* **요금** 무료
* **홈페이지** www.galilei.ne.jp/daisyoin

미야지마에서 가장 오래된 사찰로 진언종 오무로파의 총본산이다. 코보 대사가 미야지마의 미센에서 수행을 하고 806년에 창건하였다. 본존으로 나미키리후도묘오를 모시며, 일본 왕실과도 관계가 깊어 텐노 행차 시 숙박 시설로 이용되기도 하였다.

인왕문을 들어서면 가장 먼저 보이는 것은 계단을 따라 설치되어 있는 '다이한캬쿄우즈츠大般若経筒'이고, 다이한캬쿄우즈츠를 만지며 계단을 오르면 경내에 울리는 종소리, 계절에 따라 다른 색을 품은 단풍나무가 차분한 분위기를 자아낸다. 본당 지하의 어두운 공간을 지나가며 계단 순례를 하는 '카이단 메구리戒壇めぐり'가 있으며, 사찰 내에는 다양하고 재미난 석상들이 곳곳에 안치되어 있다. 정원도 아름다우며 경내 입구에서 보이는 세토나이카이의 전망도 멋지다.

모미지다니코엔(모미지다니 공원) | 紅葉谷公園 📷

미셴의 원시림 산기슭에 위치한 자연 공원이다. 이름 그대로
단풍 명소로 알려져 있으며, 봄에는 벚꽃, 여름에는 진하고
아름다운 신록으로 일 년 내내 휴식이 되는 공원이다. 에도
시대에 단풍나무를 심어, 현재 11월 중순부터 약 700그루의
단풍나무로 주변 일대를 붉게 물들인다.

- **주소** 広島県佐伯郡宮島町紅葉谷公園
- **가는 법** 미야지마 산바시宮島桟橋에서 도보 16분
- **구글맵** goo.gl/maps/FkVTB5yQSaz
- **전화번호** 0829-44-2011

오모테산도 쇼텐가이(오모테산도 상점가) | 表参道商店街 🏠

미야지마 관광지 중에서 가장 붐비는 곳 중 하나로 음식점과 기념품 상점이 늘어서 있는
상점가이다. 미야지마 산바시에서부터 이츠쿠시마 신사로 가는 길목의 약 300m 구간에 60여
개의 가게가 들어서 있다. 미야지마 사람들은 '키요모리도리清盛通り'라고도 부른다.
모미지 만주, 야키 가키, 카키 쿠시야키, 붕장어가 들어간 만주 아나고만 등의 먹거리뿐만
아니라 미야지마 샤모지 등의 민예품, 기념품도 구입할 수 있다. 미야지마 명물인 굴과 붕장어를
이용한 요리를 선보이는 음식점들이 많다.

○ 미야지마 샤모지宮島しゃもじ

1800년경 세이신이라는 승려가 어느 날 꿈에서
벤자이텐(학문·예술의 신)이 들고 있던 비파 모양의 주걱을 보고,
신목을 사용하여 주걱(샤모지)을 만드는 방법을 사람들에게
알렸다. 그 신목의 주걱으로 밥을 푸면 신의 덕을 받아 행운을
부른다는 소문으로 세상에 널리 알려지게 되었다. 미야지마
샤모지는 미야지마의 전통 공예품으로 인기가 있으며, 1996년
이츠쿠시마 신사의 세계문화유산 등록을 기념하여 오모테산도
쇼텐가이에는 길이 7.7m, 최대 폭 2.7m, 무게 2.5톤의 세계에서
가장 큰 주걱이 전시되어 있다.

- **주소** 広島県廿日市市宮島町
- **가는 법** 미야지마 산바시宮島桟橋에서 도보 3분
- **구글맵** goo.gl/maps/4K3b5zWmQrQ2
- **전화번호** 0829-44-2011

<table>
</table>

미센	해발 535m의 미센은 806년에 코보 대사가 처음 절을 세워 진언종의 수행
弥山	

해발 535m의 미센은 806년에 코보 대사가 처음 절을 세워 진언종의 수행 도장이 된 것으로 알려져 있다. 다양한 식물이 있는 자연 숲의 아름다움, 기암괴석의 웅장한 경관, 발아래 펼쳐지는 세토나이카이의 섬들이 이루는 조화로운 광경은 방문자들을 매료시킨다. 특히 천연기념물인 미센 원시림은 침엽수과 남방계 식물이 혼재되어 원시적인 식물을 자연 상태에서 볼 수 있는 귀중한 장소이다. 자연이 만들어낸 서대한 바위 아치인 쿠구리이와, 구멍 안에 바닷물이 조수 간만에 따라 수위가 달라지는 신기한 칸만이와 등 기암들이 있다. 또한 코보 대사가 수행을 했다는 미센혼도, 그리고 코보 대사가 수행에 사용한 불이 1,200년 이상 꺼지지 않고 있는 레이카도가 있다. 히로시마 평화 공원에 있는 평화의 등불은 레이카도의 불에서 일부 옮긴 것이다. 모미지다니역에서 1959년에 건설된 미야지마 로프웨이를 타고 경치를 구경하며 카야타니역에서 한 번 환승을 거쳐 시시이와 전망대에 도착할 수 있다.

- **주소** 広島県廿日市市宮島町
- **가는 법** 미야지마 산바시宮島桟橋에서 도보 23분으로 모미지다니에키紅葉谷駅 도착 후 로프웨이 를 타고 시시이와에키獅子岩駅에 도착. 도보 30분 걸으면 미센 정상
- **구글맵** goo.gl/maps/SAefXEWuQ3x
- **로프웨이 운영시간** 09:00~16:00, 부정기 휴무
- **요금** 미야지마 로프웨이 요금 왕복 어른 2,000엔, 어린이 1,000엔, 편도 어른 1,100엔, 어린이 550엔
- **구글맵** 미센 전망대 goo.gl/maps/m7HmKvGUgqL2
- **구글맵** 모미지다니역 goo.gl/maps/vuQeZNERpJ72

우에노 | うえの 🍴

1901년에 창업한 우에노는 현재의 미야지마구치에키에서 역 도시락인 아나고메시를 최초로
상품화하여 판매하기 시작했다. 현재까지 120여 년 동안 사람들에게 사랑받고 있으며,
아나고메시는 미야지마 여행객이라면 누구나 먹고 싶어하는 미야지마의 명물 음식이 되었다.
원래 쌀 장사를 하고 있던 우에노의 창업자가 미야지마에서 많이 잡히던 아나고(붕장어)에
어울리는 밥을 궁리하던 중에 탄생한 것이 바로 아나고메시이다.
우에노의 아나고메시는 지방이 오른 붕장어에 특제 타레 소스를 바르고 숯불에서 굽기를
3회 반복하여 향기도 맛도 좋은 아나고 카바야키(붕장어 양념구이)를 만들고, 붕장어 뼈에서
우려낸 국물로 지은 밥 위에 붕장어를 올려준다. 붕장어의 부드러운 살과 달짝지근한 타레가
잘 어울린다. 밥 위에 올라가는 붕장어의 양에 따라 쇼小, 죠上, 토쿠죠特上로 구분되어 있다.
타레를 바르지 않고 그대로 구운 아나고 시라야키도 추천 메뉴. 우에노의 원조 아나고메시인
아나고메시 벤토도 많은 사람들이 테이크아웃 해간다. 시간이 지나 식어도 맛있는 아나고메시
벤토는 미리 예약 주문하고 오전 9시부터 받을 수 있다. 아나고메시 벤토를 미야지마의
벤치에서 먹는다면 향기로운 음식 냄새로 사슴에 둘러싸일 수 있으니 주의하자.

○ **아나고あなご(붕장어)**
히로시마에서는 에도 시대 때부터 붕장어를 먹기 시작했다.
특히 미야지마 앞바다는 산에서 흘러 들어오는 담수와 해수가
섞여 플랑크톤이 풍부한 붕장어 서식의 최적 환경이다.
히로시마에서는 붕장어 밥, 붕장어 양념구이, 붕장어 초밥 등
다양한 붕장어 음식을 맛볼 수 있다.

• **주소** 広島県廿日市市宮島口 1-5-11
• **가는 법** 미야지마구치에키宮島口駅에서 도보 2분
• **전화번호** 0829-56-0006
• **운영시간** 10:00~19:00(수요일은 18:00), 벤토 판매
  09:00~19:00(수요일은 18:00), 연중 무휴
• **홈페이지** www.anagomeshi.com

미야지마 ─── 宮島

이나츄 | いな忠

미야지마 오모테산도 쇼텐가이의 중간에 위치한 음식점으로 미야지마에서 처음으로
테이크아웃용 아나고메시 벤토를 판매한 곳으로 알려져 있다. 입구에서 아나고를 굽고 있어서
고소한 향기가 상점가에 퍼져 손님들을 끈다. 향기에 이끌려 들어온 손님은 자연스럽게
아나고메시를 주문하게 된다. 신선한 아나고를 당일 처리하고 특제 타레를 발라서 정성껏
만든 아나고메시는 한입 먹는 순간 미소 짓게 만드는 맛이다. 아나고메시만으로 부족하다고
생각된다면 아나고메시와 함께 우동, 텐푸라가 함께 나오는 키요모리 테이쇼쿠를 추천. 또 다른
추천 메뉴인 아나고 텐푸라동은 아나고의 탱탱하면서도 부드러운 속살과 소스 향이 입안 가득
퍼진다. 이 외에 이나츄의 오리지널 굴튀김 카키 카라아게도 인기 있다. 미야지마에서 처음으로
테이크아웃용 아나고메시 벤토를 판매하기 시작한 음식점답게 아나고메시 벤토를 사가는
손님이 많다.

- **주소** 広島県廿日市市宮島町 507-2
- **가는 법** 미야지마 산바시宮島桟橋에서 도보 7분
- **전화번호** 0829-44-0125
- **운영시간** 10:30~15:00, 목 휴무

마메타누키 | まめたぬき

미야지마의 료칸 킨스이칸이 운영하는 음식점으로 2015년에 리뉴얼 오픈하였다. '이자카야
이상, 캇포 이하'라는 콘셉트로 전통 료칸의 요리를 부담 없이 즐길 수 있는 음식점이다. 간판
메뉴는 아나고 토바코메시. 마메타누키의 인기 메뉴로 네모난 흰 도자기 그릇에 담겨 나오는
아나고 토바코메시는 한 번 조린 아나고를 도자기 그릇에 넣고 찐 밥이다. 미야지마에 많은
아나고메시집이 있지만 찐 붕장어 밥인 무시 아나고메시는 마메타누키에서만 맛볼 수 있다.
밥은 킨스이칸과 계약한 히로시마 농가의 쿠와타마이를 사용하며, 부드러운 아나고가 맛의
비결이다. 아나고 토바코메시와 굴튀김 카키 카케 후라이가 함께 나오는 미야지마 명물 카키와
아나고 세트, 카키 후라이를 토핑으로 올린 카키 카레도 인기 메뉴이다. 식사 메뉴뿐만 아니라
다양한 단품 요리들도 준비되어 있다. 히로시마의 지자케(토산주), 미야지마의 맥주와 함께
이자카야로서 미야지마의 밤을 보내기도 좋은 곳이다.

- **주소** 広島県廿日市市宮島町1133 錦水館内
- **가는 법** 미야지마 산바시宮島桟橋에서 도보 5분
- **전화번호** 0829-44-2152
- **운영시간** 11:00~15:00, 17:00~20:30, 부정기 휴무
- **홈페이지** www.miyajima-mametanuki.com

야키가키노 하야시 | 焼がきのはやし 🍜

70년 이상의 역사를 가진 굴 전문점으로 미야지마에서 구운 굴 원조집으로 알려져 있다. 히로시마의 최고급 브랜드 굴, 3년 된 지고젠 카키를 제공하며 일 년 내내 언제든지 생굴인 나마 가키를 먹을 수 있다. 통통한 살과 육즙이 맛있는 구운 굴 야키 가키와 신선한 무균 생굴과 함께 작은 이츠쿠시마 신사의 오토리이가 접시에 장식되어 나오는 나마 가키가 인기 메뉴이다. 야키 가키는 단맛과 고소함이 느껴지고 나마 카키는 부드러운 감촉을 즐길 수 있으니 꼭 먹어보자. 그 외에 카키 후라이, 카키 무스비 등 굴 메뉴뿐만 아니라 미야지마의 또 다른 명물인 붕장어 메뉴도 준비되어 있다.

○ **카키牡蠣(굴)**

히로시마 지역은 죠몬 시대(약 BC 13,000~BC 3,000)때부터 굴을 먹었고 무로마치 시대 때부터 굴 양식을 시작한 것으로 알려져 있다. 히로시마 앞바다는 풍부한 플랑크톤의 번식으로 신선도가 높은 굴 양식에 최적지를 이루고 있다. 제철 시기는 12~2월경. 히로시마현의 굴 생산량은 일본 전국 1위로 일본 총 생산량의 약 60%를 차지하고 있다.

- **주소** 広島県廿日市市宮島町 505-1
- **가는 법** 미야지마 산바시宮島桟橋에서 도보 7분
- **전화번호** 0829-44-0335
- **운영시간** 10:30~17:00(L.O. 16:30), 수 휴무
- **홈페이지** www.yakigaki-no-hayashi.co.jp/ japanese

이와무라 | 岩むら 🍜

미야지마 오모테산도 쇼텐가이에 있는 음식점으로, 히로시마 미야지마의 명물 음식인 굴과 붕장어를 함께 즐길 수 있는 곳이다. 인기 메뉴는 카키 우동과 아나고 메시가 함께 제공되는 세트 메뉴이다. 튼실한 굴 5~6개가 담겨 나오고 부드럽고 개운한 국물 맛이 좋은 카키 우동과 달짝지근한 소스를 입힌 아나고를 올린 작은 돈부리(덮밥)인 미니 아나고 메시를 함께 주문해서 먹을 수 있다. 아나고 메시는 산초를 살짝 뿌려서 먹으면 맛이 배가된다. 생굴인 나마 가키가 부담스럽거나 카키와 아나고를 함께 먹고 싶은 사람들에게 추천할 만한 곳이다.

- **주소** 広島県廿日市市宮島町 464-1
- **가는 법** 미야지마 산바시宮島桟橋에서 도보 7분
- **전화번호** 0829-44-0554
- **운영시간** 11:00~16:30, 목 휴무

미야지마 ── 宮島

카키야 | 牡蠣屋 ⤵

오모테산도 쇼텐가이 내에 있는 굴 요리 전문점으로 미야지마에서 40여 년 이상 굴 요리를
한 장인이 오픈하였다. 가게 앞에서는 직원이 땀을 흘리며 계속 굴을 굽고 있고, 굽는 모습을
구경하는 사람과 구운 굴을 맛보려는 사람들로 장사진을 이룬다. 매일 아침마다 채취하는
히로시마 미야지마산 굴을 사용한 요리와 함께 다양한 주류, 특히 와인과의 마리아주를 즐길 수
있다. 1, 2층 와인셀러에는 항상 2,500~3,000병의 와인이 준비되어 있다.
인기 메뉴는 카키야의 다양한 메뉴를 한꺼번에 맛볼 수 있는 카키야 테이쇼쿠. 강한 화력으로
굴을 빠르게 구워낸 야키 가키는 뜨거운 육즙을 조심해야 하지만 그 맛은 일품이다. 저온
오븐에서 구운 굴을 포도씨유에 절인 카키 오일즈케와 짭조름하게 졸여낸 카키 츠쿠다니는
술과 함께하면 더욱 더 좋다. 튀김옷을 입혀 바삭하게 튀겨낸 카키 후라이는 굴 껍질에 타르타르
소스와 케찹을 담아서 제공한다. 식사 메뉴로 굴과 함께 밥을 지은 카키 메시, 그리고 진한
국물의 카키 아카지루를 내준다. 그 외에도 생굴 나마 가키, 카키 그라탕도 추천 메뉴이다.

- **주소** 広島県廿日市市宮島町 539
- **가는 법** 미야지마 산바시宮島桟橋에서 도보 6분
- **전화번호** 0829-44-2747
- **운영시간** 10:00~18:00, 부정기 휴무
- **홈페이지** www.kaki-ya.jp

이와무라 모미지야 │ 岩村もみじ屋 　🍜

메이지 시대에 창업하여 츠부앙(팥알이 살아 있는 팥소)의 모미지 만주를 최초로 개발한
화과자점이다. 미야지마에는 수많은 모미지 만주 전문점이 있고, 다양한 맛의 모미지
만주가 개발되었지만, 이와무라 모미지야는 다르다. 창업 초기부터 팥알이 살아 있는 앙꼬가
들어간 츠부앙, 팥을 부드럽게 갈은 코시앙, 오직 2종류의 모미지 만주만 제공하고 있다.
원래 미야지마의 모미지 만주는 최초 개발 이후 모두 코시앙이었지만, 1934년 미야지마를
방문한 왕실의 의뢰로 이와무라 모미지야에서 츠부앙을 최초로 만들었다. 국산 밀가루에
신선한 달걀로 반죽을 만들고 홋카이도산 팥과 굵은 설탕을 사용하여 앙꼬를 만든다. 모두
수작업으로 만들기 때문에 현재도 대량 생산이 어려워서 늦게 방문하면 품절될 경우가 많다.

○ 모미지 만주もみじ饅頭
미야지마를 대표하는 화과자인 모지미紅葉(단풍잎) 모양의
모미지 만주는 모미지다니紅葉谷에 있는 료칸 '이와소岩惣'의
여주인이 미야지마 명물 화과자의 개발을 고민하다가 여러
시행착오를 거쳐 1906년에 고안한 것으로 알려져 있다. 당시
료칸의 단골이었던 이토 히로부미가 여주인 딸의 손을 보고
"너무나도 귀엽고 예쁜 것이 단풍을 닮아 구워 먹는다면 맛있을
것이다"라고 농담하는 것을 듣고 모미지 만주를 만들었다는 설이
있다. 당시 호색한 기질이 있던 이토 히로부미를 생각했을 때
대부분 정설로 받아들이고 있다.

- **주소** 広島県廿日市市宮島町中江町 304-1
- **가는 법** 미야지마 산바시宮島桟橋에서 도보 12분
- **전화번호** 0829-44-0207
- **운영시간** 09:00~17:00, 수 휴무
- **홈페이지** iwamura-momijiya.com

모미지도 니방야 | 紅葉堂弐番屋

1912년에 창업한 모미지도가 상표 등록한 '아게모미지揚げもみじ'를
판매하는 가게다. 2006년 에도 시대의 상가를 개조하여 아게모미지
전문점으로 오픈한 것이 바로 모미지도 니방야이다. 1912년에
오픈하여 100년이 넘는 역사를 자랑하고 있는 모미지도이지만,
아게모미지를 개발하여 판매하기 시작한 것은 2002년부터이다.
아게모미지는 미야지마의 명물 만주인 모미지 만주를 튀겨낸 것으로, 겉은 바삭하고 안은
촉촉하면서 따뜻하여 특히 젊은 계층에게 인기가 많다. 아게모미지는 속 내용물에 따라서 팥,
커스터드 크림, 치즈 3가지 맛이 있다. 가게 안쪽에는 먹고 난 아게모미지의 대나무 막대기를
봉헌하는 아게모미지 신사라는 재미난 곳도 있다.

- 주소 広島県廿日市市宮島町 512-1
- 가는 법 미야지마 산바시宮島桟橋에서 도보 6분
- 전화번호 082-944-1623
- 운영시간 09:30~17:30, 부정기 휴무
- 홈페이지 www.momijido.com
- 구글맵 모미지도 본점 goo.gl/maps/UsR5AbC8hzL2

빅셋 | BIG SET

소고기 카레에 큼직한 히로시마 굴 2개가 통째로 들어간 카키 카레
빵이 인기인 곳이다. 한 번 찐 굴을 넣어서 생굴을 못 먹는 사람도
편히 먹을 수 있도록 했다. 소고기 카레에 해산물의 맛을 추가하여
직접 만든 빵가루로 튀겨낸다. 아삭한 식감의 빵 안에 주룩 흐르는
진한 맛의 카레, 그리고 탱글탱글한 굴의 맛이 새로운 미야지마의
명물 음식이 되었다. 하루 최대 2,200개가 판매될 정도로 인기. 영업시간 마감에 상관없이
그날 준비된 재료가 다 떨어지면 영업을 종료한다. 손으로 들고 먹을 수 있는 히로시마풍
오코노미야키와 미야지마 크루아상 러스크도 인기 있다.

- 주소 広島県廿日市市宮島町浜之町 853-2
- 가는 법 미야지마 산바시宮島桟橋에서 도보 2분
- 전화번호 0829-44-2343
- 운영시간 08:00~18:00, 일 영업, 부정기 휴무
- 홈페이지 bigset.jp

카키와이 | 牡蠣祝 🍜

인기 굴 요리 전문점인 카키야가 운영하는 카키 오일즈케 전문점 겸 카페이다. 2014년 작은
언덕 위에 지어진 옛 민가를 리노베이션하여 오픈하였으며, 목재를 메인으로 흰색, 갈색,
검은색이 어우러진 차분한 공간과 탁 트인 테라스로 많은 이들에게 인기를 얻고 있다. 관광
지역에서 조금 떨어진 조용한 공간의 테라스에서 바라보는 호코쿠 신사의 센죠카쿠(천첩각)와
고쥬노토(5층탑)의 멋진 모습, 미야지마의 거리와 바다까지 한눈에 담을 수 있다.
음료로는 민트와 히로시마 세토다 지역의 레몬으로 만든 시럽이 들어간 프레쉬 레몬 모히토,
디저트로는 역시 세토다의 레몬을 사용한 레몬 레어 치즈 케이크가
인기 있다. 카키와이의 명물인 카키 오일즈케와 함께 와인을
즐겨보자. 카키 오일즈케는 카페를 나서며 미야지마의 여행 선물로
구입하는 사람들도 많다.

- **주소** 広島県廿日市市宮島町 422
- **가는 법** 미야지마 산바시宮島桟橋에서 도보 7분
- **전화번호** 0829-44-2747
- **운영시간** 12:00~16:30, 부정기 휴무
- **홈페이지** www.kakiwai.jp

사라스바티 | Sarasvati 🍜

미야지마의 유명 커피집인 이츠키 커피가 옛 미야지마 지방자치단체 사무소 근처에 있는
다이쇼 시대 창고를 리노베이션했다. 2009년에 오픈한 2층 규모의 카페. 사라스바티는
힌두교의 학문과 예술의 여신이며, 불교에서는 벤자이텐에 해당한다.
실내는 옛날 초등학교와 같은 분위기의 테이블과 의자가 늘어서 있고, 1층에 위치한 3kg
커피 로스터기에서 직접 볶은 커피를 제공하고 원두의 구입도 가능하다. 점내 오븐에서 직접
만든 링고 버터 케이크, 치즈 케이크 등의 수제 케이크가 인기다.
아침으로 스콘 세트와 샌드위치 세트, 점심으로 파스타 세트도
준비되어 있다. 맛있는 커피, 좋은 음악, 멋진 공간이 어우러진
카페다.

- **주소** 広島県廿日市市宮島町 407
- **가는 법** 미야지마 산바시宮島桟橋에서 도보 8분
- **전화번호** 0829-44-2266
- **운영시간** 08:30~19:00, 연중후무
- **홈페이지** itsuki-miyajima.com/shop/sarasvati/
- **구글맵** 이츠키 커피 goo.gl/maps/ZLV8qQruFyG2

미야지마
————
宮島

이와소 | 岩惣

- **주소** 広島県廿日市市宮島町もみじ谷
- **가는 법** 미야지마 산바시宮島桟橋에서 도보 12분
- **구글맵** goo.gl/maps/GJD4gJouMcA2
- **전화번호** 0829-44-2233
- **홈페이지** www.iwaso.com

모미지다니코엔 앞에 있는 료칸으로 1854년에
모미지가와의 다리를 건너는 사람들을 위한 찻집 및
휴식처를 만든 것이 이와소의 시초이다. 이후 메이지 시대 초기에 료칸으로 개업하였으며 본채
건물은 1892년에 지어졌다. 킨푸테이, 슈킨테이, 류몬테이 각 건물의 객실마다 독특한 건축미를
느낄 수 있으며, 천연 온천 히노데유, 츠키노유에서 피곤을 풀 수 있다. 저녁에는 지역 식재료와
해산물을 사용한 교토식 카이세키의 맛을 즐길 수 있다.

미야지마 그랜드호텔 아리모토 | 宮島グランドホテル 有もと

- **주소** 広島県廿日市市宮島町南町 364
- **가는 법** 미야지마 산바시宮島桟橋에서 도보 12분
- **전화번호** 0829-44-2411
- **홈페이지** www.miyajima-arimoto.co.jp

에도 시대에 창업해 400여 년 이상 이어온 4성급 호텔.
미야지마에서 가장 오래된 숙소다. 이츠쿠시마 신사 옆
골목을 지나 언덕 위에 호텔 입구가 있다. 이츠쿠시마
신사의 회랑을 이미지화 한 로비 분위기가 좋다. 교토 장인의 솜씨로 만든 다다미방과 현대적
객실까지 총 55실이 있다. 맥반석 온천과 매일 바다에서 가져온 식재료를 사용한 카이세키
요리를 즐길 수 있다.

미야지마 킨스이칸 | 宮島錦水館

- **주소** 広島県廿日市市宮島町 1133
- **가는 법** 미야지마 산바시宮島桟橋에서 도보 5분
- **전화번호** 0829-44-2131
- **홈페이지** www.kinsuikan.jp

1912년에 오픈한 역사 깊은 료칸. 100% 천연 온천 료칸으로
총 39개 객실이 있다. 바다와 접한 객실에서는 이츠쿠시마
신사 오토리이를 배경으로 한 석양을 감상할 수 있다. 세토
우치 해산물을 중심으로 한 새로운 스타일의 료칸요리 '미야비雅膳'를 맛볼 수 있다. 미야지마에
서 유일한 북카페와 로비 라운지 히메아카리, 음식점 마메타누키도 함께 운영한다.

미야지마 근교

尾道 오노미치

헤이안 시대에 쌀 선적항이자 내외 항해 선박의 기항지로서 중세 및 근세에 번영을 누렸던 도시이다. 킨키와 큐슈, 그리고 산인과 시코쿠를 연결하는 세토우치의 교차로로서, 현재도 교통의 거점이며 중요한 위치를 차지하고 있다. 바다와 언덕이 있는 풍경과 역사, 문학의 향기로 아름다운 항구 도시로서 영화나 드라마의 촬영지로 많이 등장하기도 한다. 오노미치라는 지명의 유래는 '야마노 오노미치山の尾の道(산 꼬리의 길)'다. 산 끝자락의 해안가를 따라 좁은 길 모양으로 마을이 발달했기 때문. 역사와 문화가 넘치는 섬들을 잇는 약 70km의 바닷길을 자전거로 즐길 수 있는 시마나미 카이도는 또 다른 매력을 제공한다. 바다가 보이는 계단과 언덕길, 골목길 너머 보이는 오노미치 스이도를 오가는 연락선의 모습은 오노미치를 대표하는 풍경 중 하나이다.

여행 형태	당일치기
위치	히로시마현 오노미치시 広島県尾道市
가는 법	히로시마역広島駅 또는 오카야마역岡山駅 ➡ 산요본선山陽本線 ➡ 오노미치역尾道駅

센코지코엔

千光寺公園

해발 144.2m의 센코지야마 정상에서 중턱에 걸쳐 펼쳐진 공원으로 1894년부터 개발이
시작되어 1903년에 완성되었다. 약 1,500그루의 벚나무가 이루는 경치가 뛰어나 봄에
사람들로 붐빈다. 일본의 벚꽃 명소 100선에 선정될 정도. 오노미치 시내뿐만 아니라
무카이시마, 오노미치 스이도, 세토나이카이의 섬들까지 한눈에 볼 수 있는 센코지코엔
전망대가 있다. 전망대에서 판매하는 핫사쿠 미캉 소프트는 방문객이라면 누구나 맛보는 명물
소프트 아이스크림이다.
공원 내에는 산길에 흩어져 있는 자연석에 오노미치와 연고가 있는 작가들의 시를 새겨놓은
문학의 길 분가쿠노 코미치가 있으며, 인근에는 1980년에 개관한 오노미치 시립 미술관도
있다. 센코지야마 로프웨이를 타고 센코지야마 정상까지 3분 만에 도착할 수 있다. 30인승
케이블카 차창으로 보이는 시시각각 변해가는 오노미치의 풍경을 바라보는 재미가 있다.
올라갈 때는 로프웨이를 이용하더라도 내려갈 때는 주변 센코지, 네코노 호소미치 등을
구경하며 언덕길로 내려가는 것을 추천한다.

- **주소** 広島県尾道市西土堂町 19-1
- **가는법** 오노미치역尾道駅 ➡ 도보 15분 또는 오노미치 버스おのみちバス를
  타고 버스정류장 나가에구치長江口 하차 ➡ 센코지야마 로프웨이 탑승
- **구글맵** goo.gl/maps/tfHB1cwjwTr
- **전화번호** 0848-37-9736
- **운영시간** 로프웨이 운영시간 09:00~17:15 (15분 간격 운행), 연중무휴
- **요금** 로프웨이 요금 어른 편도 500엔/왕복 700엔, 어린이(6세 이하) 편도 250
  엔/왕복 350엔
- **구글맵** 센코지야마 로프웨이 노리바 goo.gl/maps/d3rQKH4CguC2

• **주소** 広島県尾道市西土堂町
• **가는 법** 센코지야마 로프웨이 산쵸에키千光寺山ロープ
  ウェイ山頂駅에서 도보 1분
• **구글맵** goo.gl/maps/8ADbycGjH7A2

센코지코엔의 산 정상에서부터 점점이 흩어져 있는 자연석에 새긴 25개의
문학비로 약 1km에 걸쳐 조성된 조용한 산책로이다. 1969년에 완성하였으며
오노미치와 연고가 있는 하야시 후미코, 시가 나오야, 마사오카 시키 등 유명
작가 및 시인의 명작을 새겨놓았다. 오노미치의 경치와 문학비들을 감상하며
분가쿠노 코미치를 따라가면 센코지에 도착하게 된다.

• **주소** 広島県尾道市東土堂町 15-1
• **가는 법** 센코지야마 로프웨이 산쵸에키千光寺山ロープ
  ウェイ山頂駅에서 도보 5분
• **구글맵** goo.gl/maps/yKgn3b3yCry
• **전화번호** 0848-23-2310
• **운영시간** 24시간 개방, 연중무휴
• **요금** 무료
• **홈페이지** www.senkouji.jp

806년에 코보 대사가 창건한 진언종의 사찰. 바다와 아름다운 경치가
내려다보이는 센코지에는 소원 성취를 위한 참배객 및 관광객이 끊이지
않는다. 주홍색의 본당, 제야의 종으로 유명한 류구즈쿠리(사찰 누문의
건축양식 중 하나)의 종루 등이 대표 건축물이다. 행복을 염원하며 천천히
돌리면 번뇌를 사라지게 해준다는 산쥬산칸논도의 대염주, 망치로 두드리면
'퐁퐁' 북과 같은 소리가 들린다고 해서 퐁퐁이와라고도 불리는 츠즈미이와,
그리고 미카사네이와, 카가미이와, 쿠사리야마 같은 거대한 기암 등
볼거리가 많다.

- 주소 広島県尾道市東土堂町 17-29
- 가는 법 센코지야마 로프웨이 산쵸에키千光寺山ロープ
  ウェイ山頂駅에서 도보 8분
- 구글맵 goo.gl/maps/RjRN6cH1fRL2

텐네이지는 1367년 후묘국사가 창건한 사찰이다. 당시는 대사원이었지만, 1682년 화재로 대부분의 건축물이 소실되어 쇠퇴된 모습으로 현재에 이르고 있다. 국가 중요문화재인 산쥬토(3층탑) 너머로 보는 바다와 시내 풍경은 오노미치를 소개하는 잡지, 팜플릿, 엽서에 자주 소개되는 오노미치를 대표하는 풍경이다. 산쥬토는 '카이운토海雲塔'라고도 불린다. 1388년 5층탑으로 지었으나 상층부 손상이 심해 1692년 상부 2층을 제거한 후 높이 25m의 3층탑으로 개조했다. 산쥬토 내부에는 오래된 불상이 있다. 산쥬토는 또 일본 사원 건축양식 중에서도 드문 젠슈요(선종양식)를 도입한 건축물로서 당시의 모습과 오랜 역사를 확인할 수 있다.

- 주소 広島県尾道市西土堂町
- 가는 법 센코지야마 로프웨이 산쵸에키千光寺山ロープ
  ウェイ山頂駅에서 도보 10분
- 구글맵 goo.gl/maps/Vit7MWnwDmA2

텐네이지 산쥬토에서 우시토라 신사까지 이어진 약 200m의 좁은 골목길이다. 이 길은 오노미치에 거주하는 아티스트 소노야마 슌지가 1998년부터 고양이 그림을 그려넣은 돌 '후쿠이시네코福石猫'를 골목길에 놓아두면서 네코노 호소미치(고양이 골목길)라고 불리게 되었다. 후쿠이시네코는 바닷가에서 동그랗게 마모된 돌을 수집해 반 년간 소금기를 씻어낸 뒤 특수 물감을 사용하여 세 번 덧칠해 만든다. 네코노 호소미치에는 108개의 후쿠이시네코가 곳곳에 숨겨 있다. 후쿠이시네코를 찾아 세 번 부드럽게 쓰다듬으면 소원이 이루어진다고 한다. 골목길에는 미술관과 카페, 고양이 용품 가게 등이 있다.

우시토라신사

艮神社

📷

- 주소 広島県尾道市長江 1-3-5
- 가는 법 센코지야마 로프웨이 노리바千光寺山ロープウェイのりば에서 도보 2분
- 구글맵 goo.gl/maps/BLvQAEVTqCN2
- 전화번호 0848-37-3320

센코지와 같은 806년에 창건하여 신 아마테라스 오카미, 스사노오노 미코토, 키빗히코노 미코토 등을 모시고 있는 오노미치에서 가장 오래된 신사이다. 본전은 시마네현의 유명 신사인 이즈모 타이샤와 비슷한 구조로 지어졌다. 경내를 뒤덮고 있는 울창하고 무성한 녹나무는 높이 약 25m, 둘레 약 7m다. 추정 수령은 약 900~1,000년. 히로시마현의 천연기념물로 지정되었으며 신목으로 불린다. 신사 위로 센코지야마 로프웨이가 지나다닌다. 영화《시간을 달리는 소녀》의 촬영지로도 많이 알려져 있다.

츄카소바 슈

中華そば朱

🍜

- 주소 広島県尾道市十四日元町6-16
- 가는 법 오노미치역尾道駅에서 도보 14분
- 전화번호 0848-38-1020
- 운영시간 11:00~17:00, 매주 목, 셋째 수 휴무

2019년 6월 오노미치 라멘의 원조집이며, 지역 명물 음식점으로 인기를 끌었던 슈카엔이 폐점했다. 그 후 많은 사람들의 간절한 요청과 창업자 가족의 계승 의지로 2020년 11월, 기존 슈카엔 자리에서 도보 1분 거리에 츄카소바 슈가 새롭게 문을 열었다. 슈카엔朱華園의 첫 글자를 따서 음식점 이름을 짓고, 자가제조 면과 수프의 제법을 그대로 계승하여 변함없는 슈카엔의 라멘을 즐길 수 있게 되었다. 식권 발매기에서 식권을 구입해서 점원에게 건네면 생각보다 빠르게 라면이 나온다. 닭육수와 간장으로 맛을 낸 갈색 수프와 넙적하고 매끄러운 면, 큼직한 차슈와 멘마, 그리고 파까지 심플하면서도 맛있는 슈카엔의 츄카소바의 그 맛 그대로다. 예전 슈카엔 시절과 마찬가지로 차슈멘, 완탕멘, 야키소바도 함께 제공하고 있다.

카라사와 | からさわ 🍜

1939년에 킷사텐으로 오픈한 뒤 1945년 무렵부터 수제 아이스크림을 판매하기 시작하였다.
옛날부터 변함없는 맛으로 오노미치의 남녀노소뿐만 아니라 여행 온 관광객들도 꼭 방문하는
인기 명물 아이스크림 전문점이 되었다. 실내의 절반은 아이스크림 매장, 절반은 카페로
운영되고 있다. 아이스크림을 사려는 사람들로 매장 앞은
장사진을 치고 있지만 회전율이 빨라서 금방 구입이 가능하다.
오노미치산 달걀이 듬뿍 들어간 타마고 아이스와 타마고 아이스로
속을 꽉 채운 아이스 모나카가 인기다. 바삭한 식감의 모나카
과자와 상쾌한 단맛의 묘한 매력이 있는 아이스크림과의 조화가

좋다. 가을부터 봄까지는 계절 한정으로 말차, 참깨, 딸기 등의
아이스크림도 맛볼 수 있다. 겨울에도 먹고 싶은 아이스크림이며,
특히 여름이 되면 너도나도 손에 아이스 모나카를 들고 해안가에
앉아 바다를 바라보며 먹는 사람들을 쉽게 볼 수 있다.

* **주소** 広島県尾道市土堂 1-15-19
* **가는 법** 오노미치역尾道駅에서 도보 9분
* **전화번호** 0848-23-6804
* **운영시간** 7~8월 10:00~18:00, 화 휴무(공휴일이면 그다음 날 휴무), 4~6월, 9월 평일 10:00~17:30, 주말 공휴
  일 10:00~18:00, 화, 둘째 주 수 휴무(공휴일이면 그다음 날 휴무), 10~3월 평일 10:00~17:00, 주말 공휴일
  10:00~17:30, 화, 둘째 주 수 휴무(공휴일이면 그다음 날 휴무)
* **홈페이지** www.ice.jcom.to

유야케 카페 | 夕やけカフェ 🍜

오노미치의 거리를 걷다 보면 귀여운 일러스트가 그려진 나무 입간판이 눈에 들어오는
카페가 있다. 2011년에 오픈하여 두부로 만든 자연파 토후 도넛을 판매하는 유야케 카페이다.
홋카이도산 최고급 밀가루, 국산콩으로 만든 두부, 사탕무로 만든 설탕, 알루미늄 프리
베이킹파우더 등 모두 안심할 수 있는 소재를 사용하고, 100% 순수 국산 쌀겨 기름에 튀겨서
만든 도넛이다. 첨가물, 보존제가 전혀 들어가지 않는다. 도넛

위의 토핑 재료에 따라 벌꿀 버터, 레몬 필 코코넛, 연유, 콩가루,
얼그레이, 초콜릿 등 십여 종류 이상의 도넛이 진열장에서 손님을
기다리고 있다. 전부 하트 모양을 하고 있어서 여성들이 선호하는
도넛이다.

* **주소** 広島県尾道市土堂 1-15-21
* **가는 법** 오노미치역尾道駅에서 도보 9분
* **전화번호** 0848-22-3002
* **운영시간** 10:00~17:30, 화·수 휴무
* **홈페이지** yuyakecafedonut.com

한우테이 | 帆雨亭 🍴

센코지야마 비탈길의 좁은 골목길에 위치한 한우테이는 구 이즈모야시키의 부지에 1999년에 오픈한 찻집이다. 조용하고 차분한 분위기에서 다다미방 창문으로 바라보이는 오노미치 스이도와 녹음이 피로를 풀어주고 여유를 갖게 해준다. 케이크, 음료수 메뉴는 지역 특산물을 이용하여 수제로 만들고 있다. 특히 여름철에는 직접 만든 과일 시럽을 뿌린 빙수인 카키고리가 인기 있다. 150년 이상 된 찻집과 함께 실내에는 일본 작가 시가 나오야와 지역 연고 문인들의 작품을 모은 오노미치 문고도 운영하고 있다.

- 주소 広島県尾道市東土堂町 11-30
- 가는 법 센코지야마 로프웨이 노리바 千光寺山ロープウェイのりば에서 도보 5분
- 전화번호 0848-23-2105
- 운영시간 10:00~17:00, 부정기 휴무
- 홈페이지 onomichi.sakura.ne.jp/han-u/

소라네코 카페 | 空猫カフェ 🍴

오노미치의 미로 같은 비탈길에 위치한 소라네코 카페는 2007년에 오픈하였으며 금요일과 주말에만 영업하지만 언제나 인기 있다. 카페의 간판에는 '베이글&에스프레소'라고 적혀 있지만, 에스프레소는 1층 주방에서 만들어 2층으로 서빙하는 사이에 식어버리는 문제 때문에 현재는 제공하지 않고 있다. 베이글 맛은 이미 정평이 나 있다. 쫄깃하고 따뜻한 베이글은 크림치즈 크랜베리, 크림치즈 레이즌, 이치지쿠 쿠루미 등 다양한 맛이 있으며, 베이글 샌드위치도 준비되어 있다. 베이글은 커피뿐만 아니라 주스와도 잘 어울리기 때문에 세트 메뉴로 즐겨보자. 옛 민가 재생 프로젝트로 재탄생한 카페. 조용하고 차분한 분위기는 카페가 아니라 집 안방 같은 느낌이다. 특히 계단을 올라 다다미가 깔린 2층의 넓은 방은 창가와 툇마루에서 바라보는 경치가 일품이다.

- 주소 広島県尾道市東土堂町 6-11
- 가는 법 센코지야마 로프웨이 산쵸에키 千光寺山ロープウェイ山頂駅에서 도보 8분
- 구글맵 goo.gl/maps/9a3G5Hodfyj
- 전화번호 0848-24-5695
- 운영시간 11:30~17:00, 금요일·주말만 영업

미야지마 —— 宮島

| 시미즈 쇼쿠도 | しみず食堂 🍜 | 야마네코 밀 | YAMANEKO MILL 🍜 |

1947년 오픈한 인기 명물 식당으로 다양한 가정요리, 생선요리, 우동, 라멘 등을 먹을 수 있다. 아침 9시부터 문을 열기 때문에 오전 술꾼들뿐만 아니라 오후부터 기분 좋은 술자리를 가지고 있는 사람들을 심심치 않게 만날 수 있다. 그만큼 편안한 식당이다. 식당 뒤쪽 바다가 펼쳐진 테라스 좌석에서 오노미치 스이도와 무카이시마를 바라보며 상쾌한 기분으로 음식을 즐길 수 있다. 무엇보다 식당 안의 유리 케이스를 들여다보면 무엇을 먹을까 망설이게 된다. 메바루 니츠케(볼락조림), 가시라 카라아게(쏨뱅이튀김), 산마 시오야키(꽁치 소금구이), 이나리즈시(유부초밥), 마끼즈시(김밥) 등 매일 20~30종류의 반찬과 안주거리가 준비되어 있다. 좋아하는 메뉴를 골라서 자리에서 먹고 후불로 결제하면 된다. 하나씩 가져다 먹는 재미에 은근 과식하게 될 수도 있다. 오노미치의 생선들을 이용한 다양한 조림 요리와 간 새우가 들어간 큼직한 유부초밥이 인기 있으며, 오노미치 라멘, 추카우동과 함께 먹으면 더 좋다.

- 주소 広島県尾道市東御所町 60-8
- 가는 법 오노미치역尾道駅에서 도보 3분
- 구글맵 goo.gl/maps/3rBJfbSkor22
- 전화번호 0848-23-5283
- 운영시간 09:00~19:00, 수 휴무

오노미치의 해변가에 위치한 테이크아웃 전문 카페로, 후쿠야마와 오노미치에서 유명한 이자카야 그룹인 잇토쿠가 2014년에 오픈하였다. 오노미치에서 고양이 카페라테로 유명한 야마네코 카페의 자매점이다. 오노미치의 전통 커피집인 오노미치 로만커피에서 볶은 커피콩을 사용하여 드립커피, 에스프레소, 카푸치노 등 다양한 커피를 즐길 수 있다. 과일 음료로는 오노미치의 특산물 귤의 일종인 핫사쿠 소다가 인기 있다. 음료와 함께 스콘, 머핀도 잘 어울리며, 오노미치 푸딩은 추천 디저트이다. 음료와 디저트류는 모두 테이크아웃만 가능하며 실내에는 사진과 책의 전시뿐만 아니라 잡화류도 판매하고 있다. 2층에는 같은 계열 그룹으로 오노미치의 식재료를 사용한 식당인 코메도코 쇼쿠도가 있다.

- 주소 広島県尾道市東御所町 5-2
- 가는 법 오노미치역尾道駅에서 도보 3분
- 전화번호 0848-36-5331
- 운영시간 11:00~17:00, 월 휴무
- 구글맵 야마네코 카페 goo.gl/maps/UwTdMbZ3VM32

미야지마 근교

鞆の浦 토모노우라

히로시마현 후쿠야마시에 있다. 시오마치노코(항해에 적합한 조수를 기다리는 항구)로 번성했던 항구 마을이다. 현재는 마치 시간이 천천히 흐르는 듯하고, 그리운 느낌이 드는 거리와 옛 항구의 정서가 물씬 풍기는 마을 모습이 매력적이다.

1934년에 세토나이카이 국립공원의 일원으로 지정되었으며, 1992년에는 도시경관 100선, 2007년에는 아름다운 일본의 역사적 풍토 100선에 선정되었다. 2008년 개봉한 지브리 스튜디오의 애니메이션《벼랑 위의 포뇨》의 구상을 위해 미야자키 하야오 감독이 장기 체류하였고 애니메이션의 실제 무대가 된 마을이기도 하다. 주말에는 후쿠야마역과 토모노우라 사이에 본네트 버스를 운행한다.

여행 형태	당일치기
위치	히로시마현 후쿠야마시 토모초 広島県福山市鞆町
가는 법	히로시마역広島駅 또는 오카야마역岡山駅 ➡ 신칸센新幹線 또는 산요본선山陽本線 ➡ 후쿠야마역福山駅 ➡ 토모코鞆港행 버스 ➡ 종점 토모코鞆港에서 하차
홈페이지	www.tomotetsu.co.jp/tomotetsu//teikikannkou/index.html 본네트 버스(정기 관광 버스)

○ **세토나이카이 국립공원**瀬戸内海国立公園

1934년 운젠 국립공원雲仙国立公園, 키리시마 국립공원霧島国立公園과 함께 일본 최초의 국립공원으로 지정되었다. 당시에는 쇼도시마의 칸카케이寒霞渓, 카가와현의 야시마屋島, 오카야마현의 와슈잔鷲羽山, 히로시마현의 토모노우라鞆の浦 중심이었으나, 이후 지역의 확장으로 현재 서쪽은 키타큐슈시北九州市에서부터 동쪽은 와카야마시和歌山市에 이르는 광대한 공원이 되었다.

- 주소 広島県福山市鞆町 843-1
- 가는법 후쿠야마역福山駅 ➡ 토모코鞆港행 버스 ➡ 종점 토모코鞆港에서 하차, 도보 3분
- 구글맵 goo.gl/maps/8oAWcFqtt1s

토모노우라 마을의 상징. '토로토灯竈燈'라고도 불리는 에도 시대의 등대다.
1859년 마을 사람들의 기부로 제작되었다. 높이 11m로 현존하는 항구의
죠야토로서는 일본에서 가장 높은 등대다. 항구에는 1811년에 축조된
'간기雁木'라고 불리는 선착장이 현존하고 있다. 조수 간만에 상관없이 화물의
적재, 하역이 가능한 계단식이다. 대규모의 간기가 있는 곳은 일본 내에서
토모노우라의 항구가 유일하다.

- 주소 広島県福山市鞆町後地 1397
- 가는법 죠야토常夜燈에서 도보 8분
- 전화번호 084-982-3076

비탈길과 계단을 올라 우시로야마 중턱에 위치한 이오지는 826년에 코보
대사가 창건했다고 알려진, 토모노우라에서 두 번째로 오래된 진언종의
사찰이다. 현재의 사찰은 화재로 소실된 뒤 케이쵸 시대에 복원된 것이다.
이오지의 본존은 목조 약사여래입상으로 히로시마현의 중요문화재로
지정되어 있으며 6년에 한 번씩 공개되고 있다. 경내에는 1722년에 많은
상인들의 기부로 건립된 석탑인 호쿄인토, 1642년에 만들어진 종루가 있다.
고지대에 위치하고 있어서 토모노우라와 세토나이카이의 섬들이 한눈에
내려다보이며 탁 트인 상쾌함과 절경을 감상할 수 있다. 사찰 뒤쪽으로
583계단을 올라 도착하는 타이시덴에서 바라보는 경치 또한 훌륭하다.

후쿠젠지 타이쵸로

福禅寺對潮楼

- **주소** 広島県福山市鞆町鞆 2
- **가는 법** 죠야토常夜燈에서 도보 4분
- **구글맵** goo.gl/maps/aDB6pn1d4JS2
- **전화번호** 084-982-2705
- **운영시간** 평일 09:00~17:00, 주말·공휴일 08:00~17:00, 연중무휴
- **요금** 입장료 어른 200엔, 중·고생 150엔, 초등학생 100엔

후쿠젠지는 950년경에 창건한 것으로 전해지는 오래된 사찰이다. 경내는 조선통신사 유적이다. 후쿠젠지 내에 있는 타이쵸로는 겐로쿠 시대인 1690년경에 건립되었다. 바다에 접한 돌담 위에서 세토나이카이의 아름다운 경치를 감상할 수 있기 때문에 공적인 영빈관으로 자주 사용되었다. 특히 조선 통신사가 일본 방문 시 항상 숙박하던 곳이며, 1711년에 방문했던 조선 통신사 8명은 다다미방에서 창을 통해 바라보는 경치에 극찬하였다. 당시 종사관인 이방언은 일본 최고의 경치라고 칭송하며 '조선으로부터 동쪽의 일본에서 가장 아름다운 경치日東第一形勝'라는 글을 남겼다.

161

오타케 주택

太田家住宅

- **주소** 広島県福山市鞆町鞆 842
- **가는 법** 죠야토常夜燈에서 도보 1분
- **구글맵** goo.gl/maps/1j3HEGt34Ro
- **전화번호** 084-982-3553
- **운영시간** 10:00~17:00, 화, 연말연시 휴무
- **요금** 입장료 중학생 이상 400엔, 초등학생 200엔

에도 시대 중기부터 메이지 시대에 걸쳐 호메이슈(일본 전통 술) 양조 및 판매로 번성했던 나카무라 키치베가 살던 가옥이다. 호메이슈는 찹쌀을 주재료로 13가지의 한약재를 사용해 만든 술로, 에도 시대 토모노무라의 특산물이었다. 이 가옥은 메이지 시대 운송선 사업을 하던 오타 가문이 물려받아 오타케 주택이라 불린다. 오타케 주택은 2개의 본채와 7개의 창고로 구성되어 있으며, 양조장과 취사장 등이 잘 보존되어 있다. 국가 중요문화재다.

미야지마 ── 宮島

○ 햣칸지마百貫島, 이시토바石塔婆의 유래

카마쿠라 시대 때 한 무사가 벤텐지마로 가는 도중 칼을 바다에 떨어뜨렸고, 그 칼을 찾기 위해 햣칸(현재 가치로는 10만 엔 정도)을 지불하겠다고 하였으나 상어 때문에 나서는 사람이 없었다. 그러자 한 젊은이가 토모노우라의 명예를 위해 칼을 찾아나섰으나, 두 다리가 상어에게 먹혀 숨을 거두게 되었다. 이에 무사는 깊이 사과를 하고 젊은이를 극진히 공양하며 11층의 이시토바를 세웠다. 현재 11층의 이시토바는 9층만 남아 있는 상태이다.

- 주소 広島県福山市鞆町弁天島
- 가는 법 토모노우라에서 벤텐지마로 가는 정기선은 없음. 센스이지마행 정기선만 있음
- 구글맵 센스이지마 전망 goo.gl/maps/8ceqkqjx5XU2

토모노우라와 센스이지마 사이에 위치한 무인도로 햣칸지마로도 불린다. 어부들의 수호신 벤자이텐(칠복신 중 하나)을 모시는 벤텐도(신당)가 있다. 벤텐도 옆에는 히로시마현에서 가장 오래된 석탑(1271년 건립 추정) 이시토바가 있다. 해안가 방파제 위나 후쿠젠지 타이쵸로에서 바라보는 벤텐지마의 경치가 아름답다. 매년 5월에는 벤텐지마를 배경으로 불꽃놀이가 열린다. '신선이 취할 정도로 아름답다'라는 뜻의 센스이지마는 일몰이 멋지다.

○ 이로하마루 사건 いろは丸事件

1867년 5월 26일, 사카모토 료마가 타고 있던 '이로하마루'라는 배가 토모노우라 앞바다에서 키슈번의 배와 충돌하여 침몰한 사건이다. 이 사건에 의한 배상 문제로 사카모토 료마가 협상을 위해 4일간 토모노우라에 머물게 되었다.

- 주소 福山市鞆町鞆 843-1
- 가는 법 죠야토常夜燈에서 도보 1분
- 전화번호 084-982-1681
- 운영시간 10:00~17:00, 연말연시 휴무
- 요금 초등학생 이상 200엔

에도 시대 건축된 해안가 창고 오쿠라를 개조해 만든 전시관. 1867년 발생한 이로하마루 사건 및 사카모토 료마에 관한 자료가 전시되어 있다. 이로하마루의 원형을 복원한 모형, 이로하마루의 침몰 상황, 인양 유품, 료마의 밀랍 인형 등을 볼 수 있다. 전시관은 목조 2층의 19세기 중기 건축물로 당시에는 항구 주변에 같은 형식의 창고가 즐비했다.

치토세 | 千とせ

토모노우라에서 빼놓을 수 없는 음식은 바로 '타이(도미)'이다. 토모노우라의 명물 도미 요리를
다양하게 맛볼 수 있는 인기 음식점이 치토세이다. 약 380여 년 동안 전해져 오는 전통 어법인
도미 망잡이가 번성했던 토모노우라 전통의 맛을 느낄 수 있다.
인기 메뉴는 타이즈쿠리 카이세키(도미회정식)와
타이차즈케 고젠(도미 오차즈케 세트). 타이즈쿠리
카이세키는 타이즈쿠리(도미회), 타이텐푸라(도미튀김),
타이니츠케(도미조림), 타이메시(도미밥) 등이 풍성하게 나온다.
탄력과 함께 씹을수록 단맛이 우러나오는 타이즈쿠리, 간장과
술만으로 양념을 한 타이니츠케, 도미 머리에서 우려낸 육수를
사용하고 통통한 도미살을 넣고 밥을 짓는 타이메시 등 도미
요리를 제대로 맛볼 수 있다. 타이차즈케 고젠은 양념된 타이를
밥 위에 올리고 차를 부어서 먹는 오차즈케 요리다. 도미 머리가
통째로 들어간 타이 소멘도 추천 메뉴이다.

- 주소 広島県福山市鞆町鞆 552-7
- 가는 법 죠야토常夜燈에서 도보 5분
- 전화번호 084-982-3165
- 운영시간 11:30~15:00, 18:00~21:00, 월 저녁, 화 휴무

오테비 | おてび

세토나이카이의 잔 물고기인 코자카나 요리를 맛볼 수 있는 음식점. 포근한 분위기가 인기
비결 중 하나이다. 음식점 이름은 누나쿠마 신사의 여름에 열리는 토모노우라 전통 불 축제
'오테비신지お手火神事'에서 따왔다. 카운터에 줄지어놓은 요리들은 어부로부터 직접 구매한
작은 복어, 망둑어, 열동가리돔, 작은 가자미 등 뼈째 먹을 수 있는 작은 생선들과 자주새우
절임, 조림, 튀김 반찬류들이다. 도미나 광어 요리는 흔히 볼 수 있지만, 코자카나 요리는
오테비에서만 맛볼 수 있다. 인기 메뉴도 코자카나 테이쇼쿠.
10~12가지의 코자카나 요리를 포함한 반찬들과 미소시루,
밥이 함께 나오는 코자카나 테이쇼쿠는 시골 가정집에서 먹는
듯한 기분이며 맛 또한 정겹다. 토모노우라의 신선한 생선회를
모둠으로 내주는 사시미 테이쇼쿠와 술 안주로 좋은 코자카나
모리아와세(모둠요리)도 추천 메뉴이다.

- 주소 広島県福山市鞆町鞆 838
- 가는 법 죠야토常夜燈에서 도보 1분
- 전화번호 084-982-0808
- 운영시간 11:00~14:00, 17:00~21:00, 월, 셋째 주 일 휴무

미야지마

宮島

온후나야도 이로하 | 御舟宿いろは

이로하마루 사건의 담판을 위해 사카모토 료마가 머물렀던 곳이다. 300여 년 된 건물을
미야자키 하야오 감독이 직접 그려서 증정한 20여 장의 스케치를 콘셉트로 리노베이션하여
2008년에 료칸을 겸한 향토요리점&카페로 오픈하였다. 이것은 2004년에 스튜디오 지브리의
사원 여행으로 토모노우라에 온 미야자키 하야오 감독과의 인연이 있었기 때문이다. 기와
지붕, 벵갈라색의 창문틀과 기둥, 스테인드글라스의 외형이 특색 있으며, 실내에는 미야자키
하야오 감독의 친필 스케치와 만화영화《벼랑 위의 포뇨》의 잡화 등이 전시되어 있다.
식사 메뉴로는 세토우치의 신선한 도미를 사용한 타이차즈케 고젠이 인기 있으며, 와규
아부리 쥬젠(소고기구이덮밥), 후쿠야마 향토요리인 '우즈미메시うずみ飯' 등도 준비되어 있다.
카페 메뉴로는 직접 볶은 커피콩을 정성껏 드립해서 내주는 향기 좋은 커피와 함께 그날의
케이크가 나오는 케이크 세트를 추천한다.
료칸은 3팀 한정으로 운영하고 있으며, 조식만 포함 또는 조식 석식 포함으로 숙박 플랜에
따라 숙박 요금이 달라지며, 일반 료칸과 달리 계절별 테마 요리로서 생선을 메인으로 한 창작
카이세키가 준비되어 있다.

- **주소** 広島県福山市鞆町鞆 670
- **가는 법** 죠야토常夜燈에서 도보 3분
- **전화번호** 084-982-1920
- **운영시간** 음식점&카페 11:00~14:00, 화 휴무
- **홈페이지** tomo-iroha.jp

사라스와티 | さらすわてぃ 🍵

다이쇼 시대의 옛 민가를 개조한 복고풍의 갤러리&카페로서
이오지로 향하는 비탈길에 조용히 자리 잡고 있다. 일본 가옥 같은
나무 대들보, 기둥 및 바닥의 감촉이 포근하면서 세련된 공간을
연출하고 있으며, 카페 2층 창문을 통해 바라보는 토모노우라의
경치가 멋지다. 유기농으로 재배한 삼의 열매와 캐슈넛을 올린
브랜디 베이스의 카스텔라와 엄선된 직수입 커피 원두를 사용한
커피가 함께 나오는 커피 세트가 추천 메뉴이다. 그 외에 말차
세트, 무첨가 100% 사과주스도 인기 있다.

- 주소 広島県福山市鞆町後地 1381
- 가는 법 죠야토常夜燈에서 도보 6분
- 전화번호 084-982-0098
- 운영시간 saraswati.jp

토모노우라 아 카페 | 鞆の浦 @ cafe 🍵

2006년에 오픈한 카페로서 지어진 지 160여 년 된 건물을 리노베이션하였다. 토모노우라의
상징인 죠야토 바로 옆에 위치해 있다. 카페 안에서 커피, 소다, 케이크, 파스타 등을 즐길 수
있으며, 천장이 높아 탁 트여 시원함이 느껴지고 느긋하게 쉴 수 있는 푹신한 소파 자리도
있다. 인기 메뉴는 세토우치의 해산물을 이용한 해물파스타와 세토우치산 레몬을 사용한
레몬스쿼시이다. 날씨 좋은 날에는 테이크아웃으로 카페라테나 레몬스쿼시와 함께 카페 앞에
펼쳐진 계단식 선착장에 걸터앉아 바닷바람을 느끼며 휴식을 취할 수 있다.

- 주소 広島県福山市鞆町鞆 844-3
- 가는 법 죠야토常夜燈에서 바로 옆
- 전화번호 084-982-0131
- 운영시간 11:00~17:00, 수 휴무
- 홈페이지 tomonoura-a-cafe.jp

미야지마 ──── 宮島

미야지마 근교

岩 이와쿠니 国

야마구치현 동부에 위치해 있다. 이와쿠니성과 킷코코엔을 연결하고 있는 킨타이쿄는 이와쿠니를 대표하는 관광 명소이다. 천연기념물인 흰뱀의 서식지이기도 하다.

도시의 이름은 '시로야마노이와城山の岩'로부터 유래된 것으로 알려져 있으며, 본래 이와쿠니는 킨타이쿄 주변을 가리키는 말이었다고 한다. 야마구치현의 현청 소재지인 야마구치시까지 약 100km의 거리이며, 히로시마시까지는 약 35km의 거리라서 야마구치현의 도시이나, 교통뿐만 아니라 경제적, 지역적 관계도 히로시마시와 더 가까운 편이다.

여행 형태	당일치기
위치	야마구치현 이와쿠니시 山口県岩国市
가는 법	히로시마역広島駅 ➡ 산요본선山陽本線 ➡ 이와쿠니역岩国駅

킨타이쿄는 국가지정 명승지이며 일본을 대표하는 아치형 목조 교량이다. 1673년 이와쿠니의 3대 영주가 현재 다리의 원형이 되는 목조 교량을 건설하였으나 그해 홍수로 유실되었다. 1674년에 다시 건설하여 1950년 태풍에 의한 홍수로 다시 유실될 때까지 많은 사랑을 받았다. 이와쿠니 시민들의 강한 요구로 1953년 새롭게 목조 교량으로 건설되었고 이후 교대, 교각의 기초 개량을 거쳐 2004년 현재 모습에 이르게 되었다. 길이 193.9m, 폭 5m로 목조 기법을 이용하여 만들었으며 일본 3대 명교 중 하나로 불린다. 완성된 이후에 '고류쿄五龍橋, 죠몬쿄城門橋, 류운쿄龍雲橋' 등으로 불렸으나, 1704년 이후 문학적인 표현으로 킨타이쿄라 불리게 되었다.

산 정상에 있는 이와쿠니성 천수각과의 조화가 절경이며, 봄에는 벚꽃, 여름에는 가마우치를 이용해 물고기를 잡는 모습과 불꽃놀이의 여름밤 풍경, 가을에는 단풍, 겨울에는 설경으로 사계절 다채로운 경치를 즐길 수 있다. NHK가 선정한 '21세기에 남기고 싶은 일본의 풍경'에서 츄고쿠 지방 1위를 차지했다.

- 주소 山口県岩国市岩国 1
- 가는 법 이와쿠니역岩国駅 ➡ 이와쿠니버스いわくにバス ➡ 정거장 킨타이쿄錦帯橋 하차
- 구글맵 goo.gl/maps/ofdyxXx4mqk
- 전화번호 0827-29-5107
- 운영시간 24시간 연중무휴
- 요금 입장료 어른 310엔, 초등학생 150엔, 킨타이쿄 입장료+로프웨이 왕복+이와쿠니성 입장료 세트 어른 970엔 엔, 초등학생 460엔

킷코코엔

吉香公園

- **주소** 山口県岩国市横山 2
- **가는 법** 킨타이쿄錦帯橋에서 도보 2분
- **구글맵** goo.gl/maps/5JgUdqcjxa92
- **전화번호** 0827-29-5116
- **운영시간** 24시간 연중무휴 개방
- **요금** 무료

이와쿠니의 영주였던 킷코가의 저택 터와 1968년 야마구치 현립 이와쿠니 고등학교의 이전으로 생긴 부지를 합쳐 공원으로 정비하여 일반인들에게 공개되었다. 18세기 중반의 중급 무사 저택으로서 중요문화재인 구 메카타가의 저택, 대형 분수인 다이호샤훈스이 등이 있다. 또 18종류 수천 개의 벚꽃, 그리고 모란, 꽃창포, 단풍 등 사계절 피는 꽃이 아름다워 일본의 역사 공원 100선에도 선정되었다. 천연 기념물인 이와쿠니의 흰뱀을 볼 수 있는 전시관도 있다. 일본에서는 유서 깊은 신사 등에서 흰뱀을 보면 소원이 이루어지거나 장수한다는 말이 있다.

168

킷코 신사

吉香神社

- **주소** 山口県岩国市横山 2-8-10
- **가는 법** 킨타이쿄錦帯橋에서 도보 7분
- **구글맵** goo.gl/maps/J1ZNZSYvXxs
- **운영시간** 07:00~17:00, 연중무휴
- **전화번호** 0827-41-0600

1885년에 킷코가의 조상들을 모신 3개의 신사를 통합하여 건립되었다. 일본 내에서도 드물게 조상의 영혼을 모시는 신사이다. 신전은 킷코 오키츠네를 모시던 곳으로 1728년에 지어진 뒤 이축되어 현재까지도 그 모습을 유지하고 있을 정도로 당시의 뛰어난 건축 수준을 가늠할 수 있다. 1988년에 야마구치현의 유형문화재로, 2004년에는 국가 중요문화재로 지정되었다.

이와쿠니의 초대 영주가 1608년에 천연 요새인 요코야마의 정상에 완성한
성이다. 완성 후 불과 7년 뒤인 1615년에 막부의 일국일성령에 의해
폐성된 비극의 성이기도 하다. 당시 천수각은 '카라즈쿠리唐造り 양식'으로
만들었으며, 현재의 천수각은 1962년에 복원한 것이다. 새로운 천수각은
킨타이쿄가 잘 보이도록 원래 위치에서 약 30m 이동하여 건설하였으며,
내부에는 킨타이쿄의 모형, 옛 사진, 무기, 갑옷 등을 전시하고 있다.
천수각에서는 킷코코엔, 킨타이쿄뿐만 아니라 이와쿠니 시내, 비행장 및
미야지마를 비롯한 섬과 시코쿠까지 바라볼 수 있다.
킷코코엔 앞 산로쿠에키에서 로프웨이를 타고 산쵸에키에 도착 후 나무로
둘러싸인 탁 트인 공간을 지나 도보 5분이면 천수각까지 도착할 수 있다.

- **주소** 山口県岩国市横山3丁目
- **가는 법** 산로쿠에키山麓駅 ━ 로프웨이 ━ 산쵸에키山頂駅 하차 후 도보 5분
- **구글맵** goo.gl/maps/wBB7MwKXyz32
- **전화번호** 0827-29-5116
- **운영시간** 09:00~16:45, 12/16~31 휴무
- **요금** 천수각 입장료 어른 270엔, 초등학생 120엔
- **구글맵** 산로쿠에키 goo.gl/maps/rYyeBzQyGUw

미야지마 ── 宮島

요시다 신칸 | よ志多" 新館 🍜

킨타이쿄 근처에 있는 향토 요리 전문점로서 외부 수조에서는 산천어가, 실내 연못에서는
잉어가 헤엄치고 있는 모습이 인상적이다. 가장 인기 메뉴는 다양한 요리를 한 상에 받을
수 있는 이와쿠니 즈시 테이쇼쿠(초밥정식)이다. 이와쿠니 즈시, 이까 소멘, 야마메 소멘,
오히라, 렌콘 산빠이 등 이와쿠니의 유명 향토 음식을 한꺼번에 먹을 수 있다. 이와쿠니의 명물
음식인 이와쿠니 즈시는 먹기 좋은 크기로 잘라저 나오며, 오징어를 얇게 채 썰은 이까 소멘은
연어알까지 얹어저서 오징어의 식감과 톡 터지는 연어알의 식감을 동시에 느낄 수 있다.
산천어가 들어간 야마메 소멘은 꾸덕한 질감의 산천어를 뼈까지 먹을 수 있고 감칠맛 나는
국물과 소멘을 맛볼 수 있다. 토란, 연근, 당근, 우엉, 곤약, 닭고기 등을 넣고 조린 오히라는
이와쿠니에서 빠질 수 없는 향토 요리이다. 이와쿠니산 렌콘(연근)을 사용한 초절임인 렌콘
산빠이는 입안을 깔끔하게 해준다.

○ **이와쿠니 즈시 岩国寿司**
이와쿠니 지방 특유의 향토 요리로, 도노사마즈시殿様寿司라고도
불린다. 이와쿠니성의 군량 및 저장식이었던 것이 시초이며, 이후
서민들에게 퍼져 현재 향토 요리로 발전하였다. 이와쿠니산 쌀,
연근, 야채, 세토우치의 해산물과 함께 표고버섯, 달걀지단 등을
여러 층으로 겹쳐서 샌드위치처럼 만든다. 누른 초밥 형식으로
보존이 가능한 치라시 스시(떠먹는 초밥)이다.

• **주소** 山口県岩国市岩国 2-18-6
• **가는 법** 킨타이쿄에서 도보 4분
• **전화번호** 0827-43-2277
• **운영시간** 11:00~21:00(17:00~ 예약제), 셋째 수 휴무

170

킨타이차야 | 錦帯茶屋

킨타이쿄 근처의 킨타이쿄 버스센터 건물 2층의 텐보이치바 내에
있는 찻집이다. 창가에 마련된 자리에서 킨타이쿄를 바라보며
명물 음식인 이와쿠니 스시, 연근 국수인 렌콘멘 등과 함께 약
20가지의 차를 즐길 수 있다. 이와쿠니 스시, 이와쿠니 렌콘텐,
오차, 맑은 국인 오스이모노가 함께 나오는 이와쿠니 즈시 오차
세트가 인기 있다. 텐보이치바에서는 이와쿠니뿐만 아니라
야마구치현의 특산품을 구입할 수 있다.

- **주소** 山口県岩国市岩国1-1-42 錦帯橋バスセンター 2F(킨타이쿄
  버스터미널역 전망시장 안)
- **가는 법** 킨타이쿄錦帯橋에서 도보 1분
- **전화번호** 0827-43-3630
- **운영시간** 4~8월 09:30~18:00, 9~3월 09:30~17:00, 연중무휴
- **홈페이지** www.tenboichiba.com

무사시 | むさし

이와쿠니성 쪽으로 킨타이쿄를 건너면 바로 발견할 수 있는
무사시 앞에는 언제나 소프트 아이스크림을 먹으려는 사람들로
가득하다. 이곳에서는 무려 200종류가 넘는 소프트 아이스크림을
맛볼 수 있다. TV 및 각종 언론 매체에서 자주 소개된 소프트
아이스크림 전문점으로 그 맛의 종류는 계속 증가하고 있다.
바닐라, 말차, 거봉, 나츠미깡 같은 대중적인 맛뿐만 아니라 라멘,
카레, 오차즈케, 하바네로 칠리, 은어, 낫토 같은 그 맛을 상상하기
어려운 독특한 맛이 준비되어 있다. 라멘 맛은 라멘의 면을
튀겨서 토핑으로 올려주고, 텐넨치아유 맛은 은어 꼬리를 꽂아서
주거나, 낫토 맛은 직접 낫토를 갈아서 소프트 아이스크림에

넣어서 주기 때문에 맛뿐만 아니라 모양도 재미나다. 실내에서는 이와쿠니 스시를 비롯한
다양한 향토요리를 즐길 수 있다. 근처에는 같은 소프트 아이스크림 전문점인 '사사키야
코지로쇼텐佐々木屋小次郎商店'이 있어서 소프트 아이스크림의 결투를 보는 듯하다.

- **주소** 山口県岩国市横山 2-1-23
- **가는 법** 킨타이쿄錦帯橋에서 도보 1분
- **전화번호** 0827-43-6340
- **운영시간** 09:00~18:00(여름에는 ~20:00), 연중무휴

시마네 島根
야마구치 山口県

홋카이도

이오모리현

아키타현

이와태현

야마가타현   미야기현

니가타현   후쿠시마현

시마네현   이시카와현   도야마현   도치기현

군마현   이바라키현

야마구치현   후쿠이현   나가노현   사이타미현

돗토리현   기후현   야마나시현   도쿄도   치바현

오카야마현   교토부   시기현   아마나시현   가나가와현

히로시마현   효고현   아이치현   시즈오카현

카가와현   오사카부   미에현

후쿠오카현   에히메현   나라현

사기현   토쿠시마현   와카야마현

나가사키현   오이타현   고치현

쿠마모토현   미야자키현

가고시마현

시마네 SL여행

오래된 증기기관차 타고 추억 속으로

THEME TRIP

| 카미야마구치역 上山口駅 주변 | 유다온센 湯田温泉 | 시마네현 츠와노 島根県 津和野 |

○ SL 야마구치호 SLやまぐち号

SL 야마구치호는 야마구치현 신야마구치역에서 시마네현 츠와노역까지 62.9km 거리를 운행하는 증기기관차. 2시간가량 녹음이 가득한 들과 산의 경치를 보며 낭만적인 증기기관차 여행을 할 수 있다. SL 야마구치호는 1979년 야마구치선의 부활 이후 3~11월 주말 및 공휴일에만 운행(1일 1회 왕복 운행)한다. 박력 넘치는 모습과 우렁찬 기적 소리는 많은 사람들의 인기를 끌고 있다. SL 야마구치호 중에서 1937년 탄생한 C57형 1호 기관차는 많은 기관차 중에서도 '귀부인'이라는 애칭이 있을 만큼 우아하고 다양한 분위기의 객실 5량을 가지고 있다. 전망 객실이 설치되어 있어서 상쾌한 바람을 맞으며 경치를 물씬 느끼면서 증기기관차의 매력을 만끽할 수 있다. SL 야마구치호를 탑승하는 동안 창밖으로 증기기관차의 모습을 촬영하려는 사진사들의 행렬을 자주 볼 수 있다. 출발지이면서 종착지인 신야마구치역, 츠와노역과 석탄의 보충을 위해 잠시 정차하는 니호역, 지후쿠역에서 증기기관차를 배경으로 기념 촬영을 할 수 있다. SL 야마구치호가 지나가는 야마구치현과 시마네현 각지의 명물 식재료로 만든 SL벤토를 맛보는 것도 증기기관차 여행의 즐거움 중 하나다.

운행시간	1일 1회 왕복(3~11월 주말 및 공휴일만 운행) - 상행 신야마구치역 10:50 출발 (츠와노역 13:03 도착) - 하행 츠와노역 15:54 출발 (신야마구치역 17:38 도착)
요금	신야마구치에서 츠와노까지 편도 1,700엔
예약	승차일 1달 전부터 일본 전국의 JR역 미도리노마도구치みどりの窓口에서 예약 가능

신야마구치역新山口駅

주소 山口県山口市小郡下郷1294
전화번호 083-972-0625
가는 법

● **후쿠오카 출발**
하카타역博多駅 ➡ 신칸센 ➡ 신야마구치역新山口駅 하차

● **히로시마역 출발**
히로시마역広島駅 ➡ 신칸센 ➡ 신야마구치역新山口駅 하차

● **야마구치 우베 공항 출발**
❶ 야마구치 우베 공항 ➡ 리무진 버스 ➡ 신야마구치에키 키타구치新山口駅北口 하차
❷ 쿠사에역草江駅 → JR우베선宇部線 → 신야마구치역新山口駅 하차

홈페이지 www.c571.jp

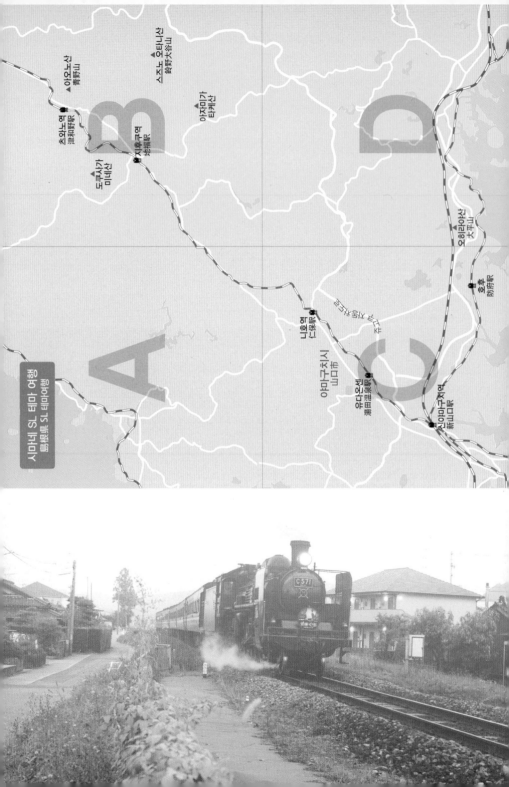

시마네 SL 테마 여행
島根県 SL 테마여행

A

B

C

D

츠와노 역
津和野駅

아오노산
青野山

도쿠가미네산
徳佐峰山

지후쿠 역
地福駅

스즈노 오타니산
鈴野大谷山

아자미가 타케산
莇ヶ嶽山

오히라이아산
大平山

방후 역
防府駅

니호 역
仁保駅

주고쿠산맥

야마구치시
山口市

유다온센 역
湯田温泉駅

신야마구치 역
新山口駅

C571

야마구치 근교

津和野

츠와노

산인의 작은 교토라고 불리는 츠와노는 주변이 산으로 둘러싸여 있다. 700년 이상의 역사를 가진 옛 성하 마을의 정취가 그대로 남아 있다. 대부분의 중심지가 중요 전통적 건축물 보존 지구이며, 2015년 4월 일본 문화청이 일본유산으로 지정하였다. 막부 말기에는 많은 유신지사와 문학가 모리 오가이, 철학자 니시 아마네 등 많은 위인을 배출한 지역이기도 하다.

줄지어 있는 하얀 벽, 여유롭게 노닐고 있는 비단 잉어, 그리고 고즈넉한 마을에 메아리치는 증기기관차의 기적 소리는 옛 향수를 불러일으킨다. 츠와노역 앞에 있는 자전거 숍에서 자전거를 렌털해 츠와노 곳곳을 투어하는 것도 좋은 여행 방법이다. 렌털 시 츠와노 맵도 함께 제공한다.

여행 형태	당일치기
위치	시마네현 카노아시군 츠와노쵸島根県鹿足郡津和野町
가는 법	신야마구치역新山口駅 ➡ JR야마구치선JR山口線 또는 SL 야마구치호 ➡ 츠와노역津和野駅 하차

토노마치도리 殿町通り 📷

- **가는 법** 츠와노역津和野駅에서 도보 10분
- **구글맵** goo.gl/maps/z5ns5jy7tZR2

츠와노의 메인 거리로, 관광의 중심지이다.
옛 모습이 남아 있는 오래된 주택가를 따라
은행나무와 함께 수로가 조성되어 있다.
수로에는 화려한 색깔의 수많은 비단잉어와
꽃들이 볼거리를 제공한다. 비단잉어는 옛날
츠와노를 만든 영주가 기르던 비단잉어들을
마을에 방류한 것이 그 시초라고 한다.
석조 위 하얀 벽이 줄지어 있는 모습은 옛
성하 마을의 정취를 느낄 수 있게 해주며,
5~10월의 밤에는 라이트 업으로 낮과는 또
다른 분위기를 즐길 수 있다.

츠와노 카톨릭쿄카이 津和野カトリック教会 📷

- **주소** 島根県鹿足郡津和野町大字後田口 66-7
- **가는 법** 츠와노역津和野駅에서 도보 9분
- **전화번호** 0856-72-0251
- **운영시간** 4~10월 08:00~17:30, 11~3월 08:00~17:00
- **홈페이지** www.sun-net.jp/~otome

전형적인 고딕양식의 석조 건축물이다.
1931년 독일인 뷔케레 신부가 예수
그리스도의 복음을 전하기 위해 세운
교회다. 교회의 예배당 내부는 독특하게도
다다미가 깔려 있으며, 양쪽 벽면의 화려한
스테인드글라스를 통해 들어오는 따뜻한
빛이 인상적이다. 교회 건물에 인접한
전시실에는 츠와노로 온 우라카미 가톨릭
순교자에 관한 역사 자료를 전시 중이다.
츠와노역 뒤 산 중턱에는 메이지 시대 초기에
탄압받은 순교자를 추모하기 위해 1951년에
지은 오토메토게 마리아 성당이 있다.

시마네 · 야마구치 시마네 SL 여행 —— 山口市 · 島根県

타이코다니 이나리 신사

太鼓谷稲成神社

- 주소 島根県鹿足郡津和野町後田 409
- 가는 법 츠와노역津和野駅에서 도보 25분
- 전화번호 0856-72-0219
- 운영시간 08:00~18:00
- 홈페이지 taikodani.jp

1773년 츠와노의 7대 영주가 츠와노의 안전과 주민의 안녕을 기원하기 위하여 만든 신사로, 일본 5대 이나리(여우신을 모시는 신사) 중 하나다. 타이코다니는 신사가 위치한 산이 에도 시대 시간을 알리는 북소리가 울려 퍼지는 골짜기였던 것에서 기인한다. 또한, 원래 이나리의 한자는 '稲荷'이지만 타이코다니 이나리 신사는 '소원을 이루는 곳'이라는 의미로 일본 전국의 이나리 신사 중 유일하게 '稲成'으로 이름을 붙였다. 매년 수많은 사람들이 합격, 장사 번영, 가내 안전, 소망 성취 등을 참배하기 위해 이곳을 방문한다. 타이코다니 이나리 신사는 차를 타고 올라갈 수 있으나 야사카 신사 옆에서 시작되어 산 중턱까지 약 1,000여 개의 붉은 토리이가 이어져 있는 토리이 터널을 따라 걸어 올라가는 것을 추천한다. 붉은 토리이 터널은 열차를 타고 츠와노로 진입할 때 창 밖에서도 그 모습을 볼 수 있다. 특히 가을 단풍과 함께 어우러진 모습은 장관을 이룬다. 또한, 경내에서 내려다보는 츠와노의 풍경과 츠와노 마을을 가로질러 달리는 증기기관차의 모습은 절경 중에 하나이다.

○ 일본 5대 이나리日本五大稲荷

교토 후시미 이나리 타이샤伏見稲荷大社, 이바라키현 카사마 이나리 신사笠間稲荷神社, 미야기현 타케코마 신사竹駒神社, 사가현 유토쿠 이나리 신사祐徳稲荷神社, 시마네현 타이코다니 이나리 신사太鼓谷稲成神社

야사카 신사 | 弥栄神社 📷

- **주소** 島根県鹿足郡津和野町後田67
- **가는 법** 츠와노역津和野駅에서 도보 15분
- **전화번호** 0856-72-1771(츠와노 관광협회)
- **운영시간** 24시간 개방

○ **사기마이鷺舞**
1542년부터 야사카 신사弥栄神社에 전해지는 고전 예능
제사古典芸能神事이다. 매년 신사의 제사 때인 7월 20일, 24일, 27일에
마을 내 지정된 장소에서 두 마리의 백로로 분장하고 날갯짓을 하며 노래와
북소리에 맞추어 우아하게 춤을 춘다. 국가지정 무형민속문화재이다.

츠와노의 오래된 신사. 원래 산속에 있던 신사였으나
1428년에 현재의 위치로 이전했다. 경내에 450년 이상 된
신목 느티나무가 우뚝 솟아 있다. 7월 기온마츠리의 제사로
봉납되는 사기마이(암수의 백로로 분장한 무용수가 추는
춤)의 무대이기도 하다.

츠와노쵸 쿄도칸(츠와노 향토관) | 津和野町郷土館 📷

- **주소** 島根県鹿足郡津和野町大字森村口 127
- **가는 법** 츠와노역津和野駅에서 도보 12분
- **전화번호** 0856-72-0300
- **운영시간** 08:30~17:00, 매주 화·연말연시 휴무
- **요금** 입장료 어른 400엔, 중·고생 300엔, 초등학생 이하 150엔

설립된 1921년 당시에는 시마네현에서 유일한 향토 역사
박물관이었다. 죠몬 시대부터 현대에 이르기까지 츠와노의
역사 자료뿐만 아니라 크리스천의 순교 자료, 지역 연고의 문화인과 예술인 작품 등 시마네현
지정 문화재를 포함한 약 2,000여 점의 자료를 보관, 전시하고 있다. 전쟁 중 휴관이었다가
1954년에 현재의 모습으로 새롭게 개관하여 현재에 이르고 있다.

카센 슈조 | 華泉酒造 🛍

- **주소** 島根県鹿足郡津和野町後田口 221
- **가는 법** 츠와노역津和野駅에서 도보 7분
- **전화번호** 0856-72-0036
- **운영시간** 08:00~19:00, 연중무휴
- **홈페이지** kasen1730.ocnk.net

츠와노에 남아 있는 3개의 양조장 중 가장 오래되었다.
1730년 쌀 도매상을 하던 초대 사장이 주조업을 시작한
곳이다. 엄선된 쌀을 사용하고 인근 야오노산의 깨끗한 물을 이용하여 츠와노 전통의 사케를
만들고 있다. 양조장 갤러리인 요베이도 관람이 가능하며 시음도 할 수 있다.

미노야 | みのや 🍵

건물 외관 모습과 실내 나무 테이블, 양탄자를 딴 나무 의자가 에도 시대의 찻집을 연상시키는 곳이다. 다양한 식사류와 함께 직접 만든 일본식 디저트를 맛볼 수 있다. 식사류 중에서는 독특하게도 머위를 넣어서 만든 밥인 후키메시를 맛볼 수 있는 후키메시 정식이 있다. 후키메시 정식은 후키메시, 미소시루와 함께 4~5가지 반찬이 나온다. 윤기가 흐르는 후키메시는 살짝 간이 배인 머위 덕분에 그 자체만으로도 충분히 맛있지만 함께 나오는 반찬과 함께 곁들이면 더욱 그 맛이 즐겁다. 풍성한 토핑을 자랑하는 시코타마 우동, 간 산마에 찍어 먹는 히야시 야마카케소바도 인기 메뉴다. 식사를 이미 했다면 음료와 함께 당고를 맛보는 것을 추천한다. 수작업으로 직접 만든 쑥 경단은 콩가루, 팥소, 간장 3가지 맛으로 즐길 수 있다.

- 주소 島根県鹿足郡津和野町後田イ 75-1
- 가는 법 츠와노역津和野駅에서 도보 3분
- 전화번호 0856-72-1531
- 운영시간 09:30~17:30, 수 휴무

미마츠 쇼쿠도 | 美松食堂 🍜

1931년 창업한 츠와노에서 가장 오래된 식당이다. 다양한 우동 및 소바 메뉴가 있지만 미마츠 쇼쿠도의 명물 음식은 바로 유부초밥인 이나리즈시다. 이틀간 조리고 하룻밤 재워 검은 빛이 도는 윤기 나는 유부 안에 밥과 함께 표고버섯, 당근 등을 넣어 완성한다. 한 접시에 5개의 유부초밥을 내주는데, 그 모양새가 하나의 꽃 같은 모양이다. 타이코다니 이나리 신사의 참배길 토리이 근처에 있어 신사 방문 전후에 보기 드문 검은 빛깔의 유부초밥을 맛보면 좋다. 포장도 가능하다. 다만, 맛이 좀 진하다는 것을 염두에 두자.

- 주소 島根県鹿足郡津和野町後田口 59-13
- 가는 법 츠와노역津和野駅에서 도보 13분
- 전화번호 0856-72-0077
- 운영시간 10:00~17:00, 수 휴무

사라노키 쇼인테이 | 沙羅の木 松韻亭 🥄

식사와 쇼핑을 함께 할 수 있는 토노마치도리의 음식점, 카페 겸 상점이다. 실내 카페에서 식사와 함께 커피를 즐길 수 있으며, 방에서는 아름다운 일본 정원을 바라보며 츠와노 향토 요리인 우즈메메시, 츠와노의 계절 요리와 말차를 맛볼 수 있다. 이곳의 우즈메메시는 곤약 사시미, 새우튀김, 연근, 달걀말이, 어묵, 톳 등도 함께 제공된다. 감칠맛 나는 우즈메메시를 맛본 뒤에 후식으로 커피 한잔 즐겨보자. 실내 한편에는 겐지마키를 만드는 모습을 볼 수 있으며, 화과자, 그릇뿐만 아니라 종이 인형 등 향토 민예품을 구입할 수 있다.

○ **우즈메메시 うずめ飯**
츠와노 채소를 주재료로 한 향토 요리로, 밥 밑에 파드득나물, 버섯, 당근, 두부, 김 등을 깔고 국물을 부어서 내준다. 처음 보면 그릇에 밥과 국물만 담긴 것으로 보이지만, 주재료는 밥 밑에 있기 때문에 섞어 먹어야 한다. 이는 옛날 사람들이 초라한 채소로 대접하는 것에 대한 부끄러움으로 주재료들을 밥 밑에 담아서 대접한 것에서 유래한다. 일본의 대표 향토 요리 중 하나다.

- **주소** 島根県鹿足郡津和野町後田口70
- **가는 법** 츠와노역津和野駅에서 도보 9분
- **전화번호** 0856-72-1661
- **운영시간** 09:00~17:00, 연중무휴
- **홈페이지** www.saranoki.co.jp/syouintei

시마네 · 야마구치 **시마네 SL여행** ── 山口市 · 島根県

아오키 스시 | あおき寿司 🥢

인근 마스다益田 지역에서 잡은 신선한 해산물로 만든 요리를 제공하는 캇포, 스시집이다. 스시 중에서는 사바 스시와 아유(은어) 스시가 유명하다. 특히 아유 한 마리를 통째로 사용해 만든 아유 스시는 그 독특한 자태와 맛으로 인기 있다. 초절임을 한 아유는 윤기가 흐르는 모습이 강에서 갓 잡아올린 것 같다. 머리부터 꼬리까지 남김없이 먹을 수 있다.
아오키 스시에서 꼭 먹어봐야 하는 메뉴는 사시미 곤약이다. 우리가 보통 오뎅 재료 중 하나로 먹거나 면으로 먹는 곤약을 츠와노에서는 얇게 썰어서 사시미처럼 먹는다. 사시미 곤약은 얇게 썰어도 그 탱탱함이 그대로이며, 곤약 안에 목이버섯을 넣어 오도독거리는 식감이 특별하다. 함께 내주는 초된장에 찍어 먹으면 맛이 잘 어우러진다. 츠와노의 향토 요리인 우즈메메시도 맛볼 수 있으며, 각종 재료를 넣어서 두툼하게 말은 우리나라의 김밥 같은 다이묘 마키도 인기 메뉴이다.

· **주소** 島根県鹿足郡津和野町後田イ 78-10
· **가는법** 츠와노역津和野駅에서 도보 4분
· **전화번호** 0856-72-0444
· **운영시간** 11:00~15:00, 17:00~22:00, 화 휴무

야마다 치쿠후켄 혼마치텐 | 山田竹風軒本町店 ♨

1885년 창업한 야마다 치쿠후켄의 본점이다. 츠와노의 명물 화과자인 겐지마키와
쿠리미카도를 비롯하여 다양한 과자를 판매하는데, 겐지마키는 23회 일본 전국 과자
박람회에서, 쿠리미카도는 24회에서 상을 받은 명과자들이다. 치쿠후켄은 겐지마키를
판매하고 있는 츠와노의 화과자점 중에서는 가장 오래된 가게이다. 가게 옆에서는 겐지마키
만들기 체험을 할 수 있으며, 자신이 만든 겐지마키를 포장해 선물로 가져갈 수 있다.

○ 겐지마키 源氏卷
얇게 구운 카스텔라로 팥소를 안에 말은 직사각형 모양의 화과자이다. 촉촉한
카스텔라와 달콤하고 부드러운 팥소가 매력이다. 화과자의 이름은 헤이안 시대의 소설인
《겐지모노가타리源氏物語》에서 유래되었다고 한다. 에도 시대 당시 권력가에게 무례를
범하여 츠와노가 위기에 처해 있을 때, 겐지마키 아래에 엽전을 깔고 이것을 대나무 잎으로
싸서 선물로 올려 화를 무마시켰다는 설이 있다. 이로 인하여 츠와노의 위기를 구한 행운의
화과자로 알려져 있다.

- **주소** 島根県鹿足郡津和野町後田口 240
- **가는 법** 츠와노역津和野駅에서 도보 7분
- **전화번호** 0856-72-1858
- **운영시간** 07:30~18:00, 연중무휴
- **홈페이지** www.tikufu-ken.com

에비야 | 海老舎 🛒

오래된 상가를 리뉴얼하여 전국 각지에서
모은 생활 잡화, 공예품들이 갖추어져 있는
잡화점이다. 소재를 잘 살린 수공예품, 수제
가구, 컵, 그릇 등 일회용이 아닌, 시간이 지남에
따라 그 가치가 높아지는 상품 등을 소개하고
있다. 츠와노 명물 과자인 겐지마키도 판매하며,
여름에는 겐지마키를 시원하게 만든 겐자마키
아이스도 판매하고 있다.

- **주소** 島根県鹿足郡津和野町後田口 233
- **가는 법** 츠와노역津和野駅에서 도보 8분
- **전화번호** 0856-72-4017
- **운영시간** 11:00~17:00(주말, 공휴일은 09:00~),
  부정기 휴무
- **홈페이지** fish.miracle.ne.jp/tikufu/ebiya

유토리로 츠와노

ゆとりろ津和野

- **주소** 島根県鹿足郡津和野町後田口 82-3
- **가는 법** 츠와노역津和野駅에서 도보 6분
- **전화번호** 0570-031-085
- **요금** 와시츠和室 14,890엔~, 요시츠洋室 16,720엔~
- **홈페이지** yutorelo-tsuwano.com/

2023년 3월, '츠와노 온센쥬쿠 와타야津和野温泉宿わた屋'가 '유토리로 츠와노'로 리뉴얼 오픈하였다. 유토리로Yu-To-Relo라는 이름은 "온천과 일본 전국을 여행한다"라는 의미로 지어진 이름이다. 이곳은 츠와노에 있는 유일한 천연온천 숙소로서, 츠와노의 거리를 바라보며 온천을 즐길 수 있다. 탄산수소염 온천과 보온, 보습의 효과가 높은 염화물 온천을 겸비한 천연 온천이다. 츠와노의 아오노야마青野山를 바라보는 핀란드 사우나와 노천탕이 있는 특별실부터 일본 전통 와시츠和室, 서양식 룸인 요시츠洋室 등 총 7종류의 객실을 보유하고 있다. 츠와노 일본유산센터의 감수 하에 츠와노 백경도津和野百景図에 등장하는 식재료들을 사용한 카이세키 요리가 제공된다. 옛부터 츠와노에 전해지는 향토요리를 현대식으로 재해석한 창작 카이세키 요리다. 츠와노의 관광 정보를 얻을 수 있는 허브 스테이션HUB STATION, 엄선된 커피를 즐길 수 있는 라운지, 놀이 공간 등 다채로운 콘텐츠가 준비되어 있다. 마을 중심지에 위치해 있어서 츠와노 관광에도 편리하다.

야마구치 근교

유다온센 湯田温泉
카미야마구치역 上山口駅 주변

800년 역사의 야마구치현을 대표하는 유다온센. 한 스님이 옛날 사원의 연못에서 흰 여우 가 상처를 치유하는 모습을 보고 온천이 솟아나는 것을 발견한 것이 그 시초라고 전해진 다. 현재 유다온센역 옆에는 높이 8m의 커다란 흰 여우 동상이 세워져 있어 그 전설에 힘 을 싣고 있다. 신경통, 근육통, 관절염, 피로 회복, 피부 미용 등에 좋은 알칼리성 온천으로 최대 온도 72도의 천연 온천이 하루 약 2,000톤 정도 솟아난다. 온천 마을답게 많은 온천 호텔과 온천 료칸이 있으며, 숙박을 하지 않더라도 역 옆, 공원 등 마을 곳곳에 설치되어 있 는 6개의 무료 족탕에서 온천을 만끽할 수 있다.

백제의 후손으로 알려진 오우치 가문이 교토를 모델로 하여 조성한 도시가 바로 야마구치 다. 또한, 옛날부터 교토의 문화와 대륙의 문화가 융합되어 '니시노쿄西の京'라고 불리는 야 마구치만의 오우치 문화가 만개하였다. 오우치 문화를 전하는 건축물로서 루리코지 고쥬 노토, 야사카 신사 등이 유명하다.

여행 형태	1박 2일 여행
위치	야마구치현 야마구치시 유다온센 山口県山口市湯田温泉 야마구치현 야마구치시 도소쵸3山口県山口市道祖町3
가는 법	**● 유다온센** 신야마구치역新山口駅 또는 츠와노역 津和野駅 ➡ 야마구치선 ➡ 유다온센역 湯田温泉駅 하차	**● 카미야마구치역** 신야마구치역新山口駅 또는 츠와노역 津和野駅 ➡ 야마구치선 ➡ 카미야마구 치역上山口駅 하차
전화번호	083-901-0150(유다온센 관광안내소)
홈페이지	www.yudaonsen.com

- **주소** 山口県山口市湯田温泉 2-1-3
- **가는법** 유다온센역湯田温泉駅에서 도보 10분
- **전화번호** 083-921-8818
- **운영시간** 08:00~22:00, 연중무휴
- **요금** 입장료 무료, 족욕탕 요금 어른 200엔, 초·중생 100엔
- **홈페이지** www.yuda-onsen.jp

2015년 3월에 오픈한 유다 온센의 새로운 명소. 카페, 족욕, 갤러리, 이벤트 공간이 복합된 종합 상업 시설이다. 무료로 유카타를 렌털하여 3곳의 족욕탕을 이용할 수 있다. 실내의 아담하고 쾌적한 공간에서 음료수를 마시고 차분하게 족욕을 즐길 수 있다. 무료 와이파이 이용 가능.

- **주소** 山口県山口市湯田温泉 2-5
- **가는법** 유다온센역湯田温泉駅에서 도보 10분
- **전화번호** 083-934-2810(야마구치시 관광과)

유다온센 출신인 정치가 '이노우에 카오루井上馨'의 생가 자리에 만들어진 공원이다. 공원 내 넓은 터에는 무료로 이용할 수 있는 족탕과 유다온센의 상징인 흰여우 모양의 놀이기구, 이노우에 동상, 시비 등이 있어서 현재는 시민들과 관광객의 교류 및 쉼터로 이용되고 있다. 매년 봄에는 공원에서 유다온센 시로기츠네 마츠리(축제)가 열린다.

루리코지 고쥬노토(루리코지 오층탑) | 瑠璃光寺 五重塔

- 주소 山口県山口市香山町 7-1
- 가는 법 카미야마구치역上山口駅에서 도보 23분
- 전화번호 083-934-6630(코잔 공원 관광안내소)
- 운영시간 24시간 개방

o 일본 3대 오층탑

교토의 다이고지 오층탑醍醐寺 五重塔, 나라현의 호류지 오층탑法隆寺 五重塔, 야마구치현의 루리코지 오층탑瑠璃光寺 五重塔이다.

오에이의 난에서 전사한 오우치 요시히로의 명복을 빌기 위해서 그 동생인 오우치 모리하루가 1442년에 세운 탑으로, 착공으로부터 완성까지 30년 이상이 걸렸다고 한다. 무로마치 시대 중기의 뛰어난 건축물로서 위로 올라갈수록 가늘어지는 아름다운 탑으로 일본 내 현존하는 오층탑 중에서 열 번째로 오래되었다. 국보로 지정된 오층탑 9개 중 하나이며, 일본 3대 오층탑 중에 하나로 손꼽힌 높이 31.2m의 루리코지 오층탑은 야마구치현의 상징적인 조형물로 봄에는 벚꽃, 가을에는 단풍을 배경으로 멋진 모습을 연출하며 밤의 야경도 볼거리 중 하나다.

이마하치만구 | 今八幡宮

- 주소 山口県山口市八幡馬場 22
- 가는 법 카미야마구치역上山口駅에서 도보 10분
- 전화번호 083-922-0083
- 운영시간 24시간 개방
- 홈페이지 ima8man.com

오우치 가문의 30대 당주인 오우치 요시오키가 1503년에 건립한 신사다. 니카베 신사와 함께 야마구치 2대 신사로 불린다. 도로의 막다른 곳에 경내 입구의 토리이와 계단이 있고 계단을 오르면 바로 정문에 로몬이 나온다. 로몬楼門(누문), 하이덴拜殿(배전), 혼덴本殿(본전)이 일직선으로 배치되어 있는 일본 내에서도 야마구치에서만 볼 수 있는 드문 형식의 신사다. 혼덴, 하이덴, 로몬 모두 국가의 중요문화재로 지정되어 있다. 4월 15일과 10월 6일에 이마하치만구를 중심으로 모든 주민들이 참여하는 봄, 가을 축제가 열린다.

야사카 신사
八坂神社

- 주소 山口県山口市上竪小路 100
- 가는법 카미야마구치역上山口駅에서 도보 13분
- 전화번호 083-921-1566
- 운영시간 24시간 개방

커다란 주홍색 토리이가 인상적인 신사로, 오우치 히로요가 1369년 교토의 야사카 신사의 분사로 건립한 것이다. 일본 중요문화재로 등록된 혼덴은 무로마치 시대의 양식을 잘 표현한 것으로 1519년에 재건하였다. 야사카 신사는 7월에 열리는 야마구치 기온마츠리의 행사가 열리는 장소이기도 하다.

류후쿠지
龍福寺

- 주소 山口県山口市大殿大路 119
- 가는법 카미야마구치역上山口駅에서 도보 10분
- 전화번호 083-922-1009
- 운영시간 09:00~17:00, 연중무휴
- 요금 입관료 어른 200엔, 초·중생 150엔

류후쿠지는 1206년 창건한 사찰. 타이네이지노헨 때 소실되었다가 무로마치 시대 말인 1557년 오우치 요시타카의 위패를 모시는 사찰로 재건하였다. 1881년 다시 화재로 본당이 소실된 이후 새롭게 재건한 것이 현재의 본당이다. 그 당시 본당의 규모는 오우치가의 재력과 세력을 표현하는 대형 건축물이었다. 본당은 무로마치 시대의 대표적인 사원 건축물로 1954년 국가 중요문화재로 지정되었다.

유다온센 코키안 | 湯田温泉古稀庵

- 주소 山口県山口市湯田温泉 2-7-1
- 가는 법 유다온센역湯田温泉駅에서 도보 15분
- 전화번호 083-920-1810
- 요금 기본 숙박 플랜 1인 26,000엔~
- 홈페이지 kokian.co.jp

산장 같은 자연스러운 일본의 건축양식을 유지하면서도
정원수에 둘러싸인 모던한 객실 공간을 선보이는
료칸이다. 각 객실에는 탁 트인 노천탕과 테라스가 있어서 누구에게도 방해받지 않고 휴식을
취할 수 있다. 삼면이 바다로 둘러싸인 야마구치현의 신선한 해산물과 재철 식재료를 이용한
일품요리는 방문한 손님들에게 많은 사랑을 받고 있다.

우메노야 | 梅乃屋

- 주소 山口県山口市湯田温泉 4-3-19
- 가는 법 유다온센역湯田温泉駅에서 도보 15분
- 전화번호 083-922-0051
- 요금 기본 숙박 플랜 1인 15,500엔~
- 홈페이지 umenoya.net

온천의 숙소, 맛의 숙소를 표방하며, 1일 약 150톤의
용출량을 자랑하는 풍부한 온천수를 내세운 료칸이다.
노천탕과 대욕장은 모두 물을 추가하거나 온도를 더하는 것 없이 100% 천연 온천수를
사용하며, 원적외선 사우나 시설도 구비되어 있다. 10월부터는 야마구치현의 특산물인 복어를
이용한 복어 사시미, 복어 나베 등의 복어 요리를 제공하는데, 꼭 먹어봐야 하는 별미다.

호텔 카메후쿠 | ホテル かめ福

- 주소 山口県山口市湯田温泉 4-5
- 가는 법 유다온센역 湯田温泉駅에서 도보 14분
- 전화번호 083-922-7000
- 요금 기본 숙박 플랜 1인 12,000엔~
- 홈페이지 www.kamefuku.com

일본 정부에 등록된 국제관광료칸이며 그룹 계열의 대형
호텔이다. 예산에 맞게 선택할 수 있는 다양한 객실을
구비하고 있으며 1,000명 규모의 컨벤션을 개최할 수 있는 연회 홀이 있다. 미세 기포가 포함된
알칼리성 온천을 느긋하게 즐기면서 제철 식재료를 살린 일식 카이세키와 뷔페 등을 맛볼 수
있다. 숙박을 하지 않고 온천탕을 즐길 수 있는, 점심이 포함된 히카와리 플랜도 있다.

키타큐슈
北九州

야마구치
山口県

홋카이도

아오모리현

이키타현

이와테현

아마기타현   미야기현

니가타현   후쿠시마현

이시카와현   도야마현   군마현   도치기현

후쿠이현   나기노현   사이타마현   이바라키현

교토부   시가현   기후현   야마나시현   도쿄도   치바현

돗토리현   오카야마현   효고현   아이치현   가나가와현   시즈오카현

시마네현   오사카부   미예현

히로시마현   카가와현   나라현

야마구치현   에히메현   토쿠시마현   고치현   와카야마현

후쿠오카현

사가현   오이타현

나가사키현

구마모토현   미야자키현

카고시마현

키타큐슈~야마구치
드라이브 여행

후쿠오카현 키타큐슈시 福岡県北九州市

야마구치현 시모노세키시 山口県下関市

야마구치현 나가토시 山口県長門市

후쿠오카현과 야마구치현의 국도 495호, 199호, 191호를 이용하는 드라이브 코스는 후쿠오카시 또는 키타큐슈시를 시작으로 야마구치 서쪽까지 돌아볼 수 있다. 이 코스에서는 히비키 여울響灘의 아름다운 바다와 CNN이 선정한 일본에서 가장 아름다운 곳들을 감상할 수 있으며, 지역의 명물 음식도 맛볼 수 있다. 당일치기 드라이브 여행도 충분한 코스로서, 카와타나온센에서 1박을 하는 1박 2일 드라이브 여행도 가능하다.

이동 순서 카와치후지엔 ^(40분) 토오미가하나 ^(10분) 히비키카이노코엔 ^(20분) 와카마츠 ^(60분) 카와타나온센 ^(15분) 후쿠토쿠 이나리 신사 ^(40분) 츠노시마 ^(50분) 모토노스미 이나리 신사

C

야마구치시
山口市

동해 바다

우베시
宇部市

F

쥬고쿠 종관지도로
中国縦貫道路

산요 자동차도로

B

↑ 모토노스미 이나리 신사
元乃隅稲成神社

츠노시마 오하시
角島大橋

R 후쿠토쿠 이나리 신사
福徳稲荷神社

R 선슈도三春堂
R 카와타나노모리川棚の杜
R 킨소 카와라 소바 타키세
元祖瓦そばたかせ
H 카와타나온센川棚温泉

산요 메인 도로

시모노세키
下関市

E

간몬 터널
関門トンネル

A

츠노시마 토다이
角島灯台
오하마 쇼쿠지도코로
おおはま食事処

키타큐슈
北九州市

히비키 여울
響灘

외카토오하시若戸大橋
마루마도 텐푸라텐
丸窓てんぷら店
외카마츠 아부소비若松若松 数そば
구 후루카와코교 외카마츠 빌딩
旧古河鉱業若松ビル
토오미가하나
遠見ヶ鼻
히비키우미노코엔
ひびき海の公園

카와치후지엔
河内藤園

카와치후지엔
河内藤園

키타큐슈시 야하타구의 카와치 저수지 근처에 1977년에 조성된 민영 등나무 공원이다.
약 3,000평 부지에 등나무를 중심으로 등나무 터널, 등나무 돔 등 20여 종 150여 그루의
등나무가 심겨 있다. 4~5월에는 만개한 등나무를 보기 위해 많은 사람들이 이곳을 찾는다.
카와치후지엔의 아름다운 절경은 2015년 CNN이 선정한 일본에서 가장 아름다운 곳 31선에도
선정되었다.
수채화 같은 멋진 그라데이션의 등나무 터널은 다양한 종류와 색상의 등나무 꽃을 즐길
수 있어서 가장 인기 있는 곳. 80m, 110m의 두 개 터널은 넋 놓고 꽃을 바라보는 사람들과
사진 촬영하는 사람들로 발걸음이 느려지는 곳이다. 또한, 주변에는 수령 70~80년된 나무
20여 그루 포함 700여 그루의 단풍나무가 있어서 11~12월에는 단풍 명소이기도 하다. 일반
노선버스가 운행하지 않아 대중교통을 이용할 수 없지만, 등나무와 단풍철에는 임시로
야하타역에서 셔틀 버스가 운행된다.

- **주소** 福岡県北九州市八幡東区河内 2-2-48
- **가는 법** 야하타역八幡駅에서 차로 20분
- **요금** 등나무와 단풍의 관광 적기에 따라 입장료 500~1500엔, 고등
  학생 이하는 무료
- **전화번호** 093-652-0334
- **운영시간** 4월 중순~5월 중순(등나무), 11월 중순~12월 초순(단풍),
  08:00~18:00(등나무철), 09:00~17:00(단풍철)
- **맵코드** 16 275 312*24
- **홈페이지** kawachi-fujien.com

195

- 주소 福岡県北九州市若松区大字有毛
- 가는법 칸포노야도 키타큐슈かんぽの宿 北九州에서 도보 3분
- 구글맵 토오미가하나 goo.gl/maps/iBR8av92LK32
- 맵코드 🅜🅒🅣 965 037 697*68(칸포보야도 키타큐슈)

키타큐슈~야마구치 드라이브 여행
——
北九州~山口市

큐슈 북단에 있는 곳으로 히비키 여울의 멋진 바다를 바라볼 수 있는 곳. 에도 시대에 밀무역과
외적에 대비한 정찰 초소인 '토오미반쇼遠見番所'가 설치되었던 것에서 유래한 이름이다.
근처에는 새하얀 등대인 묘켄자키 토다이, 해안가 신사인 미사키 신사와 함께 관광 명소로
알려져 있다. 특히 저녁 무렵 이곳에서 바라보는 석양과 황혼, 푸른 바다와 하늘, 그리고
새하얀 등대의 대비되는 모습이 장관을 이룬다. 이 지역의 지층은 2,500~3,200만 년 전
일본 열도가 대륙으로부터 떨어져 형성된 것이라는 근거가 되는 곳이기도 하다. 일본 열도
탄생에 중요한 자료로 2012년에 후쿠오카현의 천연기념물로 지정되었다. 묘켄자키 토다이
아래에는 기존 퇴적물이 파도의 영향으로 형성된 오렌지색의 폭풍퇴적물도 볼 수 있다. 또한
'오니노센타쿠이타鬼の洗濯岩'라고 불리는 독특한 침식 지형도 감상할 수 있다.

히비키카이노코엔

ひびき海の公園 📷

- **주소** 北九州市若松区大字安屋
- **가는법** 후타지마역二島駅에서 차로 10분
- **구글맵** goo.gl/maps/EcrTjTnjFMG2
- **맵코드** 965 043 063*52

키타큐슈시 와카마츠 북쪽 해안에 조성된 해양 공원으로, 2003년 히비키카이노코엔으로 명명하였다. 키타큐슈 시민들이 부담 없이 방문해 낚시, 해양 스포츠, 수영 등을 즐길 수 있도록 잘 정비되어 있다.
부두 쪽에서 낚시하는 아저씨들, 인공 해변에서 수영을 즐기는 학생들, 시원한 바닷바람, 야자수, 힘차게 돌아가는 풍력 발전기, 그리고 푸른 바다 등 모든 풍경이 여유롭다. 공원 내에는 와이타 해수욕장, 다목적 광장, 인공 해변, 지역 농수산물 판매매장 겸 커뮤니티 홀인 시오이리노사토 등이 있다.

후쿠토쿠 이나리 신사

福徳稲荷神社 📷

- **주소** 山口県下関市豊浦町宇賀 2960
- **가는법** 유타마역湯玉駅에서 차로 5분, 도보 20분
- **맵코드** 268 397 346*25
- **전화번호** 083-776-0125
- **운영시간** 연중무휴

야마구치현 시모노세키의 히비키 여울 해안가의 언덕에 있는 신사로, 일본의 오래된 노래에도 나오는 유서 깊은 곳이다. 주변 이나리 신사들과 합사하여 1971년 가을에 새로운 신사를 건립하고 '후쿠토쿠福徳'의 두 글자를 붙여 '후쿠토쿠 이나리 신사'로 명명했다. 1994년 대대적인 개보수를 거쳐 현재에 이른다. 현지인들은 '이누나키노 오이나리상犬鳴のお稲荷さん'이라고 부르며, 풍어, 항해 안전, 학업 성취 등을 기원한다. 푸른 하늘과 녹음을 배경으로 주홍색 오토리이와 신사의 모습이 아름답다. 저녁에는 히비키여울로 지는 석양을 볼 수 있다. 신사 옆에는 뜻을 이룬 사람들이 신에게 봉납한 천 개의 센본토리이가 해안가까지 이어져 있다.

야마구치현 나가토시에 있는 모토노스미 이나리 신사는 1955년 시마네현 츠와노에 있는 타이코다니 이나리 신사로부터 분령된 신사이다. 지역 대표였던 오카무라 히토시가 꿈에서 흰여우의 계시를 받아서 만든 것으로 전해지고 있다.

신사 토리이 위에 설치되어 있는 사이센바코(돈 상자)에 동전을 던져넣으면 소원이 이루어진다고 전해진다. 하지만 사이센바코가 5~6m 높이에 있고 작은 크기라서 일본에서 가장 넣기 어려운 사이센바코라는 재미난 명성도 가지고 있다. 1987년부터 10년에 걸쳐 봉납된 123개의 토리이가 해안 절벽 쪽 츠오 류구노 시오후키까지 약 100m에 걸쳐 늘어선 풍경은 압권이다. 2015년 CNN이 선정한 일본에서 가장 아름다운 곳 31선에도 오른 명소이다.

신사의 해안 절벽 쪽에는 파도가 부딪힐 때 바닷물이 공기와 함께 분출되어 나오는 현상을 볼 수 있는 츠오 류구노 시오후키가 있다. 츠오는 지역 이름이고, 류구는 현무암으로 이루어진 츠오지역 해안가 지형의 총칭이며, 시오후키는 자연 발생한 구멍에서 바닷물이 뿜어져 나오는 현상을 말한다. 츠오 류구노 시오후키는 절벽 아래쪽 세로 1m, 가로 20cm 정도의 구멍에 밀려 온 파도가 압축된 공기에 밀려 올라서 상공으로 분출하는 것으로 최대 30m까지 솟아오른다. 가을에서 겨울 사이에 자주 나타나는 현상이지만 평소에도 파도가 칠 때면 연기가 뿜어져 나오는 것처럼 뿌연 물보라가 생긴다. 1934년에 국가 천연기념물로 지정되었다.

· 주소 山口県長門市油谷津黄
· 가는 법 나가토후루이치역長門古市駅에서 차로 20분
· 맵코드 Mc 327 877 898*85
· 구글맵 츠오 류구노 시오후키 goo.gl/maps/YfyWEeicp2p
· 전화번호 0837-22-8404(나가토시 관광 콘벤션 협회)

와카토 오하시 | 若戸大橋

- 주소 福岡県北九州市戸畑区~若松区
- 가는 법 국도 199호 와카마츠구~토바타구 사이
- 구글맵 goo.gl/maps/XDmBk6DdMHB2
- 맵코드 16 518 821*58

후쿠오카현 키타큐슈시 와카마츠구와 토바타구를 연결하는 교량이다.
1962년에 완성된 627m의 현수교로, 일본 장대 교량의 시작이며 개통 당시
동양에서 가장 긴 현수교였다. 붉은 구조물은 샌프란시스코의 금문교를
연상시키며 와카마츠구와 토바타구, 양 지역의 상징적인 존재이다. 해안
도로에서 바라보는 구 후루카와코교 와카마츠 빌딩旧古河鉱業若松ビル과
어우러지는 모습은 멋진 포토존이 되어준다.

구 후루카와코교 와카마츠 빌딩 | 旧古河鉱業若松ビル

- 주소 福岡県北九州市若松区本町 1-11-18
- 가는 법 와카마츠역若松駅에서 도보 9분
- 전화번호 093-752-3387
- 운영시간 09:00~17:00, 화 휴무
- 맵코드 16 517 804*27
- 요금 입장료 무료

타이쇼 시대인 1919년에 지어진 건축물로 붉은 벽돌과 르네상스 양식을
기초로 한 입체감이 살아있는 건물이다. 석탄 산업의 호황과 무역의 발전으로
1905년 설립된 후루카와 광업 소유의 건물로 1990년 역사적 건축물로
키타큐슈시의 건축 문화상을 수상하였다. 시간이 흘러 건물이 노화되고
1997년부터 입주자가 없어 철거될 뻔했으나, 지역 주민들의 노력으로 건물을
개·보수해 2004년 커뮤니티 홀로 새롭게 태어났으며 국가 유형 문화재로
지정되었다. 일반인들은 예약을 해야만 시설을 이용할 수 있으며, 1층
사무실에서는 각각 흰 경단, 고구마, 치즈가 들어간 3가지 맛의 천연효모
앙빵을 판매하고 있다.

와카마츠 야부소바 | 若松 籔そば 🍜

1870년에 오픈한 와카마츠의 전통 소바집으로 약 150여 년간 변하지 않은 맛으로 현지인들에게 큰 사랑을 받고 있다. 우지 말차를 사용해 직접 만든 녹색의 수타 말차소바와 단맛이 도는 츠유가 특징이다. 인기 메뉴는 텐자루와 히야시 돈카츠 자루. 텐자루는 새우와 지역 채소로 만든 튀김이 올라가는 소바로 아삭한 튀김의 맛을 제대로 느낄 수 있다. 히야시 돈카츠 자루는 차가운 소바 위에 갓 만든 큼직한 돈카츠와 와카마츠산

양배추를 올린 소바로, 차가우면서 매끄러운 소바의 질감과 따뜻한 돈카츠의 묘한 이질감이 매력이다. 제공해주는 하나의 츠유로 소바를 찍어 먹기도 하고 돈카츠 위에 뿌려 먹기도 한다. 어떤 메뉴를 주문해도 음식의 양이 넉넉하다.

- **주소** 福岡県北九州市若松区本町 2-8-8
- **가는 법** 와카마츠역若松駅에서 도보 6분
- **전화번호** 093-761-3969
- **운영시간** 11:00~19:00(준비된 소바가 소진되면 영업 종료), 목 휴무
- **맵코드** ⓜ 16 547 040*18

마루마도 텐푸라텐 | 丸窓てんぷら店 🍜

와카마츠의 오래된 상점가인 타이쇼마치 쇼텐가이 근처에 있는 텐푸라 전문점이다. 텐푸라라고 하지만 생선살을 기름에 튀긴 어묵인 아게 카마보코이다.
100여 년이 넘는 역사의 노포로, 갓 만들어 굉장히 부드러운 맛의 텐푸라를 맛볼 수 있다. 생선살만 들어간 시로텐과 목이버섯이 들어간 키쿠라게텐 등을 판매하고 있다. 따뜻하고 부드러우며 단맛이 도는 텐푸라는 구입하자마자 바로 먹는 것이 맛있다.

- **주소** 福岡県北九州市若松区浜町 2-2-19
- **가는 법** 와카마츠역若松駅에서 도보 10분
- **전화번호** 093-751-0108
- **운영시간** 10:00~17:00(준비된 텐푸라가 소진되면 영업 종료), 일 · 공휴일 휴무
- **맵코드** ⓜ 16 547 253*22

키타큐슈~야마구치 드라이브 여행 ── 北九州·山口市

카와타나노모리 | 川棚の杜

2010년에 오픈한 카와타나온센의
교류센터로 관광 정보를 제공하고 음악
공연 및 전시 공간으로 이용되고 있다. 주변
자연과 어우러지는 동굴이나 산과 같은
독특한 외관이 특징이다. 쿠마 켄고가 설계한
다면체 형식의 독특한 건물 내에는 지역의
향토, 민속, 역사 등을 전시한 민속 자료관과
카페, 그리고 다목적 홀인 코르토 홀이 있다.
코르토 홀은 유명 피아니스트 알프레드
코르토가 1952년 카와타나 온센에 숙박했던
것을 기념하여 명명한 것이다.

* **주소** 山口県下関市豊浦町大字川棚町 5180
* **가는 법** 카와타나온센역川棚温泉駅에서 도보 26분,
  차로 6분
* **전화번호** 0837-74-3855
* **운영시간** 09:00~19:00, 연말연시 휴무
* **요금** 입장료 무료
* **맵코드** [mc] 268 188 120*64
* **홈페이지** www.kawatananomori.com

산슈도 | 三春堂 🥢

1903년에 창업한 전통 화과자집으로 4대에 걸쳐 변하지 않는 맛으로 카와타나 온센에서
손님들을 맞이하고 있다. 산슈도를 대표하는 화과자는 카와타나 만주로, 달걀, 밀가루 등으로
만든 카스텔라 같은 부드러운 만주 피와 홋카이도산 우즈라마메(강낭콩 종류)를 사용한 하얀
소가 만주 안을 가득 채운 무첨가 화과자이다. 커스터드 크림이 맛있는
양과자인 카와라 슈크림도 여성들에게 인기 있다.

* **주소** 山口県下関市豊浦町川棚湯町 5134
* **가는 법** 카와타니온센역川棚温泉駅에서 도보 22분,
  차로 5분
* **구글맵** goo.gl/maps/ZWNGKBoDZp82
* **전화번호** 0837-72-0059
* **운영시간** 07:30~19:30
* **맵코드** [mc] 268 187 177*32

간소 카와라 소바 타카세 | 元祖瓦そば たかせ

1976년에 오픈한 향토 요리 전문점으로, 카와타나온센의 명물 음식인 카와라 소바의
원조집이다. 카와라 소바는 달궈진 기와 위에 말차소바와 소고기, 달걀지단, 김,
모미지오로시(홍고추를 넣고 갈은 무), 레몬, 파가 올려져 나오며, 타카세만의 소바 츠유에
찍어 먹는다. 말차소바는 교토 최고 품질의 고급 우지 말차와 홋카이도 메밀가루를 사용하여
만들며, 소바 츠유는 가다랑어, 다시마를 사용하여 살짝 단맛이 돌면서 감칠맛이 좋다.
부드러운 소바 맛과 함께 기와에 올린 소바는 바삭하게 구워져서 다양한 식감으로 맛볼 수
있다. 소바 츠유에는 모미지오로시와 레몬을 넣어 먹으면 더욱더 풍미 좋게 즐길 수 있다.
부드럽게 구워진 장어의 맛을 느낄 수 있는 장어덮밥인 우나메시도 타카세의 또 다른 명물
음식으로, 와사비를 올린 뒤 다시를 부어서 다시차즈케로 먹을 수도 있다.
지은 지 100여 년 된 고풍스러운 건물 안에서 일본식 정원을 바라보며 야마구치의 멋과 맛을
만끽할 수 있는 곳이다. 본관뿐만 아니라 주위 도보 2분 거리 내에 2개의 분점이 함께 영업하고
있다.

○ 카와라 소바 瓦そば
야마구치현 시모노세키의 향토 음식으로, 1877년 세이난의
난때 쿠마모토성을 포위한 병사들이 긴 전쟁 중에
카와라(기와) 위에 고기와 채소 등을 구워 먹었다는 일화를
참고하여 1961년 카와타나
온센川棚温泉에서 료칸 요리로
개발한 것이다. 이후 주변의
다른 료칸에서도 제공하면서
카와타나 온센의 명물
음식으로 발전하게 되었디.

- 주소 山口県下関市豊浦町大字川棚町 5437
- 가는 법 카와타니온센역川棚温泉駅에서 도보 21분,
  차로 4분
- 전화번호 0837-72-2680
- 운영시간 11:00~20:00, 목·금 휴무(공휴일일 경우
  영업)
- 맵코드 [MMC] 268 187 263*57
- 홈페이지 www.kawarasoba.in

츠노시마 오하시

角島大橋

- 주소 山口県下関市豊北町大字神田〜角島
- 가는 법 아가와역阿川駅에서 차로 10분
- 맵코드 851 347 293*50(츠노시마오하시 절경 포인트)
- 요금 통행료 무료

7년의 공사 기간을 거쳐 2000년 11월 3일 개통한 야마구치현 시모노세키시 오아자칸다와
츠노시마를 연결하는 길이 1,780m의 교량이다. 바다와 섬 주변 자연 경관을 고려한 설계로
2003년 일본 토목학회 디자인상을 수상하였다.
맑은 날 에메랄드빛의 멋진 바다와 바다를 관통하여 길게 뻗은 도로가 완만하게 꺾여서
바다에 떠 있는 섬 사이로 사라지는 모습은 흡사 오키나와에 와 있는 듯한 기분이 든다. 특히
아래 해변가에서 바다, 섬, 그리고 교량을 바라보면 오키나와 코우리 오하시가 연상된다.
츠노시마 오하시에 진입하기 전 뒤쪽 언덕과 교량 입구의 왼쪽 전망대는 사진 촬영 및 관람에
좋은 포인트다. 멋진 광경 덕분에 각종 CF에 소개되면서 시모노세키 북부의 관광 명소로
떠올랐다. 츠노시마 오하시를 통해 아마가세토 위를 시원한 바닷바람을 가르며 달리는 기분은
말로 표현할 수 없을 정도.

- 주소 山口県下関市豊北町角島 2343-2
- 가는법 츠노시마 오하시角島大橋에서 차로 12분
- 전화번호 0837-86-0108
- 운영시간 3~9월 09:00~17:00, 10~2월 09:00~16:30, 연중무휴
- 맵코드 🆔 851 341 846*68
- 요금 등대 내 관람료 어른(중학생 이상) 300엔

'일본 등대의 아버지'라 불리는 영국인 리차드 헨리 브런튼이 설계한 화강암 벽돌을 사용해 만든 등대다. 1876년에 완성되어 일본의 서쪽 해안 최초의 서양식 등대로서 첫 점등을 하였다. 일본 해상보안청으로부터 문화재적 가치가 있는 등대로 지정되었으며 일본의 등대 50선에도 선정되었다. 현재도 등대로서의 기능을 발휘하고 있다. 높이 약 30m, 105개의 나선 계단을 오르면 360도로 주변 해안을 파노라마로 즐길 수 있다. 등대가 있는 츠노시마 토다이코엔 부지 내에 있는 츠노시마 토다이 기념관에서는 일본 등대의 역사를 살펴볼 수 있으며, 전망 갤러리, 산책로, 휴식 광장 등도 있다.

오하마 쇼쿠지도코로

おおはま食事処 🍽

- 주소 山口県下関市豊北町角島 898-1
- 가는법 츠노시마 오하시角島大橋에서 차로 11분
- 전화번호 0837-86-5454
- 운영시간 10:00~15:00, 연중무휴
- 맵코드 🆔 851 342 636*21

해산물 전문 음식점으로, 언제나 손님들이 줄 서서 기다리는 인기 음식점이다. 추천 메뉴는 역시 바다에 접한 츠노시마의 은혜를 입은 카이센동이다. 두툼하게 썬 사시미, 새우, 오징어, 달걀말이 등 그날 입수되는 식재료에 따라 10가지가 넘는 해산물이 풍성하게 나오고, 절임반찬과 미소 된장국이 포함되어 양이 넉넉하다. 그 외에도 성게알과 연어알을 가득 담은 우니 이꾸라동, 큼직한 장어 양념구이가 올라간 우나동, 각종 해산물 텐푸라와 사시미를 맛볼 수 있는 텐푸라 테이쇼쿠 등도 인기 메뉴다.

秋 月

아키즈키

홋카이도

아오모리현

아키타현

이와테현

야마가타현　미야기현

니가타현　후쿠시마현

도야마현　　도치기현

이시카와현　군마현　이바라키현

나가노현　사이타미현

후쿠이현　　야마나시현　도쿄도　치바현

기후현　　　　　가나가와현

교토부　시가현　아이치현　시즈오카현

후쿠오카현

돗토리현

시마네현　오카야마현　효고현

히로시마현　　　　오사카부

야마구치현　　　카가와현　미에현

　　　카가와현　나라현

에히메현　　토쿠시마현

사가현　　고치현　와카야마현

오이타현

나가사키현

쿠마모토현　미야자키현

가고시마현

치쿠젠의 '작은 교토'라고 불리는 아키즈키. 이곳은 1200년대 카마쿠라 시대 때부터 400여 년간 번성하여 한때 5만 석의 쌀이 생산될 정도로 큰 규모의 마을이었다. 현재는 주요 간선도로에서 떨어진 입지로 인해 근대화 및 개발에서 소외되어 결과적으로 옛날 모습이 보존되고 있다. 1998년에 아키즈키 마을 전체가 국가중요 전통건물군 보존지구로 지정되었다.

후쿠오카 사람들에게는 봄의 벚꽃 명소, 가을의 단풍 명소로 유명하여 때가 되면 몰려드는 사람들로 작은 마을이 떠들썩해진다. 작은 도로를 중심으로 민가와 유적지, 오래된 상점, 그리고 작은 하천이 공존하여 마을 전체를 둘러보며 자연 경관, 시골 풍경, 그리고 역사적 풍치를 느낄 수 있다. 봄에는 마을을 관통하는 벚꽃 터널, 여름에는 녹음 가득한 실록의 마을, 가을에는 붉은빛으로 물드는 단풍 명소, 겨울에는 눈 덮인 작은 마을의 정취를 물씬 느낄 수 있는 곳이다.

여행 형태 당일치기 여행

위치 후쿠오카현 아사쿠라시 아키즈키 福岡県朝倉市秋月

가는 법 후쿠오카 JR하카타역JR博多駅 ➡ 가고시마 본선鹿児島本線 ➡ 키야마역基山 ➡ 아마기 철도甘木鉄道 ➡ 아마기역甘木駅 ➡ 아마기 칸코버스甘木観光バス ➡ 아키즈키 향토관 앞秋月郷土間前 하차

아키즈키
秋月

세이류안
清流庵

타나카 텐만구
田中大満宮

아키즈키
秋月

스기노바바
杉の馬場

카지카
かじか

아키즈키 향토관
秋月郷土間

츠키노토게
月の峠

가도안
我道庵

히로큐즈 혼포
廣久葛本舗

아키즈키
노토리
秋月野鳥

메가네바시
目鏡橋

사이넨지
西念寺

히사노테이
久野邸

빗키
びっきい

구 타시로케 주택
旧田代家住宅

아키즈키 성터
秋月城跡

미즈노네 츠치노네
水の音 土の音

· 주소 福岡県朝倉市秋月野鳥
· 가는법 버스정류장 아키즈키 향토관 앞秋月鄉土間前에서 도보 1분, 아키즈키 향토관에
   서 아키즈키 성터 앞까지의 거리
· 구글맵 goo.gl/maps/qmwaH4B6sCS2

아키즈키 성터 앞에 있는 쭉 뻗은 거리는 옛날 무사들이 승마 연습장으로
사용하면서 '바바馬場'라는 이름이 붙여졌으며, 에도 시대에 그 길의 양쪽에
삼나무 스기를 심어서 '스기노바바'라고 불리우게 되었다.
메이지 시대인 1905년 러일전쟁의 승리를 기념하여 마을 사람들이 벚꽃
나무를 심어서 현재는 봄이면 아키즈키 향토관에서부터 아키즈키 성터까지
약 500m 거리에 약 200그루의 벚꽃나무가 벚꽃 터널을 이루어 봄철
아키즈키의 대표적인 관광 명소가 되었다. 매년 4월 첫 번째 일요일에는
아키즈키 하루마츠리 행사가 열린다.

· 주소 福岡県朝倉市秋月
· 가는법 버스정류장 메가네바시目鏡橋에서 바로 옆
· 구글맵 goo.gl/maps/sFtMtCj8p7C2

아키즈키 마을의 입구에 위치한 메가네바시는 홍수로 인한 목교의 파손
및 유실에 대처하기 위해 당시 영주인 쿠로다 나가노부의 명으로 만든
다리로 1810년 완성하였다. 일본 내에서도 드물게 화강암을 사용한 길이
17.9m, 폭 4.6m의 석조 아치 교량이다. 쿠로다 나가노부가 나가사키에서 본
메가네바시와 같은 교량을 만들기 위해 나가사키에서 석공을 초청하였다.
나가사키 석공이 만든 다리로 처음에는 '나가사키바시長崎橋'로 명명되었으나,
이후 메가네바시로 바뀌어 불리게 되었다. 1956년 후쿠오카현 지정 유형
문화재로 선정되었다. 예전에는 차량 통행도 가능한 다리였으나 현재는
금지되었다.

아키즈키 성터

秋月城跡

📷

아키즈키성은 1203년에 코쇼산성을 세운 것이 시작이었다. 이후 1624년에 성을 개보수하고 해자 및 돌담, 망루 등을 구축하여 아키즈키성의 본모습이 나타나게 되었다. 1873년 메이지의 폐성령(메이지 정부가 중앙 집권, 지방 세력 약화, 육군의 병영지 마련 등을 위하여 일본 전국의 성을 폐쇄하도록 명령한 것)에 의해 폐성이 되어 현재 대부분의 부지는 아키즈키 중학교가 되었다. 성문으로 사용하던 쿠로몬, 돌담, 나가야몬 등의 모습이 당시의 정취를 전하고 있다.

스이요 신사의 참배길에 서 있는 쿠로몬은 일본 전국 시대에 아키즈키 코쇼산성의 뒷문이었으나, 에도 시대 쿠로다 가문이 아키즈키성을 만들었을 때 이축하여 정문으로 사용하였다. 가을철 단풍나무의 붉은색과 쿠로몬의 검은색의 조화가 아름답다. 나가야몬은 돌담과 돌계단으로 이루어진 영주의 저택으로 들어가는 문으로 오카타몬이라고도 불리운다. 그 외에도 토사의 유출을 방지하기 위하여 기와를 수직으로 묻어서 만든 언덕인 카와라자카 등이 명소로 남아 있다.

- **주소** 福岡県朝倉市秋月野鳥
- **가는 법** 버스정류장 아키즈키 향토관 앞秋月郷土間前에서 도보 9분
- **구글맵** goo.gl/maps/kP4omkhbUfn

208

구 타시로케 주택

旧田代家住宅

- 주소 福岡県朝倉市秋月 180
- 가는 법 버스정류장 아키즈키 향토관 앞秋月郷土間前에서 도보 9분
- 구글맵 goo.gl/maps/KJGqHxRj8kr
- 운영시간 09:00~16:00, 연말연시 휴무
- 요금 입장료 무료

에도 시대 후기의 모습이 남아 있는 구 타시로케 주택은 아키즈키번의 상급 무사 저택이다. 마을에 남아 있는 무사의 저택 중에서 규모가 크고 안채, 창고, 문, 토담, 정원 등 주거지의 요소가 모두 보존되어 있는 저택이다. 현재 아사쿠라시 지정 유형문화재로 지정되어 있다. 원래 아키즈키번의 성립 시기인 1600년대에 지어졌으나, 1814년 화재로 소실된 이후 에도 시대 후기에 재건되고 2007~2009년에 현재의 모습으로 복원되었다. 저택의 앞길에는 옛날 아키즈키성 바로 위로 떠오르는 달의 아름다운 모습을 감상할 수 있다고 해서 이름이 붙여진 '츠키미자카月見坂'가 위치해 있다.

히사노테이

久野邸

- 주소 福岡県朝倉市秋月 83-2
- 가는 법 버스정류장 아키즈키 향토관 앞秋月郷土間前에서 도보 7분
- 구글맵 goo.gl/maps/WLMz8rfi1aL2
- 전화번호 0946-25-0697
- 운영시간 10:00~17:00, 월, 12월 중순~2월 하순 휴무
- 요금 입장료 300엔(5세 이하 무료)

에도 시대 초기 아키즈키의 영주였던 쿠로다 나가오키를 직접 모신 상급 무사의 저택이다. 초가지붕의 안채, 멋진 기와를 가진 2층 건물, 다다미방에서 바라보는 정원, 산을 배경으로 한 일본식 공간 등 아키즈키의 무사 저택 중에서 가장 큰 부지를 가진 저택이다. 다른 건물로 긴 복도로 연결된 별채, 우물, 목욕탕과 함께 당시의 모습을 그대로 유지하고 있는 창고에는 자료관이 설치되어 있다. 현재 히사노테이는 사론파스, 훼이타스 등으로 유명한 히사미츠제약이 소유하여 수리, 전시 및 보존하고 있다.

사이넨지 西念寺

- **주소** 福岡県朝倉市秋月 209
- **가는 법** 버스정류장 메가네바시目鏡橋에서 도보 4분
- **구글맵** goo.gl/maps/1ke3t9VgFZQ2
- **전화번호** 0946-25-0336

400여 년의 역사를 가진 사찰이다. 아키즈키가를 모시던 가신의
주택이었으나, 불가에 귀의하여 1587년에 저택을 사찰로 만들었다. 현재의
위치로는 1624년에 이축하였다. 토요토미 히데요시가 큐슈 정벌 때 사흘간
머물렀던 곳이라고 전해지고 있다.
돌 계단을 올라서 산문을 지나 진입하는 경내에는 본당, 종루 등이 있다.
본당 건물은 검은색 기와의 이중 지붕 구조이며 경내에 있는 멋진 소나무
모습이 인상적이다. 아키즈키를 대표하는 유학자인 하라 코쇼와 그의 딸이며
여류 한시인인 하라 사이힌의 묘가 경내에 있으며, 정토진종의 창시자인
신란쇼닌의 청동상도 본당 옆에 위치해 있다. 가을철에 사이넨지의 단풍도
아름다워 많은 관광객이 방문하는 곳이다.

타나카텐만구 田中天満宮

- **주소** 福岡県朝倉市秋月 1113
- **가는 법** 버스정류장 메가네바시目鏡橋에서 도보 6분
- **구글맵** goo.gl/maps/NW2cnw9UN452

원래 텐진야마 정상에 있던 사당을 1664년에 쿠로다 나가오키가 현재의
위치로 이전하였다. 1876년 아키즈키 사족의 집합 장소로 '아키즈키의
난秋月の乱' 때 봉기의 무대가 된 곳이다. 경내에 있는 에비스구는 1714년에
지어진 것이며, 아사쿠라시 천연기념물로 지정된 높이 24m, 둘레 3.2m의
400년 이상된 커다란 나한송인 이누마키의 모습도 볼 수 있다.

히로큐쿠즈 혼포 | 廣久葛本舖 ♨

1819년에 창업한 히로큐쿠즈 혼포는 약 200년 역사의 쿠즈(칡) 전문점이다. 초대 창업자인 큐스케가 수년 동안 칡가루인 쿠즈코의 정제법을 연구하여 순백의 흰 쿠즈코를 만들어낸 것이 그 시초다. 치쿠젠 아카즈키 쿠로다 영주에게 바친 쿠즈 상품이 영주의 칭찬을 받고, 그 후 막부에도 진상품으로 명성을 얻으면서 널리 알려지게 되었다. 당시만 해도 쿠즈의 채취 및 쿠즈코 상품의 생산 및 판매는 히로큐쿠즈 혼포만 가능했다고. 아키즈키의 천연 쿠즈를 채취하여 일본의 전통 방식으로 만들어낸 상품들은 이제 아키즈키의 특산품이 되었다. 아키즈키 쿠즈의 명성은 현재도 화과자 장인들이나 일식 요리사들 사이에서는 업계 용어로 쿠즈를 '큐스케久助'라고 부를 정도다. 250년이 넘는 역사를 가진 점포 내에서는 쿠즈유, 쿠즈키리, 쿠즈모찌, 쿠즈 소멘 등의 상품 판매뿐만 아니라, 따뜻한 차와 함께 실내에서 쿠즈키리와 쿠즈모찌를 맛볼 수 있다.

○ **쿠즈(葛; 칡) 상품 - 칡가루(갈근분) 100% 사용**

- 쿠즈유本葛湯 : 따뜻한 물에 칡가루를 타먹는 쿠즈유는 생강, 녹차, 팥, 흰 설탕, 흑설탕의 5가지 맛이 있다. 추운 겨울에는 몸을 따뜻하게 해주어 감기 및 원기 회복에 좋다.

- 쿠즈키리本葛きり : 칡가루를 물에 녹인 뒤 가열을 하고 천천히 냉각시키면서 굳힌 것이다. 한천과 같은 매끄러운 질감과 독특한 식감을 느낄 수 있다. 여름에 차가운 얼음물에 담아서 흑설탕 조청에 찍어서 먹는다.

- 쿠즈모찌本葛もち : 칡가루로 만든 모찌의 찰진 식감이 특징이다. 보통 콩가루나 벌꿀, 흑설탕 조청에 찍어서 먹는다.

- 쿠즈소멘葛そうめん : 칡가루와 밀가루를 사용하여 만든 소멘이다. 쫄깃한 식감과 부드러운 목넘김이 좋으며, 겨울에 뉴멘ニュー麺으로 많이 먹는다.

- **주소** 福岡県朝倉市秋月 532
- **가는 법** 버스정류장 메가네바시目鏡橋에서 도보 3분
- **전화번호** 0946-25-0215
- **운영시간** 08:00~17:00, 연중무휴
- **홈페이지** www.kyusuke.co.jp

아키즈키 —— 秋月

| 츠키노토게 | 月の峠 | 🍜 | 빗키 | びっきぃ | 🍜 |

근처 메가네바시 주변이나 아키즈키 산책길에 츠키노토게의 노란 봉투를 들고 있는 사람들을 흔히 볼 수 있을 정도로 인기 있는 빵집이다. 언제나 빵을 구입하려는 사람들이 긴 행렬을 이루고 있으며 작은 빵집 안은 구입 및 계산을 위한 사람들로 붐빈다.

아키즈키의 브랜드 닭인 코쇼케이와 닭 육수를 넣고 2일간 끓인 카레와 하룻밤 발효시킨 천연 효모를 첨가한 반죽으로 만든 카레빵은 하루에 1,000개 이상 팔린다는 명물 빵이다. 겉은 바삭하고 안은 쫄깃하며 카레의 매운맛, 양파의 단맛, 닭고기의 감칠맛이 함께 느껴지는 츠키노토게의 부동의 No.1 인기 빵이다. 첨가제를 넣지 않은 수제 커스터드로 속을 채운 크림빵, 럼주의 풍미가 풍부한 건포도가 듬뿍 들어간 부도빵 등도 인기 있다.

- **주소** 福岡県朝倉市秋月 380
- **가는 법** 버스정류장 메가네바시目鏡橋에서 도보 1분
- **전화번호** 0946-25-1115
- **운영시간** 평일 12:00~17:30, 주말·공휴일 11:00~17:00, 부정기 휴무
- **홈페이지** tsukino-toge.com

약 30여 년 전에 햄버거 가게로 시작한 뒤 1989년에 새롭게 로그 하우스풍 카페&레스토랑으로 오픈하였다. 하지만, 사람들이 많이 찾는 인기 메뉴는 여전히 햄버거다. 햄버거 메뉴 중 아키즈키의 브랜드 닭인 코쇼케이를 사용한 테리야키 치킨버거, 사쿠라 향의 수제 스모크 치킨을 사용한 록카즈 버거 등이 인기 있다. 두툼하고 부드러우면서 한입 베어 물면 육즙이 흐르는 닭고기의 맛이 매력이다. 치킨, 패티, 베이컨을 모두 수제로 만들고 양파, 감자 등은 뒷밭에서 직접 재배한 신선한 채소를 사용한다. 테라스석에서 전원 풍경을 바라보며 음식을 먹을 수 있다.

- **주소** 福岡県朝倉市秋月 59
- **가는 법** 버스정류장 아키즈키 향토관 앞秋月郷土間前에 서 도보 7분
- **전화번호** 0946-25-1060
- **운영시간** 10:00~18:00, 부정기 휴무

| 미즈노네 츠치노네 | 水の音 土の音 🥄 | 카지카 | かじか | 🥄 |

1920년대에 지어진 옛 민가를 개조하여
2008년에 오픈한 카페 겸 도예 갤러리로,
주말과 공휴일에만 영업한다. 문을 열고
들어가면 현관에서부터 갤러리 공간이
펼쳐지는데, 다다미방으로 사용되었던
공간의 천장을 제거하고 큰 대들보가 있는
갤러리 공간으로 만들었다. 공방에서 직접
만든 도예품과 지역 작가들을 중심으로 한
다양한 작가들의 작품들이 전시 및 판매되고
있다. 안쪽 카페 공간에서는 조명을 조금
줄인 차분한 분위기에서 즐길 수 있는
커피와 홈메이드 케이크 세트가 인기 있다.
커피와 케이크가 담겨 나오는 컵과 그릇
모두 직접 만든 수제 도예품이다. 사전
예약제로 공방에서 도예 체험도 가능하다.

• 주소 福岡県朝倉市上秋月 1642
• 가는 법 버스정류장 아키즈키 향토관 앞秋月郷土間前에
  서 도보 10분
• 전화번호 0946-25-0366
• 운영시간 10:00~18:00, 주말·공휴일만 영업
• 홈페이지 www.ne.jp/asahi/akizuki/mizunone

스기노바바 입구의 다리를 건너면 바로
보이는 찻집이다. 교토풍의 큰 차양 우산과
의자가 준비되어 있어 앉아서 차와 함께
야키모찌를 먹을 수 있는 곳이다. 칠판에
가득 올려 굽고 있는 야키모찌의 모습은
지나가는 사람들이라면 누구나 한 번쯤
먹고 싶게 만들며, 일반적인 흰색 모찌와
쑥맛이 나는 녹색의 요모기모찌 두 가지가
있어 취향에 따라 골라 먹을 수 있다. 호호
입바람을 불어가며 먹는 모찌는 바삭바삭한
겉과 말랑말랑한 속살 안에 들어 있는 단팥
맛이 환상의 조화를 이룬다. 아키즈키의
명물인 쿠즈로 만든 쿠즈만쥬, 쿠즈키리 등도
맛볼 수 있으며, 향토 기념품도 상점 내에서
판매한다.

• 주소 福岡県朝倉市秋月野鳥 705-1
• 가는 법 버스정류장 아키즈키 향토관 앞秋月郷土間前에
  서 도보 1분
• 전화번호 0946-25-0182
• 운영시간 09:00~16:00, 부정기 휴무

아키즈키
──
秋月

세이류안 | 清流庵

- **주소** 福岡県朝倉市秋月 1058
- **가는 법** 버스정류장 아키즈키 향토관 앞秋月郷土間前에서 도보 8분
- **전화번호** 0946-25-0023
- **요금** 아지사이룸 24,840엔~, 모미지룸 29,160엔~
- **홈페이지** www.seiryuan.com

아키즈키의 온천요리 료칸인 세이류안은 약 2,400평의 부지 내에서 아름다운 일본 정원의 모습을 즐기며 편안한 한때를 보낼 수 있다. 객실은 단 6개뿐. 모든 객실은 개인 온천탕이 있는 일본풍 룸이다. 주위를 신경 쓰지 않고 차분하고 여유롭게 즐길 수 있다. 료칸 내 온천은 PH 9.6의 미인 온천으로 인기 있다. 숙박객이 아니더라도 당일치기 온천이 가능하며, 료칸 내에 있는 일식 창작요리 레스토랑인 '아키즈키 코마치秋月小町'도 이용할 수 있다. 료칸 내 전 구역이 모두 무료 와이파이를 이용할 수 있다.

가도안 | 我道庵

- **주소** 福岡県朝倉市秋月 553
- **가는 법** 버스정류장 메가네바시目鏡橋에서 도보 3분
- **전화번호** 0120-011-887
- **요금** 1팀 (1박 2일) 30,000엔(최대 6명까지 숙박 가능)
- **홈페이지** gadouan.main.jp

1일 1팀 한정으로 숙박할 수 있는 임대 별장으로, 지어진 지 100년 이상 된 오래된 민가를 개축하여 운영하고 있다. 포근한 다다미방, 오너가 일본 전국에서 직접 선택하고 구입한 앤틱 가구와 소품들, 바비큐를 즐길 수 있는 정원, 밤하늘의 별이 보이는 노천탕 등 아키즈키에서 조용하고 느긋한 하루를 즐길 수 있는 곳이다. 임대 숙소이기 때문에 식사 제공은 없으며, 대신에 주방에서 조리를 할 수 있다. 자전거를 빌려서 아키즈키 산책을 즐길 수 있으며, 애완견과의 숙박도 가능하다.

아키즈키 근교

うきは

우키하

치쿠고요시이마치와 우키하마치의 두 마을이 합병되어 탄생한 우키하시. 도시 전체가 박물관 같다는 이야기를 들을 정도다. 흰색 벽이 이어진 거리인 '시라카베노 마치나미白壁の 町並み', 일본식 가옥과 신사 등이 곳곳에 위치한 조용한 마을이다. 치쿠고가와온센, 일본의 계단식 논 100선에 선정된 아름다운 '츠즈라 타나다つづら棚田', 명수 100선에 선정된 '키요미즈 유스이清水湧水'와 자연 속에 위치한 카페 등으로 주말을 이용해 휴식을 찾아 방문하는 관광객이 많은 곳이다.

여행 형태   당일치기 여행

위치   후쿠오카현 우키하시 福岡県うきは市

가는 법   후쿠오카 하카타역博多駅 ➡ JR가고시마본선JR鹿児島本線 ➡ 쿠루메역久留米駅 ➡ JR큐다이본선JR久大本線 ➡ 치쿠고오이시역筑後大石駅 또는 우키하역うきは駅 하차

시라카베노 마치나미

白壁の町並み

- **주소** 福岡県うきは市吉井町
- **가는법** 치쿠고요시이역筑後吉井駅에서 도보 7분
- **구글맵** goo.gl/maps/5LeztJgjzp42

우키하시의 중심 지역인 치쿠고요시이는 에도 시대부터 쿠루메와 히타를 연결하는 역마을 및 곡물의 집산지로서 번성하였던 지역이다. 1869년의 대화재를 계기로 초가지붕을 화재에 견딜 수 있는 기와지붕으로 변경하고 벽을 두껍게 만든 뒤 회반죽을 한 건물들이 늘어나게 되었는데, 그때 형성된 거리가 바로 시라카베노 마치나미이다. 현재까지도 예전의 모습을 간직한 250여 개의 전통적인 건물이 남아 있다. 1996년에는 이 지역이 후쿠오카현에서는 최초로 국가 중요 전통건물군 보존지구로 선정되었다. 상가와 창고가 이어진 거리와 자연에 둘러싸인 저택, 사원 건축물, 신사, 그리고 하천 및 수로 등이 일체가 되어 하나의 역사적 경관을 형성하고 있다. 남북으로 약 300m에 달하는 흰색 벽의 거리를 산책하며 상점 구경 및 고즈넉하면서 개성적인 카페들도 만날 수 있다.

스사노오 신사

素盞嗚神社

- **주소** 福岡県うきは市吉井町 1083
- **가는법** 치쿠고요시이역筑後吉井駅에서 도보 13분
- **전화번호** 0943-77-5611

마을의 액막이로서 요시이마치의 상징적인 신사다. '기온사마祇園さま'라고 불리며 지역 주민들에게 사랑받고 있다. 창건 시기는 확실하지 않으나 1748년의 화재로 소실된 이후 1763년에 현재의 위치로 옮겨졌다. 원래는 '토코지東光寺'라는 이름의 불교 사원이었으나 메이지 초기에 황폐해졌다가 스사노오 신사로 개칭하여 현재까지 이어지고 있다. 신사 앞에 흐르는 강의 돌다리를 건너 토리이와 누문을 지나 경내에 들어갈 수 있으며, 경내에는 대형 에비스상과 돌사자들이 있다. 매년 7/21~22의 요시이기온 행사 때 높이 약 10m의 야마카사가 세워진다.

타네노 토나리 | たねの隣り ♨

밭에 둘러싸인 목가적인 분위기의 산기슭에 있는 우키하의 인기 카페. 주변에 있는 갤러리
부도노타네, 화과자점인 와가시 부도야 등과 함께 부도노타네가 운영하는 카페다. 카페 옆에는
조미료와 잡화를 판매하는 토나리노 바이텐이 위치해 있다. 카페 앞의 돌계단을 올라 문을
열면, 천장이 높고 큰 유리창으로 탁 트인 시원한 내부 공간이 나온다. 좌석은 실내석과 야외
테라스석 중에서 선택할 수 있으며, 추운 날에는 야외 테라스석에 코타츠와 난로가 설치되어
따뜻하게 카페 분위기를 즐길 수 있다.

인기 메뉴인 토나리노 고항은 지역에서 생산되는 제철 채소를 중심으로 한 일본 정식 메뉴다.
고대미를 중심으로 13가지 쌀과 곡물을 혼합한 밥이 나오며, 10~12종류의 반찬이 매달
바뀌어서 손님에게 제공된다. 또 다른 인기 메뉴인 플레이트 런치는 피타빵 샌드, 제철 채소
샐러드, 오믈렛, 콩튀김, 계절 수프 등이 원플레이트로 나오며, 추가적으로 약선 카레와 하야시
라이스 중에서 한 가지를 선택할 수 있다. 모든 점심 메뉴는 후식으로 커피와 미니 디저트가
함께 나온다. 디저트 메뉴로는 인근 화과자점인 와가시 부도야의 추천 화과자 3가지로 구성된
부도야노 와가시 산슈를 추천한다. 또 각 계절마다 한정 파르페 메뉴를 선보이는데, 봄에는
딸기 파르페, 여름에는 복숭아 파르페, 가을에는 무화과 파르페, 겨울에는 유자 파르페를 맛볼
수 있다.

- 주소 福岡県うきは市浮羽町流川 333-1
- 가는 법 우키하역うきは駅에서 도보 19분
- 전화번호 0943-77-6360
- 운영시간 11:00~14:30(L.O), 목, 연말연시, 오봉(일본의 추석) 휴무
- 홈페이지 www.budounotane.com/cafe/cafe.html

아키즈키
—
秋月

마보야	まぁぼや	🍜

영업시간이 4시간밖에 되지 않지만 언제나 손님들로 만원인 인기 사천요리 전문점이다. 오너 셰프는 일본 마호도후(마파두부)와 탄탄멘의 원조집인 도쿄 아카사카 시센한텐에서 일을 하다가 고향인 우키하시 요시이에서 개업하여 사천요리를 고향 사람들에게 선보이고 있다. 음식점의 이름대로 마호도후가 대표 메뉴다. 말랑말랑한 두부, 매운맛이 부드럽게 느껴지는 소스, 두반장의 향기, 그리고 입을 얼얼하게 만드는 산초의 맛이 정통 마호도후의 진면목을 보여준다. 직접 만든 고마다레(참깨소스)의 풍부한 맛과 향이 물씬 느껴지는 탄탄멘은 다진 고기와 청경채의 푸른색으로 색감까지 신경 쓴 메뉴다. 마호도후와 탄탄멘은 세트로 함께 맛볼 수 있으며 매운맛은 3단계로 조절하여 선택할 수 있다.

- 주소 福岡県うきは市吉井町 1349-1
- 가는 법 치쿠고요시이역筑後吉井駅에서 도보 6분
- 전화번호 0943-75-2196
- 운영시간 11:00~15:00, 화 휴무

히타야 후쿠토미 | ひた屋福富 🍜

1889년 오이타현 히타시에서 창업한 이후 1947년 우키하시로 이전하여 카스텔라 가게 '히타야田屋'를 열었다. 그 뒤 히타야 후쿠토미로 개명하여 현재까지 우키하 주민들에게 사랑받고 있다.

대표 메뉴인 쿠즈 요깡(칡 양갱)은 우키하 요시이의 맑은 지하수, 엄선된 한천, 아키즈키의 칡, 그리고 홋카이도 토카치의 팥을 사용하여 두 개의 층으로 이루어진 독특한 요깡이다. 탱글거리는 식감과 부드러운 단맛이 기분 좋으며, 차갑게 해서 먹으면 더욱더 맛있다.

우키하의 흰색 벽 시라카베를 이미지화 하여 만든 과자인 시라카베 샤브레, 홋카이도 토카치의 팥을 사용한 치쿠고 사오토메, 카스텔라 등도 인기 상품이다. 가게 안에는 쿠즈 요캉과 판매하는 화과자를 말차, 커피 등과 함께 즐길 수 있는 카페 공간이 마련되어 있다.

- **주소** 福岡県うきは市吉井町 1127-3
- **가는 법** 치쿠고요시이역筑後吉井駅에서 도보 11분
- **전화번호** 0943-75-2465
- **운영시간** 09:00~18:30, 수, 둘째 화 휴무
- **홈페이지** www.hitaya-fukutomi.com

아키즈키 —— 秋月

치쿠고가와온센 | 筑後川温泉 🏠

- 주소 福岡県うきは市浮羽町古川
- 가는 법
  ❶ 후쿠오카 하카타 버스터미널博多バスターミナル ➡ 히타日田행 버스 ➡ 버스정류장
  하키杷木 하차 ➡ 버스정류장 하키杷木에서 도보 9분
  ❷ 치쿠고오이시역筑後大石駅에서 도보 23분, 택시 6분
- 구글맵 goo.gl/maps/vH6ZKQSFrBr

1953년의 치쿠고가와 대홍수 2년 뒤인
1955년에 지역 사람들이 원천을 발굴하여
영업을 시작한 것이 치쿠고가와온센의
유래이다. 알칼리 온천으로 류머티즘, 신경통,
통풍 등에 효능이 있는 것으로 널리 알려져
있다. 강변에 자리 잡은 조용한 환경은
1968년에 국민 보양 온천지로 선정되는 데
한몫하였다. 현재 치쿠고가와 강변을 따라
6개의 료칸과 호텔이 영업을 하고 있다.
치쿠고가와는 봄에는 강변에 피는 유채꽃, 여름에는 우카이라는 새를 이용해 은어 등의
물고기를 잡는 것이 유명한 지역이기도 하다.

후쿠센카 | ふくせんか 🏠

- 주소 福岡県うきは市浮羽町古川 1099-8
- 가는 법 버스정류장 하키杷木에서 도보 11분, 치쿠고오이시역筑後大石駅에서 도보
  25분, 택시 7분
- 전화번호 0943-77-3131
- 홈페이지 www.fukusenka.com

치쿠고가와가 내려다보이는 멋진 노천탕과
함께 조용한 환경에서 편안한 시간을 보낼 수
있는 인기 있는 온천 료칸이다. 노송나무 향이
매력적인 히노키, 미끄럼틀이 있는 스베리다이,
부드러운 돌의 감촉이 좋은 이시, 바위와
나무가 멋진 경치를 만들어내는 이와 등 각각의
특색 있는 노천탕이 인기 있다. 개성 넘치는
노천탕은 숙박하는 사람이 아니더라도 한 시간
단위로 이용 가능하다. 객실은 다다미방으로
구성된 와시츠뿐만 아니라 침대가 있는 요시츠도 준비되어 있다. 손님의 편의를 위해
애완동물과 함께 숙박, 식사, 온천을 할 수 있는 시설을 제공하는 것이 특징이다.

아키즈키 근교

久留米 쿠루메

후쿠오카현에서 후쿠오카, 키타큐슈에 이어 제3의 도시인 쿠루메시는 제조업이 발달한 도시다. 일본에서 타이어로 유명한 브릿지 스톤의 창업지이며, 자동차 회사인 다이하츠 공업의 자회사인 다이하츠 큐슈의 공장 등이 들어서 있는 북큐슈 제조업의 중심지이다. 후쿠오카 시내에서 약 35km 거리에 있어서 후쿠오카시의 베드 타운 기능이 강해지고 있는 도시다.

쿠루메는 일찍이 근대 의학을 도입하여 의학이 발달한 도시다. 인구당 의사 수가 일본 최고 수준이며 쿠루메 대학교 의학부를 비롯한 최첨단 의료 시설이 집적된 의료 도시이기도 하다.

쿠루메는 야키토리(닭꼬치)가 일본 전국적으로 유명한 도시다. 야키토리집이 인구 1만 명당 약 8개로 일본 내에서 가장 많다. 또한, 돈코츠 라멘(돼지뼈 육수 라멘)의 발상지로 진한 맛의 원조 돈코츠 라멘을 맛볼 수 있는 곳이다.

여행 형태 당일치기 여행

위치 후쿠오카현 쿠루메시 福岡県久留米市

가는 법 후쿠오카 하카타역博多駅 ➡ JR가고시마본선JR鹿児島本線 ➡ 쿠루메역久留米駅 | 니시테츠 후쿠오카(텐진역) 福岡(天神)駅 ➡ 니시테츠 전철 ➡ 니시테츠 쿠루메역西鉄久留米駅

이시바시 문화센터

石橋文化センター

○ 쿠루메시 미술관 久留米市美術館

2016년 이시바시 미술관의 전통을 계승하여 새롭게
개관한 쿠루메시 미술관久留米市美術館. '시간, 사람,
미美를 잇는다'라는 주제로 다양한 전시와 이벤트를
개최하고 있다. 소장품은 주로 일본 근대 양화, 일본
서화日本書画, 도자기류 등이며, 쿠루메 및 큐슈
출신의 근대 일본 양화를 대표하는 화가인 아오키
시게루青木繁, 사카모토 한지로坂本繁二郎, 후지시마
타케지藤島武二 등의 작품을 전시하고 있다.

○ 이시바시 문화 홀 石橋文化ホール

콘서트 홀로 설계된 이시바시 문화홀石橋文化ホール은
콘서트 외에도 연주회, 강연회 등 다양한 행사가
열린다. 실내에는 춤, 연극, 피아노 등의 연습실로
사용할 수 있는 리허설 룸도 구비하고 있다. 이시바시
문화 회관石橋文化会館은 소규모 발표회와 강연회 등에
이용되며, 시민 갤러리인 뮤즈みゅ〜ず에서는 회화,
디자인, 공예 등 다양한 개인전 및 단체전이 열리고
있다.

· 주소 福岡県久留米市野中町1015
· 가는 법 니시테츠쿠루메역西鉄久留米駅에서 도보 11분
· 전화번호 0942-33-2271
· 운영시간 09:00~17:00(5/1~9/30은 19:00), 월, 연말
  연시 휴무
· 요금 입장료 무료
· 홈페이지 www.ishibashi-bunka.jp

주식회사 브릿지 스톤의 창업자인 이시바시 쇼지로가 회사 창립 25주년 기념 사업의 일환으로 1956년 4월 고향인 쿠루메시에 기증한 복합문화 시설이다. 문화센터 내에는 쿠루메시 미술관, 쿠루메시 시립 중앙도서관, 이시바시 문화 홀 등이 있으며 꽃과 녹음이 넘치는 넓은 공원은 시민들의 휴식 장소로 이용되고 있다.

○ 일본 정원 日本庭園
이시바시 쇼지로의 구상으로 설계된 가운데 못 주변으로 산책할 수 있는 일본 정원日本庭園은 매화, 벚꽃, 단풍, 동백 등 사계절 다양한 꽃의 모습을 보여주어 아름답다. 다양한 장미의 향기, 빛깔, 모양을 즐길 수 있는 장미원バラ園은 사람들의 많은 사랑을 받고 있는 곳으로, 장미는 이시바시 문화 센터의 상징적인 꽃이 되었다. 그 외에도 휴식의 숲憩の森, 동백원つばき園 등도 있다.

○ 쿠루메시 시립 중앙도서관
  久留米市立中央図書館
1978년 체육관 터에 건설된 쿠루메시 시립 중앙도서관은 쿠루메시에 있는 10개의 도서관 중에서 가장 큰 도서관이다. 기타 시설로 일본 정원을 바라보며 케이크, 차와 함께 여유로운 한때를 보낼 수 있는 카페&갤러리 숍 '라쿠스이테이楽水亭' 등도 있다.

오키 쇼쿠도 | 沖食堂　🍜

1955년에 오픈한 오키 쇼쿠도는 "쿠루메 삼대식당久留米三大食堂" 중 하나로 불리는 쿠루메를 대표하는 음식점이자 쿠루메 라멘 전문점이다. 부드러운 돼지뼈 스프에 중간 굵기의 스트레이트 면, 그리고 차슈, 삶은 달걀, 파, 김이 토핑으로 올라가는 라멘은 오랫동안 많은 사람들의 사랑을 받아오고 있다. 매일 5시간 끓여서 만드는 스프는 오전에는 투박하면서 진한 맛이라면, 오후에는 부드러운 맛이 되어서 단골들 중에는 오전파, 오후파로 나뉘어서 방문할 정도이다. 가장 인기 메뉴는 라멘과 야키메시(볶음밥) 세트. 라멘은 테이블에 있는 베니쇼가(붉은 빛깔의 절인 생강)나 추가 요금으로 주문할 수 있는 매운 맛의 타카나(갓무침)과 함께 먹는 것을 추천한다. 라멘과 함께 완두콩을 넣은 오니기리를 주문해서 먹는 사람도 많다. 라멘과 야키메시 이외에도 시나우동, 규동 등도 인기있다. 2021년 9월, 예전 주차장 부지에 새롭게 신점포를 이전 오픈하였으며, 2022년 4월에는 간토지역에도 진출하여 치바현 키사라즈시(木更津市)에 "산다이메 오키 쇼쿠도三代目沖食堂"를 오픈하였다.

○ **쿠루메 삼대식당久留米三大食堂**
쿠루메의 오래된 음식점 3곳을 지칭하는 말로서, 쇼와 시대 분위기를 느낄 수 있으며 쿠루메 사람들에게 오래전부터 사랑받고 있는 음식점이다. 돈부리가 유명한 마츠오 쇼쿠도松尾食堂(1931년 오픈, 2021년 10월 폐업), 라멘과 볶음밥이 유명한 오키 쇼쿠도沖食堂(1955년 오픈), 히로세 쇼쿠도ひろせ食堂(1958년 오픈)를 말한다.

* **구글맵** 마츠오 쇼쿠도 (2021년 10월 폐업)
* **구글맵** 오키 쇼쿠도 goo.gl/maps/SeJxrci1V4o
* **구글맵** 히로세 쇼쿠도 goo.gl/maps/8KtXYBaGF6v

* **주소** 福岡県久留米市篠山町242-1
* **가는 법** 쿠루메역久留米駅에서 도보 8분
* **전화번호** 0942-32-7508
* **운영시간** 10:00~16:00, 일 휴무

호타루가와 | ほたる川 🍽

1998년에 오픈한 쿠루메의 인기 야키토리(닭꼬치)집이다. 이름은 야키토리집이 위치한
지역인 쿠루메시 호타루가와마치에서 따온 것이다.

인구 1만 명당 야키토리집이 가장 많은 지역으로 알려진 쿠루메는 큐슈뿐만 아니라 일본
내에서도 야키토리가 유명한 지역이다. 야키토리집이라고 하지만 쿠루메의 야키토리집들은
닭에 국한되지 않고 소, 돼지, 해산물, 채소 등 다양한 종류의 꼬치 메뉴를 선보이는 것이
특징이다. 호타루가와의 사장인 하라다 켄이치로상은 쿠루메 야키토리를 일본 전국에 알리기
위한 쿠루메 야키토리 문화진흥회의 부회장을 맡고 있다.

쿠루메 야키토리집의 대표 메뉴이며 명물 메뉴인 돼지 내장 다루무, 큐슈 사람들이
야키토리집에서 꼭 주문하는 돼지 삼겹살인 바라, 신선한 소 대창인 마루쵸, 소 대창에 우엉을
꽂아넣은 마루쵸고보 등이 인기 있으며, 그 외에도 60여 가지의 꼬치 메뉴와 50여 가지의
일품요리 메뉴가 준비되어 있다.

- **주소** 福岡県久留米市螢川町 1-8
- **가는 법** 니시테츠쿠루메역西鉄久留米駅에서 도보 10분
- **전화번호** 0942-32-7400
- **운영시간** 17:30~24:30, 일 휴무

아키즈키 —— 秋月

스시 요시다　　鮨 よし田

2005년 오픈한 스시 요시다는 간판도 없고 저녁 영업만 하지만, 2014년 후쿠오카 사가 미슐랭 특별판에서 별 1개를 받은 쿠루메의 인기 스시집이다. 깔끔한 카운터석에서 제철 해산물과 함께 지자케(토산주)를 차분하게 즐길 수 있다. 메뉴는 오마카세 코스 하나뿐이다. 오마카세 코스는 그날의 엄선된 재료를 사용하여 약 20여 가지로 구성된 일품요리와 스시를 차례대로 맛볼 수 있다. 사가의 계단식 논에서 재배한 코시히카리를 적초로 맛을 낸 샤리(스시의 밥)와 네타(샤리 위에 올리는 재료)의 조화가 스시의 만족도를 높여준다. 육질과 감칠맛 좋은 참치, 에도마에 스시의 대표 네타 중 하나인 전어, 부드러운 식감의 어린 도미인 카스고春子, 부드럽게 졸인 큐슈산 문어, 카라츠 성게알 등 다양한 재료를 부드러운 미소가 매력적인 셰프의 숙련된 솜씨로 만끽할 수 있다.

- 주소 福岡県久留米市六ツ門町 20-10
- 가는 법 니시테츠쿠루메역西鉄久留米駅에서 도보 8분
- 전화번호 0942-39-3367
- 운영시간 18:00~, 19:30~(완전예약제), 월 휴무

아카가키야　　赤垣屋

야키토리의 성지인 쿠루메에서 현지 주민들에게 사랑받고 있는 인기 야키토리집이다. 특히 돼지 내장인 다루무의 원조집으로 알려져 있다. 다른 지역과 달리 쿠루메에서는 다루무, 헤루츠 등 재료를 부르는 이름이 독특하다. 돼지 심장을 뜻하는 헤루츠, 돼지 내장을 뜻하는 다루무 등이 있는데, 이것은 병원이 많고 의대생이 많은 쿠루메의 특성상 옛날부터 의학 용어가 정착하여 그대로 사용되고 있다. 재료 손질을 잘해서 잡냄새 없이 바싹 구워져 나오는 다루무는 최고 인기 메뉴로 취향에 따라 고춧가루를 뿌려서 먹으면 더욱더 맛있다. 육질 좋은 돼지 삼겹살 바라, 아삭아삭한 식감의 닭똥집 스나즈리, 츠쿠네, 피망 등이 인기 있으며, 오징어 다리인 게소, 시샤모 등의 해산물 꼬치도 추천 메뉴다. 마무리는 오챠즈케로 깔끔하게 정리할 수 있다.

- 주소 福岡県久留米市通町 3-18
- 가는 법 쿠루메역西鉄久留米駅에서 도보 14분
- 전화번호 0942-39-2592
- 운영시간 18:00~24:00, 일 휴무

커피 카운티 쿠루메점
Coffee County

후쿠오카 타운스퀘어 커피 로스터즈 출신인 일본 톱 레벨의 로스팅 전문가 모리 타카아키상이 운영하는 커피 전문점이다. 커피 공부를 위해 중남미의 커피 농장에서 일을 한 경험을 바탕으로 2013년 11월 오픈했다. 매년 중남미 커피 생산 농장을 직접 방문하여 엄선된 원두를 제공하고 있다. 약배전 원두를 중심으로 와인과 같은 과일 느낌의 은은한 단맛과 구수함의 커피를 선보이고 있다. 2019년 3월 이전 오픈한 점포는 흙벽과 목재를 살린 멋진 공간을 연출하고 있으며, 2대의 빈티지 로스팅기로 매일 신선한 원두를 제공하고 있다. 이전과 함께 마츠노부 델리와의 콜라보레이션을 통해 1층과 2층 공간에서 점심 메뉴 및 디저트와 함께 커피를 즐길 수 있다. 2016년 9월에는 후쿠오카의 타카사고에 2호점을 오픈하였으며, 2019년 8월에는 후쿠오카 니시나카스에 인기 빵집인 "빵 스톡"과 콜라보레이션한 빵집 겸 카페를 오픈하였다.

- **주소** 福岡県久留米市通町 102-8 1F
- **가는 법** 니시테츠쿠루메역西鉄久留米駅에서 도보 10분
- **전화번호** 0942-27-9499
- **운영시간** 11:00~19:00, 화 휴무
- **홈페이지** coffeecounty.cc/

아다치 커피 | あだち珈琲

후쿠오카현을 대표하는 스페셜티 커피 전문점으로, 후쿠오카현 내에 총 3개의 점포가 있다. 1999년 오카와시川를 시작으로 2010년에 쿠루메, 2014년에는 후쿠오카시 케고에 오픈하였다. 오너인 아다치상은 연 3회 정도 중남미, 아프리카, 아시아의 커피 농장을 방문해 직접 공정 무역으로 커피 원두를 매입하고 있다. 또한, COE(Cup of Excellence)의 국제 심사 위원으로도 활동 중이다. 아다치 커피는 엄선된 원두를 최첨단 스마트 롤링 로스터로 커피가 가진 섬세한 맛을 최대한 이끌어내 손님들의 호평을 받고 있다. 싱글 오리진뿐만 아니라 아다치 블렌딩, 아르티상 블렌딩 등 다양한 맛을 아메리카노, 에스프레소, 프렌치 프레소, COE 프렌치 프레소, 카페 라테 등으로 즐길 수 있다.

- **주소** 福岡県久留米市篠山町 6-397-7
- **가는 법** 니시테츠쿠루메역西鉄久留米駅에서 도보 12분
- **구글맵** goo.gl/maps/VaL8mwPcbnt
- **전화번호** 0942-27-8205
- **운영시간** 10:00~19:00, 부정기 휴무
- **홈페이지** www.adachicoffee.com

227

아키즈키

秋月

카라츠
唐津

홋카이도

아오모리현
아키타현
이와테현
야마가타현
미야기현
니가타현
후쿠시마현
이시카와현
도야마현
군마현
도치기현
나가노현
사이타마현
이바라키현
후쿠이현
기후현
야마나시현
도쿄도
치바현
돗토리현
시가현
아이치현
가나가와현
시마네현
교토부
시즈오카현
오카야마현
효고현
미에현
히로시마현
오사카부
나라현
야마구치현
카가와현
에히메현
고치현
토쿠시마현
와카야마현
후쿠오카현
오이타현
사가현
나가사키현
미야자키현
쿠마모토현
가고시마현

큐슈 북서부에 위치한 도시이며 예부터 일본과 대륙과의 교역에 의한 대륙의 관문으로 발전하였다. 에도 시대에는 카라츠성의 성하 마을로서, 메이지 시대 이후에는 석탄 선적 항구로서 번성했던 도시이다.

끝없이 펼쳐진 니지노 마츠바라의 소나무 숲과 카라츠만의 푸른 바다가 멋진 자연 경관을 이루고 있으며, 매일 아침에 열리는 시장인 요부코 아사이치는 새로운 볼거리와 먹거리를 제공하는 관광 상품이 되고 있다. 지역 최대 축제로 매년 가을에 열리는 카라츠 쿤치 축제는 도시 전체를 들썩이게 만든다. 지역 특산물로 인기가 높은 오징어회인 요부코 이까 이키츠쿠리는 다른 지역에서는 맛볼 수 없는 독특한 별미이다.

여행 형태   1박 2일

위치   사가현 카라츠시佐賀県唐津市

가는 법   후쿠오카 하카타역博多駅 ➜ 공항선福岡市地下鉄空港線+JR치쿠히선 J R 筑肥線 ➜ 카라츠역唐津駅 하차

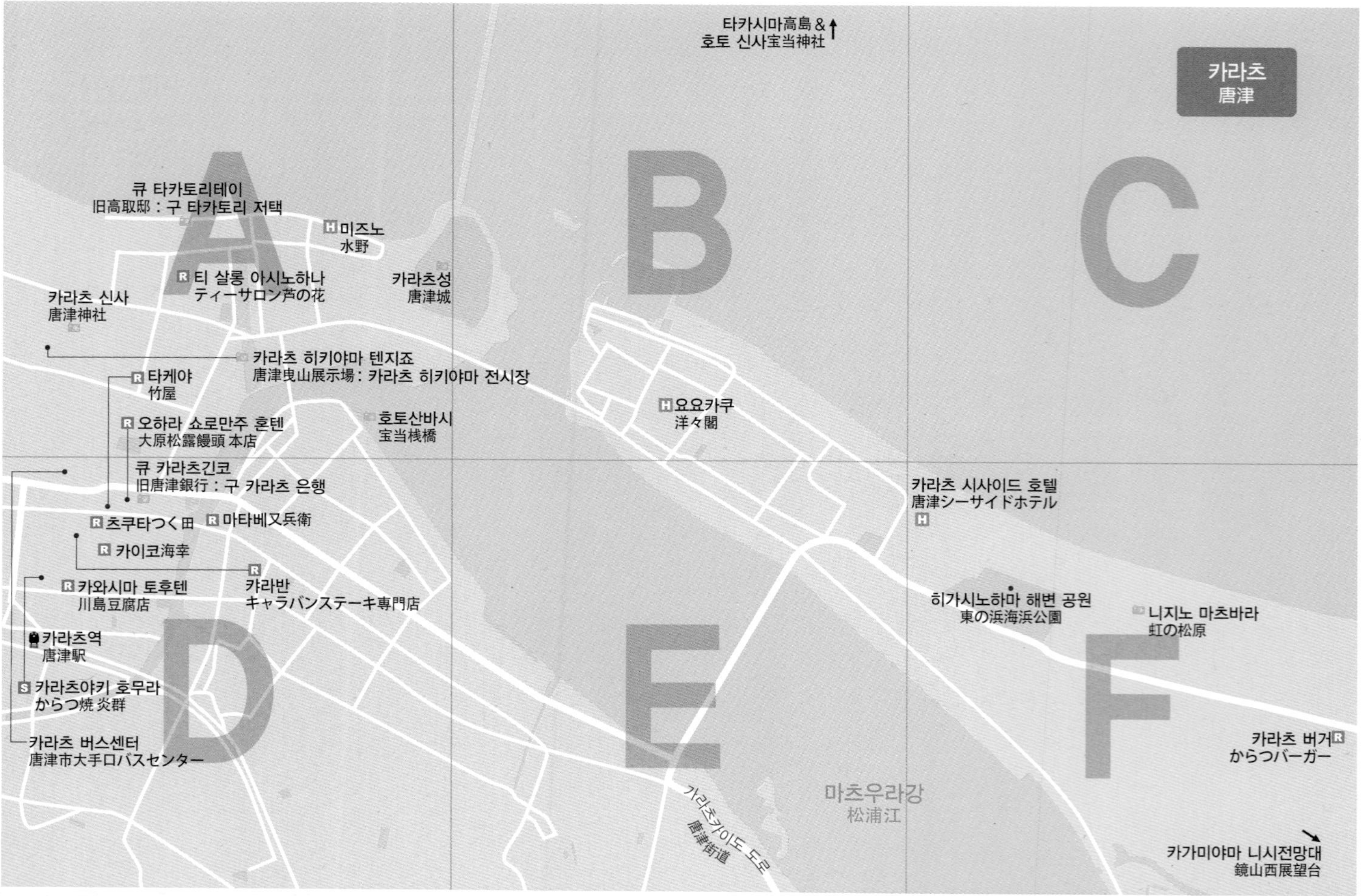

230

카라츠
唐津

C

F

카라츠 버거 R
からつバーガー

카가미야마 니시전망대
鏡山西展望台

니지노 마츠바라
虹の松原

카라츠 시사이드 호텔 H
唐津シーサイドホテル

히가시노하마 해변 공원
東の浜海浜公園

마츠우라강
松浦江

B

타카시마 高島 &
호토 신사宝当神社

카라츠 카이도 도로
唐津街道

요요카쿠 H
洋々閣

E

카라츠 신사
唐津神社

미즈노 H
水野

카라츠성
唐津城

카라츠 히키야마 텐지조
唐津曳山展示場: 카라츠 히키야마 전시장

호토 신바시
宝当桟橋

큐 타카토리테이 R
旧高取邸: 구 타카토리 저택

티 살롱 아시노하나 R
ティーサロン葦の花

D

타케야 H
竹屋

오하라 쇼룬도 혼텐 H
大原松露饅頭本店

큐 카라츠긴코 R
旧唐津銀行: 구 카라츠 은행

마타베이자헤 R
又兵衛

카라츠 신사
唐津神社

초쿠타쿠 H
田

카이쿄혜 R
海幸

카라반 R
キャラバンステーキ専門店

카라츠역
唐津駅

카라츠아키 호우라 R
からつ燒 炎群

카와시마 토후텐 H
川島豆腐店

카라츠 버스센터
唐津市大手口バスセンター

에도 시대 초기 때부터 이어져 온 카라츠 신사의 가을 축제이다. 큐슈 북부 지방에서는 가을
축제를 '쿤치くんち'라고 부르며 가을의 수확에 감사드리고 신에게 봉헌한다. 일본 전통의상
핫피를 입은 사람들이 옻칠을 한 화려하고 거대한 수레인 히키야마를 피리와 북소리에 맞춰
끌고 다니면서 마을을 순회한다.

매년 11월 2일부터 3일간 열리는 카라츠쿤치는 각 날짜별로 행사의 내용이 달라진다. 11월
2일은 '요이야마宵山'라고 하여 오타비쇼신코お旅所神幸 전날에 히키야마들이 등불을 밝히며
집결한다. 11월 3일은 카라츠쿤치의 하이라이트인 오타비쇼신코로 카라츠 신사에서 사자 춤을
추고, 1번 히키야마부터 마지막 14번 히키야마까지 순차적으로 시내를 돈다. 축제 마지막 날인
11월 4일은 전날과 마찬가지로 14개의 히키야마가 시내를 돈다. "엔야, 엔야ｴﾝﾔ, ｴﾝﾔ"라고
외치며 피날레를 장식하면서 1대씩 히키야마 전시장으로 들어가게 된다.

카라츠쿤치의 히키야마는 총 14대로서 순서는 제작 연대순으로 정하고 있다. 1번 히키야마인
아카시시는 1819년에 제작되었으며, 가장 최근에 제작된 14번 시치호마루는 1876년에
제작된 히키야마이다. 사자, 거북이, 도미, 범고래, 투구, 용 등 다양한 형태가 있으며 가장
큰 히키야마는 높이 약 7m에 무게는 2~3톤에 달할 정도로 거대하다. 1958년에 사가현 중요
유형문화재, 1980년에는 국가 중요 무형민속문화재로 지정되었으며, 2016년에는 유네스코
무형 문화유산으로 등록되었다.

행사 기간 매년 11/2~11/4

행사 위치 카라츠시 카라츠 신사唐津神社와 카라츠역唐津駅 사이 시내 지역

카라츠 신사 唐津神社

- 주소 佐賀県唐津市南城内 3-13
- 가는법 카라츠역唐津駅에서 도보 10분
- 구글맵 goo.gl/maps/gQ8A3crRGWA2
- 전화번호 0955-72-2264

나라 시대에 건립된 유서 깊은 신사로서 신사 입구에 있는 커다란 백색의 기둥문 토리이가 인상적인 곳이다. 매년 11월 2~4일에 열리는 카라츠 최대의 축제인 카라츠쿤치는 카라츠 신사의 가을 축제이다. 카라츠쿤치의 히키야마는 카라츠 신사 옆에 있는 히키야마 전시장인 히키야마 텐지죠에서 상시 관람이 가능하다.

카라츠 히키야마 텐지죠(카라츠 히키야마 전시장) 唐津曳山展示場

- 주소 佐賀県唐津市新興町2881-1
- 가는법 카라츠역唐津駅에서 도보 3분
- 구글맵 goo.gl/maps/iRwvh5kBkUWuqFjC6
- 전화번호 0955-73-4361
- 운영시간 09:00~17:00, 카라츠쿤치 기간, 12/29~31 휴무
- 요금 입장료 어른 310엔, 초, 중생 150엔

카라츠쿤치에 사용되는 14대의 히키야마를 상시 전시한다. 히키야마는 점토 원형이나 목형에 수백 장의 종이를 겹겹이 붙인 후 옻칠을 해서 거대한 수호신을 만드는 것. 사가현 중요 유형민속문화재로 지정되어 있다. 본래 히키야마는 총 15대였으나 메이지 시대에 1대가 소실되어 현재 14대가 남아 있다. 1970년에 전시장이 완성되기 전까지는 히키야마를 각 마을에서 '야마고야ヤマゴヤ'라는 작은 공간을 만들어 독자적으로 보관했다. 전시장에 있는 히키야마는 2년에 1대씩 30년 주기로 보수한다. 전시장에는 1883년 그려진 카라츠쿤치 그림 복제본이 전시되어 있다. 이 그림에는 소실된 히키야마 쿠로시시(검은 사자)의 모습도 있다. 또한 전시장에서는 카라츠쿤치를 소개하는 비디오가 상영된다. 매점에서는 히키야마 관련 상품과 카라츠의 특산품도 판매한다. 현재 리뉴얼 공사로 카라츠역 근처 후루사토회관 알피노 다목적 홀ふるさと会館アルピノ旧多目的の木ール에서 이전 전시 중이다.

17세기 초 카라츠의 초대 영주인 테라자와 히로타카가 방풍과 방조를 위해서 카라츠만에 접한 해안가에 조성한 소나무 숲이다. 길이 약 4.5km, 폭 400~700m에 걸쳐 약 100만 그루의 소나무가 심어져 있다. 해안을 따라 원호를 그리고 있는 모습을 하늘에 걸린 무지개에 비유하여 '니지노 마츠바라虹の松原'라고 불리게 되었다.

하얀 백사장과 푸른 소나무의 조화가 아름다운 곳으로 일본 3대 마츠바라(송림) 중에 하나로서 1955년에는 일본 내 마츠바라 중에서는 유일하게 '국가 특별 명승'으로 지정되어 있다. 소나무 숲 속 산책과 함께 삼림욕을 즐기기 좋은 곳이며, 드라이브 코스로도 유명한 곳이다. 〈매미 울음소리가 없다〉, 〈뱀이 없다〉, 〈바닷가이지만 민물 우물이 있다〉 등 예부터 구전되는 묘한 7대 불가사의가 있는 곳이기도 하다. 영화《그랑 블루》의 실제 모델이며 세계 최초로 수심 100m 잠수에 성공한 전설적인 다이버인 자크 마욜이 어린 시절을 보내고 만년에도 다시 방문하며 애정했던 곳이기도 하다.

- **주소** 佐賀県唐津市東唐津・浜玉町
- **가는 법** 니지노마츠바라역虹ノ松原駅에서 도보 6분
- **구글맵** goo.gl/maps/3FqLbgGEQXm

○ **일본 3대 마츠바라**
시즈오카현 미호노 마츠바라三保の松原
후쿠이현 케히노 마츠바라気比の松原
사가현 니지노 마츠바라虹の松原

- 주소 佐賀県唐津市鏡山山頂
- 가는 법 니지노마츠바라역虹ノ松原駅에서 차로 14분
- 구글맵 goo.gl/maps/EmTcFVeRM9p
- 맵코드 182 347 253*51

해발 284m의 카가미야마 정상에 있는 전망대로서, 푸른 카라츠만과 길이 약 4.5km의 니지노 마츠바라를 내려다보며 파노라마로 즐길 수 있다. 맑은 날이면 멀리 나가사키현의 이키섬까지도 보인다. 산 정상까지 16개의 커브를 지나 5km의 구불구불한 길은 좋은 드라이브 코스이기도 하다. 산 정상에 있는 전망대까지는 대중교통을 이용할 수 없기 때문에 렌터카나 택시를 이용해야 한다.

- 주소 佐賀県唐津市東城内 8-1
- 가는 법 카라츠역唐津駅에서 도보 20분
- 전화번호 0955-72-5697
- 운영시간 09:00~17:00, 연말 휴무
- 요금 입장료 어른 500엔, 초·중생 250엔

카라츠의 초대 영주인 테라자와 히로타카가 1602년부터 7년에 걸쳐 완성한 성이다. 임진왜란 이후 나고야성의 해체 자재를 이용하여 건설한 것으로 알려져 있다. 1872년 폐성 이후 그 터에 공원이 조성되었다. 문화관광 시설로 현재의 천수각 등이 1966년에 복원된 것으로, 카라츠성은 최근 보수 공사를 마치고 2017년 7월 22일 리뉴얼 재오픈하였다. 성의 모양이 학이 날개를 펼친 모양과 비슷하다고 하여 마이즈루성이라고 불리기도 하며, 성 내부에는 옛 카라츠의 역사와 생활을 알 수 있는 자료들이 다수 전시되어 있다. 카라츠성에서 니지노 마츠바라, 카가미야마, 카라츠만의 모습을 바라볼 수 있으며, 카라츠성과 그 주변은 봄이 되면 아름다운 벚꽃과 100년이 넘는 등나무로 성 안을 장식한다.

큐 타카토리테이(구 타카토리 저택)

旧高取邸

📷

- 주소 佐賀県唐津市北城內 5-40
- 가는법 카라츠역唐津駅에서 도보 15분
- 전화번호 0955-75-0289
- 운영시간 09:30~17:00, 월 휴무, 연말연시 휴무
- 요금 입장료 어른 520엔, 초·중생 260엔

석탄 산업이 번성하던 시절, 탄광 소유주인 타카토리 코레요시의 옛 저택이다. 1905년에 손님 접대를 위해 약 2,300평의 부지에 두 개의 건물을 세웠다. 일본식 건축양식을 기초로 하면서 서양식 공간이 공존하는 근대 일본 건축의 특색을 가지고 있는 저택으로서 1998년 국가 지정 중요문화재로 지정되었다. 저택 내에는 벚꽃, 국화, 소나무, 단풍 등이 그려진 29종류 72개의 삼나무로 만든 문에 그린 그림인 스기도에와 일본 건축양식 중 하나로 채광, 통풍, 장식을 목적으로 천장 밑 부분에 설치하는 문인 란마 등 다양한 볼거리가 많은 곳이다.

큐 카라츠긴코(구 카라츠 은행)

旧唐津銀行

📷

- 주소 佐賀県唐津市本町 1513-15
- 가는법 카라츠역唐津駅에서 도보 7분
- 전화번호 0955-70-1717
- 운영시간 09:00~18:00, 연말 휴무
- 요금 무료
- 홈페이지 karatsu-bank.jp

도쿄역을 설계한 카라츠 출신의 건축가인 타츠노 킨고의 제자 타나카 미노루가 설계하고, 타츠노 킨고가 설계 감수하여 1912년에 완성했다. 당시 카라츠 은행의 본점 건물. 타츠노 킨고가 영국 유학 시절에 유행한 빅토리아 양식 중에 하나인 퀸 앤 양식Queen Ann style을 일본화 한 타츠노식의 붉은 벽돌, 작은 첨탑, 돔 등을 사용한 건축물이다. 1997년 카라츠 은행의 영업 종료 후 건물은 1998년 카라츠시에 기증되었으며 2002년 카라츠시 지정 중요문화재에 지정되었고, 2008년부터 3년간의 보수 공사를 거친 뒤 2011년부터 일반인에게 공개되었다. 현재 지하 1층은 레스토랑, 1층은 다목적 홀 및 휴식 공간, 2층은 전시 공간으로 사용되고 있다.

호토
신사

宝当神社

400여 년이 넘는 동안 타카시마의 수호신으로 숭배되었던 신사였다. 1990년대 말부터 '호토宝当'라는 이름이 행운을 가져다준다고 하여 참배자가 늘었다. 그 참배자 중에서 복권에 당첨된 사람이 많이 나온 것이 계기가 되어 일본 전국적으로 복권 구입 및 당첨을 기원하는 신사로 유명해지기 시작했다. 타카시마의 명물 고양이인 후쿠짱이라고 불리는 복을 부르는 고양이는 참배객들에게 인기 만점이다. 소원 비는 모습의 제스처를 취하는 고양이 때문에 복권에 당첨된 사람들이 있어서 신사 참배객들은 고양이를 보러 한 번씩 들른다. 호토 신사에 방문하시는 분들은 복권 한번 구입해보시길. 중요한 사실 한 가지! 일본 로또와 복권은 당첨금에 세금이 없다.

· 주소 佐賀県唐津市高島 523
· 가는 법 카라츠역唐津駅 → 도보 14분 → 호토산바시宝当桟橋 → 타카시마高島행
  정기선定期船 10분 → 선착장에서 도보 3분
· 구글맵 호토산바시 goo.gl/maps/t4VeVaEBoNu
· 전화번호 0955-74-3715
· 홈페이지 houtoujinja.jp

카와시마 토후텐 | 川島豆腐店 🍜

오픈한 지 200여 년이 넘은 두부 판매점 및 두부 전문 음식점이다. 특히 간수를 부어서 굳어지는 두부를 소쿠리에 걸러서 물을 뺀 자루 도후의 원조집으로 알려져 있다. 아침부터 갓 만든 따뜻한 두부를 맛볼 수 있으며, 테이크아웃으로 고소한 맛의 두부와 두유를 구입할 수 있다. 두부를 주제로 한 아침 식사와 점심 식사도 가능하며, 두유, 자루 도후, 아츠아게(두부 튀김), 우즈미도후(죽처럼 두부를 밥에 섞은 것) 등으로 구성된 아침 식사는 손님들에게 호평을 얻고 있다. 소쿠리에 담겨 나오는 자루 도후는 100% 큐슈산 후쿠유타카 콩 및 염전에서 채취한 미네랄이 풍부한 물을 사용하여 만든다. 소금만 살짝 뿌려서 먹으면 그 고소함에 반하게 된다. 밤에는 일식 카이세키 요리를 맛볼 수 있다. 음식들은 명인 나카자토 타카시 선생이 빚은 도자기에 담겨 나온다.

* **주소** 佐賀県唐津市京町 1775
* **가는 법** 카라츠역唐津駅에서 도보 3분
* **전화번호** 0955-72-2423
* **운영시간** 아침 09:00, 점심 12:00, 저녁 18:30, 수·일 휴무
* **홈페이지** www.zarudoufu.co.jp

캬라반 | キャラバンステーキ専門店 🍜

1979년에 오픈한 스테이크 전문점으로, 2014년에 발간된《미슐랭 가이드 후쿠오카·사가 특별판》에서 별 1개를 받았다. 인기 메뉴인 사가규 스테이크와 와규 100% 함박은 모두 최고급 A5 등급 사가규와 이마리규 소고기를 사용하고 있으며, 2주 정도 천천히 숙성시켜서 부드러운 육질과 깊은 맛을 자랑한다. 생소고기를 카라츠 특산품인 도자기에 담아서 손님들에게 선보인다. 천천히 고기에 열을 가한 뒤 300도의 고온 철판에서 구워낸 소고기를 페루 고원 암염과 카라츠의 소금을 블랜딩한 캬라반 오리지널 소금에 살짝 찍어 먹으면 육즙이 응축된 소고기의 맛을 느낄 수 있다. 오너 셰프의 유쾌한 설명과 화려한 플람베 퍼포먼스도 하나의 재미난 볼거리이다.

* **주소** 佐賀県唐津市中町 1845
* **가는 법** 카라츠역唐津駅에서 도보 4분
* **전화번호** 0955-74-2326
* **운영시간** 11:30~15:00, 18:00~22:00, 화, 셋째 일·월 휴무
* **홈페이지** ca1979.com

츠쿠타	つく田	🍜

타케야	竹屋	🍜

츠쿠타는 내부에 카운터석 7개밖에 없는 작은 스시집이지만, 2014년 발간된《미슐랭 가이드 후쿠오카·사가 특별판》에서 별 2개를 받은 카라츠 대표 스시집이다. 주인은 긴자의 유명 스시집인 키요타에서 경력을 쌓아 1993년에 카라츠에 스시집을 오픈하였다. 카라츠를 중심으로 홋카이도뿐만 아니라 일본 각지의 질 좋은 해산물을 준비하여 츠쿠타만의 비법으로 재료의 맛을 이끌어내고, 적초와 소금으로 초밥의 밥맛을 낸 에도마에 스시를 선보이고 있다. 독특하게도 참치는 제공되지 않지만 다금바리, 홋카이도 연어 등 다른 스시집에서는 좀처럼 보기 어려운 식재료를 손님들에게 제공하고 있다. 스시는 히노키 카운터에 직접 제공되고, 단품 메뉴들은 모두 명인이 만든 카라츠 특산 도자기에 담겨져 나온다.

- **주소** 佐賀県唐津市中町 1879-1
- **가는 법** 카라츠역唐津駅에서 도보 5분
- **전화번호** 0955-74-6665
- **운영시간** 12:00~14:00(L.O. 13:30), 18:00~22:00 (L.O 20:00), 월 휴무
- **홈페이지** tsukuta.9syoku.com

에도 시대에 칼 연마 및 칠공집으로 창업했다. 그러나 메이지 시대 '칼 휴대 금지령'을 계기로 장어 요리집인 우나기야로 업종을 변경하여 현재까지 대대로 물려 내려오는 음식점이다. 1923년에 축조된 3층 목조 건물은 1층은 테이블석, 2층은 다다미방으로 구성되어 있다. 역사가 느껴지는 옛 정취의 건물은 1998년에 카라츠시의 유형문화재로 등록되었다. 가고시마산 장어를 사용하고 밥은 카라츠의 계단식 논에서 수확한 코시히카리 쌀을 사용한다. 메뉴는 크게 돈부리(덮밥)와 테이쇼쿠(정식)로 나뉜다. 돈부리는 밥 위에 양념 장어구이가 올려지고 일본식 타레 소스가 뿌려져 나온다. 정식은 장어 양념구이인 우나기 카바야키와 밥이 따로 나온다. 오랜 시간 동안 차분히 구워내는 장어와 촉촉하고 부드러운 맛에 살짝 단맛이 도는 타레가 잘 어울린다.

- **주소** 佐賀県唐津市中町 1884-2
- **가는 법** 카라츠역唐津駅에서 도보 6분
- **전화번호** 0955-73-3244
- **운영시간** 월~토 11:30~19:00, 일·공휴일 11:30~18:30, 수, 셋째 주 목 휴무

아메겐 | 飴源 ♨

1838년에 창업한 카라츠의 오래된 음식점으로 민물고기 및 채소를 기반으로 한 요리를 도예가 나카자토 타로에몬의 카라츠 지역 도자기와 아리타 지역 도자기에 담아서 제공한다. 음식점의 이름은 카와우오(민물고기)와 미즈아메(물엿)를 취급하던 것에서 유래되어 아메겐이라 불리게 되었다.

봄에는 뱅어, 여름에는 은어와 산천어, 가을과 겨울은 참게 등의 사계절 명품 요리를 맛볼 수 있다. 오랜 명성의 식재료 풍미를 잘 살린 민물요리 음식점으로서 2014년에 발간된《미슐랭 가이드 후쿠오카·사가 특별판》에서 별 2개를 받았다. 제철 민물고기들과 함께 제공되는 신선한 야채의 맛도 좋으며, 식재료의 맛을 끌어올려주는 아메겐만의 소스도 요리의 수준을 가늠할 수 있게 해준다. 무엇보다도 가을에 제공되는 참게인 츠가니는 츠가니스가타니(참게찜), 츠가니고항(참게밥), 츠가니지루(참게국) 등으로 맛볼 수 있는데, 작은 크기에 응축되어 있는 고소한 살의 맛이 별미로서 꼭 먹어봐야 할 음식 가운데 하나다.

- **주소** 佐賀県唐津市浜玉町五反田 1058-2
- **가는 법** 하마사키역浜崎駅에서 택시로 5분
- **전화번호** 0955-56-6926
- **운영시간** 11:00~15:30(L.O. 14:00),
  17:00~21:00(L.O. 19:00), 화 휴무

카라츠 —— 唐津

카라츠 버거 | からつバーガー 🍔

니지노마츠바라를 가로지르는 현도 347호를 달리다 보면 니지노마츠바라의 주차장에서
은은한 베이지색과 적갈색의 복고풍 미니버스를 발견하게 되는데, 이곳이 1961년에 창업한
카라츠 명물 수제 햄버거 가게인 카라츠 버거다. 창업 초기에는 핫도그가 주 메뉴였으나
사세보 미군기지의 햄버거 맛을 재현하고자 카라츠만의 카라츠 버거를 완성시켰다.
넓은 주차장에 있는 작은 미니버스에서 주문을 하고 차 번호를 알려주고 차에서 기다리고
있으면 직원이 차로 배달해주는 시스템. 겉은 바삭하고 안에는 재료가 풍성히 들어간 갓
만든 햄버거를 맛볼 수 있다. 가장 인기 메뉴는 스페셜 버거. 사가현산 소고기로 만든 패티와
함께 햄, 달걀 프라이, 치즈, 양상추가 들어가며, 창업자의 부인이 고안했다는 단맛과 신맛의
밸런스가 좋은 데미글라스 소스가 식욕을 돋군다. 니지노마츠바라의 산책길에 소나무 숲의
녹음과 햇살 속에서 커피, 우유를 마시며 카라츠의 명물 햄버거를 즐길 수 있다.

- **주소** 佐賀県唐津市虹ノ松原
- **가는 법** 니지노마츠바라역虹ノ松原駅에서 도보 27분
- **구글맵** goo.gl/maps/rjG7aocsCRp
- **전화번호** 0955-70-6446
- **운영시간** 10:00~20:00, 연중무휴

마타뻬 | 又兵衛 🍜

1960년에 창업한 카라츠의 인기 야키토리(일본식 닭꼬치)집이다. 기본 안주인
에다마메(풋콩)와 양배추를 먼저 제공해주고, 주문은 먹고 싶은 야키토리를 종이에 적어서
직원에게 건네주면 된다.
40여 가지의 쿠시모노(꼬치)가 준비되어 있으며, 녹진한 맛의 닭간인 토리키모, 쫄깃한
맛의 닭똥집인 스나즈리, 큐슈의 야키토리집에는 꼭 있는 돼지삼겹살 부타바라가 인기
메뉴이며 모두 아삭하고 맛있는 양파와 함께 구워져서 나온다. 그 외에도 산마를 갈아서
오코노미야키처럼 구운 야마이모 텟판도 인기이다. 손님이 음식점을 나설 때면 북을 쳐서
환송해주는 재미난 서비스가 있다.

- **주소** 佐賀県唐津市材木町2106-36
- **가는 법** 카라츠역唐津駅에서 도보 8분
- **전화번호** 0955-72-3231
- **운영시간** 대략 17:00~23:00경(비공개)

오하라 쇼로만주 혼텐 | 大原松露饅頭 本店 🍜

1850년에 오픈한 화과자점으로 쇼로만주의 원조집으로 알려져 있다. 사가 지역은 옛날부터
과자 문화가 발달한 곳으로 에도 시대에 설탕을 운반하던 나가사키카이도(슈거 로드)가
지나는 곳이었으며, 넓은 평야에서 양질의 밀이 생산되었던 것이 큰 영향을 받았다. 그런
사가 카라츠에서 오래전부터 전해지던 화과자가 바로 쇼로만주이다. 전용 동판에서 하나하나
수제로 구워내는 둥근 쇼로만주는 홋카이도산 팥을 사용한 담백한 맛의 팥소를 얇은
카스텔라로 감싼 만주이다. 쇼로만주의
개수에 따라 포장 상자의
일러스트가 모두 다른데,
카라츠쿤치를 비롯한 옛날
축제의 모습을 그려넣었다.

○ 쇼로만주松露饅頭
임진왜란 이후 조선으로부터 도자기와 함께
야키만주焼饅頭가 일본 사가에 전해졌으며, 에도 시대
후기에는 갓 구운 만주를 카라츠 영주에게 바쳤는데,
그 모양이 4~5월경 소나무 아래에서 발견되는 동그란
쇼로松露(송로버섯)와 비슷하다고 하여 쇼로만주라고
불리우게 되었다.

- **주소** 佐賀県唐津市本町 1513-17
- **가는 법** 카라츠역唐津駅에서 도보 7분
- **전화번호** 0955-73-3181
- **운영시간** 08:30~19:00, 부정기 휴무
- **홈페이지** www.oohara.co.jp

카이코 | 海幸   🍲

- 주소 佐賀県唐津市本町 1910-2
- 가는 법 카라츠역唐津駅에서 도보 5분
- 전화번호 0955-73-7856
- 운영시간 12:00~01:00, 월 휴무

메이지 시대에 창업하여 대대로 이어 내려오는
카라츠의 스시집으로, 지어진 지 100여 년이 된
민가를 개조하여 영업을 하고 있다. 오징어, 도미,
붕장어 등 카라츠 시장에서 구입한 해산물을 중심으로
카라츠마에 스시를 선보이는 전통 스시집. 사케,
소주뿐만 아니라 와인도 준비되어 있어서 스시와
와인과의 매칭을 즐길 수 있는 곳이다. 현해탄에서
잡은 고등어와 홋카이도 마츠에산 고급 다시마를 사용한 마츠에 스시도 카이코의 명물
음식 중 하나다. 와인 애호가인 사장님이 좋은 와인들을 모아놓은 지하 와인 저장고도
하나의 볼거리다.

키코안 | 基幸庵   🍽

- 주소 佐賀県唐津市東唐津1-9-21
- 가는 법 카라츠역唐津駅에서 도보 27분
- 전화번호 0955-72-8188
- 운영시간 11:00~18:00(L.O. 17:30), 화, 넷째 월 휴무
- 구글맵 goo.gl/maps/3oV5tqtWeemWh94k7
- 홈페이지 kikouan.com/

50여년 전통의 카라츠 지역 차 전문점이다. 카라츠성과
마츠우라강松浦川이 바라다보이는 경치 좋은 곳에
위치하고 있다. 나무와 흙벽의 온기가 있는 실내
공간은 일본 전통 장인의 기술이 구석구석 담겨 있다.
메뉴는 카라츠시 큐라기마치厳木町의 과자점이 만든
일본 생과자(와나마가시和生菓子)가 인기다. 계절마다
새롭게 선보이는 생과자를 녹차, 호지차와 함께 즐길
수 있다. 그 외에도 여름에는 시원한 카키고리(빙수),
겨울에는 모찌가 들어간 따뜻한 젠자이(일본 팥죽)도

인기 있다. 차, 디저트류, 카키고리(빙수)는 사가
카라츠 도자기(카라츠야키唐津焼)에 담겨 나온다. 카페
안에는 갤러리도 있어, 일본 각지에서 모은 도자기와
유리공예품, 직물류, 민예품 등도 전시, 판매한다.

요요카쿠 | 洋々閣 🏠

- 주소 佐賀県唐津市東唐津 2-4-40
- 가는 법 카라츠역唐津駅에서 도보 25분
- 전화번호 0955-72-7181
- 요금 1인 1실(조식, 석식 포함) 1인당 27,000엔~, 2인 1실 (조식, 석식 포함) 1인당 21,600엔~
- 홈페이지 www.yoyokaku.com

100년이 넘은 다이쇼 시대의 모습을 간직하고 있는 일본식 목조 건물의 카라츠 대표 료칸이다. 히노키 벽면과 검은 화강암 바닥의 온천에서 피로를 풀고, 음식은 매월 정해진 식단이 없이 계절과 그날의 시장 상황에 따라 카라츠의 풍부한 해산물과 사가규를 이용한 카이세키 요리를 제공한다. 료칸 내에는 카라츠 야키의 명인인 나카자토 타카시의 갤러리가 있다.

시오유 나기노토 | 汐湯 凪の音 🏠

- 주소 佐賀県唐津市浜玉町浜崎 1613
- 가는 법 하마사키역浜崎駅에서 도보 11분
- 구글맵 goo.gl/maps/jHGRRmjv6Nx
- 전화번호 0955-56-7007
- 요금 가든 뷰 24,111엔~, 오션 뷰 26,983엔~
- 홈페이지 shioyu-naginoto.jp

온천이 아닌 일명 '미인탕美人の湯'으로 불린다. 천연 해수를 끓인 시오유를 즐길 수 있는 료칸이다. 노천탕에서 카라츠만를 바라보며 휴식을 즐길 수 있다. 료칸 이름인 '나기凪'는 바닷가에서 낮과 밤에 바람의 방향이 바뀌는 '무풍의 순간, 정적'을 뜻한다. 료칸에서 제공되는 유카타는 여성 20여 가지, 남성 5가지 중에서 선택하여 입을 수 있다. 잔잔한 파도 소리를 배경음악 삼아 요부코에서 직송한 오징어를 중심으로 사가규, 카라츠의 제철 식재료를 사용한 코스 요리를 맛볼 수 있다. 2023년 1월부터 내부 리뉴얼 공사로 잠시 휴업 중이다.

미즈노 | 水野

- **주소** 佐賀県唐津市東城内4-50
- **가는법** 카라츠역唐津駅에서 도보 18분
- **전화번호** 0955-72-6201
- **요금** 기본 1박 2일 플랜 21,600엔~
- **홈페이지** www.mizunoryokan.com

카라츠성에 인접한 조용한 돌길 산책로에
위치한 미즈노는 1938년에 지어진 일본식
건물의 료칸이다. 료칸의 입구로 사용하고 있는
문은 카라츠의 초대 영주가 나고야성으로부터
옮겨 놓은 부케야시키문으로, 케이쵸 시대의
모습을 간직하고 있는 문이다. 2017년
료칸의 건물과 문은 국가 등록 유형문화재에
지정되었다.
모든 객실에서는 카라츠만이 바라보이며 뱅어,
쑤기미, 복어, 다금바리, 대하 등 해산물 요리가
일품이다.

카라츠 시사이드 호텔 | 唐津シーサイドホテル

- **주소** 佐賀県唐津市東唐津 4-182
- **가는법** 와타다역和多田駅에서 도보 20분
- **전화번호** 0955-75-3300
- **요금** 오션 뷰 15,120엔~
- **홈페이지** www.seaside.karatsu.saga.jp

니지노마츠바라에 바로 인접하여 산림욕과
백사장을 즐길 수 있는 리조트 호텔이다.
호텔 내 수영장뿐만 아니라 호텔과 연결되어
있는 바닷가에서도 수영을 즐길 수 있다. 저녁
식사로 제공되는 오징어회와 사가규가 인기
있으며, 특히 아침에 제공되는 카라츠 차즈케는
숙박자들뿐만 아니라 관광객이나 지역
주민들도 찾아올 정도로 인기이다.

카라츠 근교

名護屋城跡 나고야 성터 波戸岬 하도미사키 呼子 요부코

요부코쵸는 사가현의 가장 북쪽에 있는 마을이다. 신선한 해산물을 아침 일찍부터 맛볼 수 있는 요부코 아침 시장으로 잘 알려진 항구 마을이다. 명물 음식인 오징어회를 맛보러 연간 90만 명 이상의 사람들이 몰려드는 '오징어 마을'이기도 하다.

하도미사키는 카라츠시 서북단에 있는 '곶'으로 눈앞으로 펼쳐지는 대한해협의 모습과 넓은 잔디밭으로 탁 트였다. 근처에는 해수욕장과 캠핑장 등도 있어서 수영, 낚시, 캠핑, 하이킹 등 다양한 방법으로 즐길 수 있는 공간이다. 연인의 성지로 알려진 하트 모양 기념비가 인기이며, 하도미사키의 명물이라고 할 수 있는 소라구이 '사자에 츠보야키さざえのつぼ焼き'는 꼭 먹어봐야 할 음식이다. 하도미사키는 일본 해변 100선, 일본 석양 100선에도 선정되었다.

나고야 성터는 임진왜란의 출병 기지로서 1592년에 불과 5개월만에 완성하였으나 그 규모는 당시에 오사카성에 이어 두 번째 크기였다. 축성 당시에는 약 17만m²의 광대한 면적이었으나 임진왜란의 패배 이후 황폐해져 현재는 성터의 돌담과 넓은 부지만이 당시의 모습을 전하고 있다. 1955년 나고야 성터는 국가 특별 사적으로 지정되었다. 인접한 차엔 카이게츠에서 일본 정원을 보고 녹차를 마시면서 당시의 분위기를 느낄 수 있다.

여행 형태   1박2일

위치   사가현 카라츠시 요부코쵸 佐賀県唐津市呼子町
사가현 카라츠시 진제이마치 하도 佐賀県唐津市鎮西町波戸
사가현 카라츠시 진제이마치 나고야 1938-3 佐賀県唐津市鎮西町名護屋1938-3

가는 법

● **요부코**
카라츠 버스센터唐津市大手 ロバスセンター에서 쇼와버스昭和バ스를 탑승한 뒤 요부코에서 하차

● **하도미사키**
❶ 카라츠역에서 차로 40분
❷ 카라츠 버스센터에서 쇼와버스昭和バス를 탑승한 뒤 하도미사키에서 하차 후 도보 5분

● **나고야 성터**
❶ 카라츠역에서 차로 35분
❷ 카라츠 버스센터에서 쇼와버스를 탑승한 뒤 나고야성 박물관에서 하차 후 도보 6분

요부코 아사이치

呼子朝市

1월 1일을 제외하고 매일 아침 7시 30분부터 낮 12시까지 여는 요부코 아사이치(아침 시장)는 일본 3대 아사이치로 손꼽히고 있다. 요부코 아사이치의 역사는 다이쇼 시대 초기 포경과 어업이 번성했을 때 고래 고기와 각종 생선을 농산물과 물물 교환하던 것이 그 시작이다. 현재의 모습으로 정착된 것은 1935년경이다.

약 200m의 거리에 평일에는 약 50여 개, 주말 및 휴일에는 약 70여 개의 노점에서 신선한 해산물, 채소, 과일, 건어물 등을 판매하는 사가현 카라츠시의 명물 시장이다. 그중에서도 가장 많은 노점은 건어물을 취급하는 가게이다. 하룻밤 말린 오징어와 전갱이가 가장 인기 상품이다. 요부코 명물인 오징어를 사용하여 만든 이까 버거(오징어 버거, 일요일만 영업)도 명물 버거로 인기가 높다.

- **주소** 佐賀県唐津市呼子町呼子朝市通り
- **가는 법** 카라츠 버스센터唐津市大手口バスセンター에서 쇼와버스昭和バス 탑승한 뒤 요부코에서 하차
- **구글맵** goo.gl/maps/9ADKhnC63p82
- **전화번호** 0955-53-7165(카라츠시 요부코 시민센터)
- **운영시간** 07:30~12:00, 1/1 휴무

○ **일본 3대 아사이치**日本三大朝市

400년 이상 역사의 치바현 카츠우라시의 카츠우라 아사이치勝浦朝市, 헤이안 시대부터 시작되었다는 이시카와현 와지마시의 와지마 아사이치輪島朝市, 다이쇼 시대 초기부터 시작되었다는 사가현 카라츠시의 요부코 아사이치呼子朝市이다.

| 만보 | 海中魚処萬坊 | 🥄 |

1983년에 창업한 만보는 바닷속에서 식사를 할 수 있는 일본 최초의 해중 레스토랑이다. 원래는 도미와 새끼 방어 양식업을 했으나 신선한 재료로 만든 맛있는 음식을 사람들에게 제공하고 싶다는 생각으로 조선소에 엔진이 없는 배의 제작을 부탁하여 그 배 안에 해중 레스토랑을 만들게 되었다. 50m 정도의 잔교를 건너가면 바닷속을 헤엄치는 물고기를 보면서 식사할 수 있는 레스토랑이 나온다. 요부코 여행 선물로 인기가 있는 딤섬류의 이까 슈마이의 원조집이기도 하다. 오징어회인 이까 이키츠쿠리, 이까 슈마이, 밥과 디저트 등이 포함된 총 8가지 메뉴를 즐길 수 있는 오징어 코스 요리가 인기다. 오징어회를 먹고 남은 부위는 텐푸라나 소금구이 '시오야키塩焼き'로 선택해서 먹을 수 있다.

○ **요부코 이까呼子イカ**
사가현 북쪽에 위치한 대한해협은 난류성 오징어가 많이 잡히는데, 특히 요부코 지역에서는 이 오징어들이 많이 어획된다. 이까 이키츠쿠리(오징어회)가 탄생한 곳으로 일본 전국적으로 유명하다. 요부코의 오징어는 투명한 외형에 두툼한 육질, 쫄깃한 식감과 단맛으로 한 번 먹으면 그 맛을 잊을 수 없을 정도. 요부코의 음식점들에서 제공하는 이까(오징어)의 종류는 주로 켄사키 이까剣先イカ를 제공하고 있지만 계절 및 시기에 따라서는 아오리 이까あおりいか나 코이카甲いか가 나올 때도 있다.

· **주소** 佐賀県唐津市呼子町殿ノ浦 1946-1
· **가는 법** 카라츠 버스센터唐津市大手口バスセンター 에서 쇼와버스昭和バス 탑승한 뒤 요부코 오하시 呼子大橋 하차
· **전화번호** 0955-82-5333
· **운영시간** 평일 11:00~16:00(L.O 15:00), 주말 공휴일 10:30~17:00(L.O 16:00), 부정기 휴무
· **홈페이지** www.manbou.co.jp/restaurant

겐카이 해중전망탑

玄海中展望塔

- 주소 佐賀県唐津市鎮西町波戸 1628-1
- 가는법 카라츠역唐津駅에서 차로 40분, 카라츠 버스센터唐津市大手口バスセンター에서 쇼와버스 昭和バス 탑승한 뒤 하도미사키波戸岬 하차 후 도보 5분
- 전화번호 0955-82-5907
- 운영시간 4~9월 09:00~18:00, 10~3월 09:00~17:00, 연중무휴
- 요금 입장료 어른 570엔, 초·중고생 280엔

1974년에 오픈한 겐카이 해중전망탑은 일본 최초의 해중 공원 지구로 지정된 겐카이 해중공원의 일부로 86m의 잔교로 연결된 전망탑은 높이 20m, 직경 9m, 수심 7m의 규모이다. 해상 잔교 위에서는 대한해협의 바다와 섬 등을, 해중의 24개 창문을 통해서는 헤엄치는 물고기, 해초류 등의 바닷속 전경을 감상할 수 있다.

하도미사키 해수욕장

波戸岬海水浴場

- 주소 佐賀県唐津市鎮西町波戸
- 가는법 카라츠역唐津駅에서 차로 40분, 카라츠 버스센터唐津市大手口バスセンター에서 쇼와버스 昭和バス 탑승한 뒤 하도미사키波戸岬 하차 후 도보 3분
- 구글맵 goo.gl/maps/sZXsDPFwaWT2
- 운영시간 수영 가능 기간은 7월 중순부터 8월 하순까지

하도미사키에 조성된 약 140m 길이의 인공 해수욕장. 대한해협으로 펼쳐진 푸른 해변에서 수영 및 해양 레저를 만끽할 수 있다. 주변에 방파제가 쌓여 있어서 파도가 잔잔하여 수영뿐만 아니라 모래 놀이나 조개 줍기 등을 즐기기 좋다. 주변의 캠프장이나 국민 숙사에서 하룻밤 보내기도 좋은 곳이다.

하도미사키 사사에노 츠보야키 바이텐　波戸岬サザエのつぼ焼き売店 🥄

하도미사키의 주차장 부근에 10여 개의 작은 점포들이 모여 있는데, 1974년 개업 당시에는 쇠파이프로 만든 간이 점포였으나, 현재는 목조 구조물로 자리를 잡게 되었다. 개업 당시부터 현재까지도 이곳 친제이마치의 지역 여성들이 운영하고 있다.

이곳에서 먹어봐야 할 하도미사키의 명물 음식은 바로 소라구이인 사자에노 츠보야키이다. 점포의 아주머니가 능숙한 손놀림으로 현지에서 지역 해녀들이 직접 잡은 신선한 소라를 맛있게 구워준다. 신선한 소라를 숯불에 구운 뒤 간장을 살짝 뿌려줘서 소라의 쫄깃함과 짭조름함이 술 한잔 걸치도록 유혹한다. 반건조된 오징어를 구운 이까야키도 별미이다. 12~3월까지는 굴 구이인 카키야키도 맛볼 수 있다.

- 주소 佐賀県唐津市鎮西町波戸 1616-1
- 가는 법 카라츠역唐津駅에서 차로 40분, 카라츠 버스 센터唐津市大手口バスセンター에서 쇼와버스昭和バス 탑승한 뒤 하도미사키波戸岬 하차 후 도보 2분
- 전화번호 0955-82-5972
- 운영시간 3월 중순~10월 09:00~18:00, 11~3월 중순 09:30~17:00, 연말연시 휴무

카라츠 ─── 唐津

- **주소** 佐賀県唐津市鎮西町名護屋 1931-3
- **가는 법** 카라츠역唐津駅에서 차로 35분, 카라츠 버스센터唐津市大手口バスセンター에서 쇼와버스 昭和バス 탑승한 뒤 나고야성 박물관 하차 후 도보 5분
- **전화번호** 0955-82-4905
- **운영시간** 09:00~17:00, 월·연말연시 휴무
- **요금** 무료(특별 기획전 때는 유료)
- **홈페이지** saga-museum.jp/nagoya

나고야 성터에 인접해 있는 나고야성 박물관은 임진왜란을 '일본의 침략 전쟁'으로 평가하며 반성하고 있는 내용을 전시하고 있는 박물관이다. 전시장 내에는 임진왜란 당시 활약했던 거북선의 모습도 찾아볼 수 있다. '일본 열도와 한반도와의 교류사'를 테마로 수천 년에 걸친 한국과 일본의 교류를 알 수 있는 다수의 자료를 상설 전시하고 있으며, 향후 교류와 우호의 중심지를 목표로 하고 있다. 박물관 내에는 당시 나고야성과 성하 마을을 1/300 비율로 축소하여 재현한 모형도 볼 수 있다.

- **주소** 佐賀県唐津市鎮西町名護屋 3458
- **가는 법** 카라츠역唐津駅에서 차로 35분, 카라츠 버스센터唐津市大手口バスセンター에서 쇼와버스 昭和バス 탑승한 뒤 나고야성 박물관護屋城博物館 하차 후 도보 9분
- **전화번호** 0955-82-4384
- **운영시간** 09:00~17:00, 수, 연말연시 휴무
- **요금** 510엔(입장료, 말차, 화과자 포함)
- **홈페이지** www.chaen-kaigetsu.jp

1994년 나고야 성터 인근에 지어진 찻집으로 모모야마 문화의 양식을 차용한 현대적 건축물로서 일본 정원을 감상하며 차분한 분위기에서 말차와 화과자를 즐길 수 있는 곳이다. 기모노를 입은 직원이 정중하게 차를 대접하고 있으며, 찻잔을 잡는 방법, 화과자를 먹는 타이밍과 방법 등을 친절하게 안내해준다.

카라츠 근교

武雄 타케오

타케오시는 2006년 주변 도시와 마을의 합병으로 탄생한 도시로 사가현의 서부에 위치해 있다. 지리, 풍습 등을 소개한 지리서 《히젠풍토기肥前風土記》에도 기록되어 있는 1300년 역사의 타케오온센은 사가현을 대표하는 타케오시의 온천 지역이다. 나가사키 카이도長崎街道를 연결하는 25개 역참마을의 하나로 번창하였으며, 미야모토 무사시, 다테 마사무네 등 역사상 유명 인사들이 온천을 즐긴 곳으로 유명하다.

여행 형태 당일치기 여행

위치 사가현 타케오시 J佐賀県武雄市

가는 법 후쿠오카 하카타역博多駅 ━ JR 미도리 하우스텐보스 특급 ━ 타케오 온센역武雄温泉駅 하차

미후네야마 라쿠엔

御船山楽園

📷

- **주소** 佐賀県武雄市武雄町大字武雄 4100
- **가는 법** 타케오온센역武雄温泉駅에서 택시로 5분, 타케오온센역武雄温泉駅에서 버스 승차 후 미후네야마 라쿠엔 하차
- **전화번호** 0954-23-3131
- **운영시간** 08:00~17:00(시즌에 따라서 영업시간 변경 있음), 연중무휴
- **요금** 통상 어른 400엔, 어린이 200엔(시즌에 따라 변경 있음)
- **홈페이지** www.mifuneyamarakuen.jp

미후네야마 라쿠엔은 타케오시 해발 210m의 미후네야마 산기슭에 있다. 타케오 지역의 옛 행정구인 타케오번의 28대 영주 나베시마 시게요시가 별장을 마련하기 위해 3년에 걸쳐 지었다. 1845년에 완성한 약 15만 평의 대정원이다.

초봄에는 1만 그루의 매화, 봄에는 20만 그루의 철쭉과 5천 그루의 벚꽃, 그리고 170여 년 된 등나무가 미후네야마의 절벽을 배경으로 멋진 장관을 이루며, 가을에는 알록달록 단풍이 아름다운 곳이다. 특히 4월 하순부터 5월 초순까지 각양각색의 철쭉이 흐드러지게 피어 철쭉의 융단을 깔아놓은 듯한 모습은 많은 관광객들을 설레게 만드는 절경이다. 정원 내에는 경단, 단팥죽, 말차 등을 차분히 즐길 수 있는 오차야도 있다. 2010년에 정원 전체가 국가 등록 기념물로 지정되었다.

- 주소 佐賀県武雄市武雄町大字武雄 5335
- 가는 법 타케오온센역武雄温泉駅에서 도보 17분
- 전화번호 0954-22-2976
- 홈페이지 takeo-jinjya.jp/
- 타케오노 오쿠스 구글맵 goo.gl/maps/5ZrGG2FRUaF2

735년에 창건한 미후네야마의 동쪽 기슭에 있는 타케오에서 가장 오래된 신사이다. 타케오 신사의 토리이는 '히젠 토리이肥前鳥居'라 불리는 바나나 모양의 독특한 토리이(신사 입구에 세운 기둥문)이다. 신사 내에는 헤이안 시대 때부터 무로마치 시대에 이르는 귀중한 고문서들이 보관되어 있다.

타케오 신사의 신목인 '타케오노 오쿠스武雄の大楠'는 타케오 신사 옆 대나무 숲을 지나서 만날 수 있는 3,000년 된 녹나무이다. 높이 27m이며 나무뿌리의 주변 둘레가 26m에 달하는 압도적인 존재감으로 많은 방문객이 찾아온다. 나무뿌리 안의 공간에는 텐진을 모시고 있다. 신사 부지 내에 있는 메오토 히노키는 두 개의 삼나무 뿌리가 합쳐져서 솟아오른 것으로 부부의 화목과 인연을 맺어준다는 또 하나의 신목이다.

- 주소 武雄市武雄町武雄 7425
- 가는 법 타케오온센역武雄温泉駅에서 도보 12분
- 구글맵 goo.gl/maps/Y9m9wYyLMqs
- 전화번호 0954-23-2001

1300년의 역사를 자랑하는 타케오온센의 입구다. 목조 2층 건축물인 누각은 1915년 도쿄역을 설계한 카라츠 출신의 건축가 타츠노 킨고가 만들었다. 주홍색으로 칠해진 이 건물은 못을 사용하지 않은 것이 특징이다. 2층 누각에는 12간지 중 쥐, 토끼, 말, 닭 4간지가 새겨져 있는데, 도쿄역에 새겨진 8간지와 합치면 12간지가 완성되는 것으로 화제가 되었다. 온천에는 옛날 사가현 영주 전용 온천을 비롯한 다양한 욕탕 시설이 있다.

- **주소** 佐賀県 武雄市武雄町大字武雄 5304-1
- **가는 법** 타케오온센역武雄温泉駅에서 도보 14분
- **전화번호** 0954-20-0222
- **운영시간** 09:00~21:00, 부정기 휴무
- **홈페이지** www.epochal.city.takeo.lg.jp

2013년 일본의 대형 서점인 츠타야가 만든 최초의 도서관으로, 기존의 타케오시
도서관을 리뉴얼하여 운영하고 있다. 약 20만 권의 도서를 갖추고 내부에는 유명
커피전문점 스타벅스도 운영하고 있다. 원래 내부 촬영은 금지였으나 2018년
2월 말부터 지정된 장소(1층 1곳, 2층 1곳)에서의 사진 촬영이 가능해졌다.
도서관, 서점, 카페가 하나로 연결된 복합 공간의 모습을 하고 있는 새로운
스타일의 도서관으로, 지자체가 민간 업체에 도서관의 운영을 맡기는 등 협력
체계를 이룬 독특한 사례이다. 방문자 증가, 지역 인지도 상승 등 사회적 이슈가
되면서 다른 지자체들도 도서관의 민간 협력 계획을 진행하고 있다.

카이로도

カイロ堂

- **주소** 佐賀県武雄市武雄町大字富岡 8249-4
- **가는 법** 타케오온센역武雄温泉駅 건물 내
- **전화번호** 0954-22-2767
- **운영시간** 10:00~18:00(벤토는 조기 완판되는 경우가 많음),
  연중무휴
- **홈페이지** kairodo.com

A5 등급의 사가규 소고기로 만든 벤토(도시락)가 유명한 집이다. 2012년, 2013년
큐슈 에키벤 그랑프리에서 우승한 사가규 스키야키 벤토는 부드러운 육질과
감칠맛 나는 소스가 입맛을 사로잡는다. 두 종류의 소고기를 구워주는 사가규
코쿠죠 갈비 야키니쿠 벤토는 2014년 같은 대회 우승 요리다. 벤토는 식당에서
정식으로 먹을 수도 있고, 테이크아웃도 가능하다. 햄버거, 돈카츠, 우동 등 다른
메뉴도 있다.

사가 인터내셔널 벌룬 페스타 佐賀インターナショナルバルーンフェスタ

1997년부터 사가시 카세가와 강변에서 열리는 벌룬 국제경기대회이다. 매년 10월 말부터 11월 초까지 개최되며 세계 각지에서 약 100여 개가 넘는 벌룬이 모인다. 대회 기간 중 방문객의 수가 80만 명을 넘을 정도로 큰 규모의 행사이다. 경기는 벌룬에서 지상에 표시된 X표에 가능한 한 정확히 모래주머니를 떨어뜨리는 것으로 순위를 정하는 경기이다. 경기는 오전과 오후 두 번(06:30경, 14:30경)으로 나뉘어서 열린다. 특히 이른 아침에 수많은 벌룬들이 일제히 올라가는 광경이 멋지다. 다양한 디자인과 색깔의 멋진 벌룬들이 가을 하늘을 수놓는다. 밤에는 벌룬 라이트 업 행사 및 화염에 비춰진 멋진 열기구의 환상적인 모습도 볼 수 있다.

행사장에서는 많은 포장마차와 매점들이 음식으로 관람객들을 유혹하고, 무료 벌룬 승선 체험, 밴드 공연 등 다양한 이벤트가 마련된다. 행사 기간에는 벌룬사가역이 임시로 운영된다.

주소 佐賀県佐賀市嘉瀬川河川敷
가는 법 벌룬사가역バルーンさが駅에서 도보 3분
구글맵 goo.gl/maps/5d7AtZpxFJE2
전화번호 0952-33-3955(사가 벌룬 페스타 조직위원회)
요금 행사장 입장 및 관람 무료
홈페이지 www.sibf.jp

키츠키
杵築

홋카이도

아오모리현
아키타현
이와테현
야마가타현 미야기현
니가타현 후쿠시마현
이시카와현 도야마현 도치기현
나가노현 군마현
후쿠이현 사이타마현 이바라키현
기후현 야마나시현 도쿄도
교토부 시가현 가나가와현 치바현
시마네현 돗토리현 아이치현 시즈오카현
오카야마현 효고현
히로시마현 오사카부 미에현
야마구치현 나라현
후쿠오카현 카가와현
사가현 에히메현 토쿠시마현
나가사키현 고치현 와카야마현
쿠마모토현 미야자키현
가고시마현

오이타현

오이타현 벳푸만에 위치한 도시. 북쪽 언덕 위 무사 마을과 언덕 아래 상인 마을 등 성하 마을의 전형을 볼 수 있는 곳이다. 일본 내에서 유일한 샌드위치형 성하 마을이라는 독특한 형태의 마을이다. 무사 저택과 흙으로 만든 담벼락이 줄지어 있는 모습, 돌계단 언덕인 스야노사카와 시오야노사카가 이루는 독특한 V자형 언덕 모습 등 에도 시대 정취를 물씬 느낄 수 있다. 특히 키츠키 북쪽 무사 저택터는 시대극 촬영이 자주 있을 정도로 옛 모습을 유지하고 있는 곳이기도 하다.

고즈넉하고 운치 있는 키츠키 마을을 산책하기 위해 많은 여행객들이 방문하고 있으며, 기모노 체험을 통해 아름다운 기모노를 입고 키츠키의 언덕을 배경으로 사진 촬영하는 여성들이 많은 곳이다. 일본 내에서는 '기모노가 잘 어울리는 역사적 마을'로 지정되기도 하였다.

여행 형태	당일치기
위치	오이타현 키츠키시 키츠키 大分県杵築市杵築
가는 법	● **후쿠오카 출발** 하카타역博多駅 ➡ JR 소닉·니치린 ➡ 키츠키역杵築駅 ➡ 버스 ➡ 키츠키 버스터미널杵築バスターミナル 하차 ● **오이타 출발** 오이타역大分駅 ➡ JR 소닉·니치린 ➡ 키츠키역杵築駅 ➡ 버스 ➡ 키츠키 버스터미널杵築バスターミナル 하차

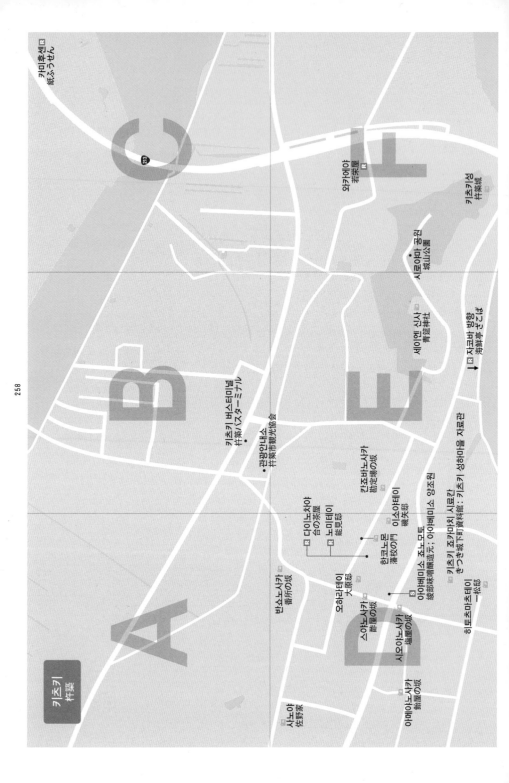

키츠키
杵築

키미후센 R
紙ふうせん

213

와카에야 R
若栄屋

키츠키성
杵築城

시로야마 공원
城山公園

세이엔 신사
青筵神社

자굼바 방향
海鮮亭さごば →

A

B

C

반쇼노사카
番所の坂

키츠키 버스터미널
杵築バスターミナル

관광안내소 ●
杵築市観光協会

소야노사카
酢屋の坂

시오야노사카
塩屋の坂

오하라테이
大原邸

다이노차야 R
台の茶屋

노미테이 R
能見邸

D

E

F

아메야노사카
飴屋の坂

사노야
佐野家

히코노몬
藩校の門

이소야테이
磯矢邸

칸조바노사카
勘定場の坂

시노야
佐野家

아야베미소 조노모토
綾部味噌醸造元 : 이야베미소 양조원

히토츠마츠테이
一松邸

키츠키 조카마치 시료칸
きつき城下町資料館 : 키츠키 성하마을 자료관

- **주소** 大分県杵築市杵築 16-1
- **가는 법** 키츠키 버스터미널에서 도보 10분
- **전화번호** 0978-62-4532
- **운영시간** 10:00~17:00(입장은 16:30까지), 연중무휴
- **요금** 성인 400엔, 초·중생 200엔 (키츠키성, 키츠키 성하 마을 자료관, 이소야테이, 오하라테이, 사노야 등을 함께 관람할 수 있는 공통권 성인 1,000엔, 초·중생 500엔)

1394년 키츠키 요리나오에 의해 강 하구에 지어진 키츠키성은 키츠키의 상징이다. 1608년 낙뢰로 천수각이 소실되는 등 자연 재해로 그 형태를 잃어가면서 1871년 황폐해진 이후, 현재는 성곽 터 일부 돌담만이 그 당시의 모습을 볼 수 있다. 현재 세워져 있는 천수각은 1970년에 자료관을 겸하여 3층으로 만들어진 것이다. '키츠키杵築'라는 명칭은 성을 만든 '키츠키杵杵' 이름에서 유래된 것이나, 막부 말기 인쇄 오류로 한자를 잘못 쓴 것이 현재의 이름으로 이어져 오고 있다.

- **구글맵** goo.gl/maps/cSPf6f8SNZL2

세이엔 신사는 키츠키성이 있는 시로야마 공원 내에 위치한다. 당시 농가의 번영에 큰 영향을 준 싯토이를 사용해서 만든 세이엔(오이타현의 특산물인 싸고 튼튼한 서민용 다다미)의 보급에 공헌한 4명을 기리기 위해 1936년에 만들어졌다.

○ **세키조부츠코엔 石造物公園(석조물 공원)**

키츠키성 옆에 있는 세키조부츠코엔은 키츠시 시내 곳곳에서 발견된 귀중한 석조물들의 도난, 분실 및 훼손을 방지하기 위해서 한 곳에 모아 공원으로 조성한 것. 일본 각 시대의 다양한 석조 문화재 약 200여 개가 전시 및 관리되고 있다.

이소야테이

磯矢邸

- 주소 大分県杵築市杵築 211-1
- 가는 법 키츠키 버스터미널에서 도보 7분
- 전화번호 0978-63-1488
- 운영시간 10:00~17:00(입장은 16:30까지), 연말연시 휴무
- 요금 입장료 성인 300엔, 초·중생 150엔

이소야테이는 1816년에 키츠키 영주의 휴식처로 만들어진 곳이다. 현재는
현관, 객실의 다다미방, 다실 일부가 남아 있는 상태이다. 현재 모습은 1997년
복구하여 일반인에게 개방한 것으로, 유명 화가의 수묵화, 악기, 칼 등이
함께 전시되어 있다. 다다미방뿐만 아니라 이소야테이의 모든 방에서 감상할
수 있는 정원의 풍경은 그 옛날 영주가 된 듯한 기분이 들게 한다. 바람에
흔들리는 대나무 소리, 녹음이 짙은 나무들, 청명하게 들리는 낙수 소리,
아름다운 쵸즈바치(손 씻을 물 담아두는 그릇)가 기분 좋게 한다.

오하라테이

大原邸

- 주소 大分県杵築市杵築 207
- 가는 법 키츠키 버스터미널에서 도보 7분
- 전화번호 0978-63-4554
- 운영시간 10:00~17:00(입장은 16:30까지), 연중무휴
- 요금 입장료 성인 300엔, 초·중생 150엔

키츠키의 무사 저택터에 현존하는 가신家臣의 저택 중 한 곳인 오하라테이.
656평의 넓은 부지에 멋진 초가지붕을 가진 오하라테이는 그 당시의 상급
무사의 주택답게 격식과 위용이 엿보이는 곳이다. 억새풀 지붕, 넓은 현관과
높은 천장, 연못을 중심으로 거닐 수 있는 산책길이 만들어진 정원까지
오랜 시간 동안 관광객의 발을 멈추게 하는 매력이 있다. 저택 정원의 작은
전망대에서는 키츠키 마을의 모습과 함께 반대편 언덕인 시오야노사카가
보인다. 정확한 건축 연도는 알지 못하나, 옛 서적 및 그림에 의하면 메이지
시대 이전부터 있었던 것으로 추측할 수 있다.

사노야

佐野家

- **주소** 大分県杵築市杵築 329
- **가는 법** 키츠키 버스터미널에서 도보 10분
- **전화번호** 0978-62-2007
- **영업시간** 10:00~17:00(입장은 16:30까지), 화·수·목 연말연시 휴무
- **요금** 입장료 성인 150엔, 초·중생 80엔

400년 간 대대로 의사 집안으로 유명한 사노가의 저택으로, 1782년에 지어져 키츠키에 있는 원형 그대로 현존하는 저택 중에서 가장 오래된 저택이다. 의사 진료실과 저택을 함께 관람할 수 있으며 사노가에서 배출한 문학가, 예술가의 작품도 함께 관람할 수 있다. 의사 진료실에서는 오래된 외과용, 안과용 등의 의료 도구들과 1963년 당시의 엑스레이 기기의 모습을 볼 수 있다. 현재 사노가의 후예인 14대 당주 사노 타케시는 일본 내 위암 관련 최고 의사 중 한 명이다.

노미테이

能見邸

- **주소** 大分県杵築市大字杵築北台 208-1
- **가는 법** 키츠키 버스터미널에서 도보 7분
- **전화번호** 0978-62-0330
- **운영시간** 10:00~17:00(입장은 16:30까지), 연말연시 휴무(다이노차야는 수·목 연말연시 휴무)
- **요금** 입장료 무료

노미테이는 정확한 건축 연도는 알려지지 않았으나 그 건축양식으로 짐작했을 때 막부 말기에 지어진 것으로 추측된다. 넓은 부지와 12개의 객실을 보유하고 있는 규모는 노미가의 격식 있는 집안 모습을 보여준다. 노미테이는 2008년부터 2년에 걸쳐 7,000만 엔이 넘는 비용을 투입한 복원 공사 이후 일반인들에게 개방되었다. 노미테이의 실내에는 쇼핑과 함께 음료수, 디저트, 간단한 식사를 할 수 있는 병설 찻집 다이노차야가 있다.

- **주소** 大分県杵築市南杵築 193-1
- **가는 법** 키츠키 버스터미널에서 도보 11분
- **전화번호** 0978-62-5761
- **운영시간** 10:00~17:00(입장은 16:30까지), 연말연시 휴무
- **요금** 입장료 일반 150엔, 초·중생 80엔

쇼와 시대 국회의원으로서 각종 국무대신을 역임하였고, 키츠키시 초대 명예시민이 된 히토츠마츠 사다요시의 저택이다. 1957년 키츠키시에 기증되어 히토츠마츠 회관으로 시민들 및 여행객의 쉼터로 개방되었으며, 2000년에 현재의 위치로 이축되었다.

넓은 다다미방과 삼나무로 깐 마루, 투명한 유리창 등 깔끔하고 세련된 멋을 보유한 목조 건축물의 아름다움을 느낄 수 있는 저택이다. 실내에서 보이는 키츠키 마을의 전경과 함께 정원에서 바라보이는 키츠키성과 강의 탁 트인 모습이 절경인 곳이다.

- **가는 법** 키츠키 버스터미널에서 도보 7분
- **구글맵** goo.gl/maps/un2XXzngfDJ2

한코노몬은 1788년에 키츠키 영주가 설립한 학습관의 한슈오나리몬(높은 분을 마중하는 문)으로, 현재는 키츠키 초등학교의 교문으로 이용되고 있다. 학습관은 메이지 시대에 폐교되었으나, 그 기풍을 계승한 키츠키 초등학교의 부지 내에 당시 학습관의 모습을 재현한 축소 모형이 설치되어 있다.

스야노사카
酢屋の坂
📷

• **가는 법** 키츠키 버스터미널에서 도보 8분
• **구글맵** goo.gl/maps/cXRTnrjptd12

북쪽 무사 주택과 상인 마을을 잇는 흙담벼락과 돌계단이 인상적인 언덕이다. 언덕의 이름은 옛날 번성했던 '스야酢屋(식초가게)'가 있었던 것에서 유래한 것이다. 시오야노사카와 함께 키츠키 성하 마을을 대표하는 아름다운 언덕길이다. 스야노사카와 반대편 시오야노사카의 모습이 중간에 형성된 거리인 타니마치도리를 중심으로 V자 모습을 만들고 있다. 키츠키를 방문하는 여행객들이 꼭 방문하는 곳이면서 기모노를 입은 여성들이 기념사진 촬영을 많이 하는 관광 명소이다. 드라마나 영화의 촬영 장소로도 자주 소개되는 곳이다.

시오야노사카
塩屋の坂
📷

• **가는 법** 키츠키 버스터미널에서 도보 9분
• **구글맵** goo.gl/maps/JD9QRHSX8Kk

스야노사카의 반대편 남쪽에 있는 언덕으로 남쪽 무사 저택과 상인 마을을 잇는 곳이다. 남북 언덕에 무사들이 저택을 짓고 지냈으며, 그 아래 골짜기에서 상인들이 마을을 이루고 살았다. 일직선으로 연결되어 있는 스야노사카와 시오야노사카의 양쪽 언덕에서 바라보는 경치는 일품이라 할 수 있다. 언덕의 이름은 스야노사카와 마찬가지로 언덕 아래서 장사하던 술집 겸 소금가게가 번성하여 붙여지게 되었다.

키츠키 버스터미널 쪽에서 북쪽 무사 마을을 연결하는 언덕이다. 에도
시대에 세금 징수와 금전 출납을 담당하던 관청이 있었던 것에서 유래하여
붙여진 이름이다. 24도의 완만한 경사를 가진 높이 15cm, 폭 1.2m의 53개
계단이 설치되어 있는데, 폭과 높이는 말과 가마꾼의 보폭을 계산하여 만든
것이다. 걷는 이에 대한 배려가 느껴지는 이 돌계단에는 하나의 재밋거리가
있다. 돌계단 중에 호수에 비친 후지산 모습이나 부채 모양이 담겨 있는 돌이
있으니 찾아보고 그 시대 장인의 위트를 느껴보는 것도 좋다.

양쪽 대나무 숲의 그늘에 가려진 고즈넉한 언덕이다. 에도 시대 키츠키 성하
마을에 진입하는 6개의 반쇼(초소)가 있었는데, 그 반쇼들 중 하나가 바로
이 언덕에 설치되어서 유래된 이름이다. 반쇼는 마을의 파수꾼이 상주하여
관문 초소의 역할을 하면서 시간에 맞춰 문을 여닫고 사람과 물자의 출입을
단속하던 곳이다. 옛날에는 반쇼노사카의 아래까지 바다가 이어져 있어서
오사카, 타카마츠 등으로부터 물자와 함께 문화, 정보가 전해졌다.

- **가는 법** 키츠키 버스터미널에서 도보 11분
- **구글맵** goo.gl/maps/9SRk1BPW8512

키츠키의 언덕길 중에서도 드물게 곡선을 가진 급경사의 언덕길이 바로
아메야노사카이다. 일본어의 '쿠く'자를 닮은 언덕길이다. 돌계단 중 하얀색의
돌계단은 비가 오는 밤에도 어렴풋이 그 색이 비쳐서 통행에 어렵지 않아 '비
오는 밤의 언덕雨夜の坂'이라고 불리기도 한다. 언덕의 이름은 '아메야雨夜'가
같은 발음의 '아메야飴屋'로 변화해서 붙여진 이름이라는 설과 예전에
아메야(사탕가게)가 있었기 때문에 붙여진 이름이라는 설도 있다.

- **주소** 大分県杵築市南杵築193-1
- **가는 법** 키츠키 버스터미널에서 도보 11분
- **전화번호** 0978-62-5750
- **운영시간** 10:00~17:00(입장은 16:30까지), 매주 수, 연말연시 휴무
- **요금** 입장료 일반 300엔, 초·중생 150엔

키츠키 성하 마을의 역사와 문화에 관한 자료를 전시하고 있는 자료관으로
1993년 5월 1일에 개관하였다. 에도 시대의 마을 모습과 풍속, 관습 등을 알
수 있는 사료 및 텐진마쓰리에 사용하는 커다란 마차, 키츠키 카부키의 화려한
의상도 전시되어 있다. 자료관에 전시되어 있는 마을의 입체 모형은 옛 지도를
바탕으로 에도 시대의 모습을 1/300 축소 모형으로 그대로 재현하였다.
키츠키의 상징과도 같은 생물인 '카부토가니カブトガニ'의 모형도 전시되어 있다.

와카에야 | 若栄屋 ⚓

1698년에 창업한 와카에야는 에도 시대 때부터 키츠키 영주뿐만 아니라 주민들의 사랑을
받아온 곳으로, 키츠키 성하 마을에서는 유일하게 16대 연속으로 대를 이어 음식점을
경영하고 있는 가게이다.

와카에야의 명물 인기 메뉴는 바로 타이차즈케인 '우레시노ぅれしの'이다. 도미살을 얇게 떠서
타이차즈케용을 만든다. 참깨, 간장, 사케, 미림 등으로 따로 타레 소스를 만들고, 타레에
실파를 넣은 뒤 떠놓은 도미살을 살짝 절인다. 이 도미살을 타레와 함께 밥 위에 올리고
따뜻한 차를 부어서 먹는다. 오차즈케 타레는 단 한 명에게만 대대로 전수되는 와카에야만의
비법이다. 점심에 제공되는 우레시노 고젠은 타이차즈케와 돼지고기 철판구이, 후식으로
와라비모찌가 함께 나온다. 타이차즈케의 이름이 '우레시노'가 된 것은 옛 키츠키의 영주가 이
타이차즈케를 먹고 우레시노(기쁘다)라고 말한 것에서 유래되었다. 만화 《맛의 달인美味しんぼ》
71권 오이타 편에서도 타이차즈케 우레시노가 소개되었다.

· **주소** 大分県杵築市 杵築 665-429
· **가는 법** 키츠키 버스터미널에서 도보 8분
· **전화번호** 0978-63-5555
· **운영시간** 11:00~15:00, 17:00~22:00(저녁은 완전 예약제), 연중무휴

266

자코바 | 海鮮亭 ざこば

해산물 전문 음식점으로, 벽면 가득 붙어 있는 메뉴판에서도 알 수 있듯이 해산물을 주제로
한 코스 요리, 단품 메뉴들이 많아 선택의 폭이 넓다. 특히 갯장어와 가자미 요리가 유명한
곳이다. 무엇보다 인기 있는 메뉴는 해산물덮밥과 갯장어 요리.
벳푸만 근해에서 잡히는 도미, 전갱이, 오이타현의 명물 가자미, 문어, 새우, 오징어, 달걀말이
등이 풍성하게 담겨져 나오는 카이센동은 보자마자 입이 쩍 벌어질 정도이다. 아와비,
쿠루마에비 등을 포함해서 特특, 극상極上으로도 주문할 수 있다. 갯장어도 다양한 메뉴로 맛볼
수 있는데, 인기 메뉴는 히야시 무시하모와 하모하모 샌드이다. 데친 갯장어를 차갑게 내주는
히야시 무시하모는 부드러운 살이 매력적이며 함께 내주는 바이니쿠(매실과육) 소스에 찍어
먹으면 더 맛이 좋다. 하모하모 샌드는 밥 안에 갯장어와 얇게 썬 생강을 넣고 김으로 말은
형태를 하고 있다. 저녁 때 방문한다면 갯장어와 함께 지역의 야채들을 푸짐하게 맛볼 수 있는
하모 샤브를 주문하는 것이 좋다. 잔뼈가 많은 갯장어를 먹기 좋게 제대로 손질해서 끓는
냄비에 살짝 담갔다 먹으면 갯장어의 단맛과 부드러움을 제대로 맛볼 수 있다. 오이타현의
명물인 가자미를 튀긴 시로시타 카레이 카라아게도 꼭 한번 먹어볼 만한 메뉴이다.

- **주소** 大分県杵築市猪尾 203-1
- **가는 법** 키츠키 버스터미널에서 도보 24분
- **전화번호** 0978-63-6771
- **운영시간** 11:00~14:00, 17:00~22:00, 부정기
  휴무

○ **키츠키의 하모ハモ와 시로시타 카레이城下かれい**
키츠키시의 하모 어획량은 오이타현 내 1위로서, 매년 5월 하모
축제가 열린다. 하모라는 이름은 난폭하고 잘 물어뜯는 습성에서
'뜯다'라는 뜻의 하무食む에서 유래한 것이라는 설이 유력.
시로시타 카레이는 히지쵸日出町에서 잡히는 카레이(가자미)를
말한다. 예로부터 히지성 아래 해안은 해수와 담수가 섞이는
지역이라 플랑크톤이 풍부하여 이곳의 카레이는 담백하고
고급스런 생선으로 여겨졌다.

카미후센 | 紙ふうせん 🍜

실내에 재즈 음악이 흐르는 포근한 느낌의 카페. 차분하게 음악을 들으며 커피 한잔하기 좋은
곳이다. 출출할 때는 카미후센의 명물 음식인 하모 핫샌드를 추천한다. 하모(갯장어)와 함께
시소를 넣은 하모 시소와 치즈를 넣은 하모 치즈, 두 종류가 있다. 테이크아웃도 가능하다.
점심 메뉴는 요일마다 추천 메뉴가 바뀌는 '오늘의 메뉴'와 함께 카레라이스 같은 단품 메뉴도
준비되어 있다. 10여 종류의 케이크도 있어서 후식 또는 오후의 티 타임을 즐기기 좋다.

- **주소** 大分県杵築市大内 4537-28
- **가는 법** 키츠키 버스터미널에서 도보 15분
- **전화번호** 0978-64-1960
- **운영시간** 08:00~17:00, 월·화 휴무

다이노차야 | 台の茶屋 🍜

노미테이의 병설 찻집인 다이노차야는 넓은 일본 정원을 바라보며 툇마루에서 말차, 주스 등과
함께 디저트를 즐길 수 있는 곳이다. 실내 다다미방에서 달콤한 디저트를 즐기며, 말끔하게
정리된 자갈 정원과 바람에 흔들리는 대나무의 조화로운 모습을 보면 시간 가는 줄 모르고
편안하게 휴식을 취할 수 있다. 말차 체험, 사탕 세공 체험, 기모노 체험 등 관광객들에게
다양한 체험 코스를 제공하고 있다.

- **주소** 大分県杵築市大字杵築北台 208-1
- **가는 법** 키츠키 버스터미널에서 도보 7분
- **전화번호** 0978-62-0330
- **운영시간** 10:00~16:00, 수, 연말연시 휴무
- **홈페이지** dainochaya.com/index.html

아야베미소 죠노모토(아야베미소 양조원) | 綾部味噌釀造元 🏠

스야노사카 바로 옆에 위치한 된장 양조업체로 1900년에 창업하였다. 건물은 18세기 중반에 건설된 것으로 키츠키시 유형문화재로 지정되었다. 오이타현산 콩, 일본 국내산 쌀, 큐슈산 보리를 사용하여 전통 제조법에 따라 수작업으로 직접 만드는 무첨가 전통 된장을 판매한다. 아카 미소(붉은 된장), 시로 미소(흰 된장), 아와세 미소(혼합 된장)가 있으며, 1년 이상 자연 숙성한 특제 보리 된장이 인기이다. 건물 내부 보와 천장 사이에 새집을 지어놓고 살고 있는 귀여운 새들을 볼 수 있는 것은 덤. 예전에는 식초 가게였기 때문에 인접한 언덕을 '스야노사카酢屋の坂'라고 부르게 되었다.

- 주소 大分県杵築市杵築 169
- 가는 법 키츠키 버스터미널에서 도보 9분
- 전화번호 0978-62-2169
- 운영시간 08:00~19:00, 연시(1/1~3) 휴무

키츠키 근교

別府 벳푸

벳푸시는 오이타현에서 두 번째로 큰 도시이다. 시내에는 벳푸핫토라고 불리는 8곳의 온천 마을이 있다. 2,200여 개의 원천에서 분당 87,000리터가 넘게 용출되는 온천수가 나온다. 원천의 수와 용출량 모두 일본 최대 규모이다. 일본 전국뿐만 아니라 세계에도 널리 알려져 매년 800만 명 이상의 관광객이 방문하는 국제 관광온천 도시이다. 벳푸시의 높은 곳에 올라가면 시내의 곳곳에서 온천 수증기가 기둥을 이루고 있는 이색적인 풍경이 펼쳐진다. 벳푸의 상징과도 같다. 벳푸시는 온천을 관광뿐만 아니라 의료, 화훼, 미용, 지열 발전 등으로 다양한 산업에 폭넓게 이용하고 있다. 요즘 벳푸시가 포함된 오이타현은 '온센켄おんせん県'이라고 불릴 정도로 전 세계에 온천을 알리고 있다.

여행 형태　1박 2일

위치　오이타현 벳푸시 大分県別府市

가는 법　하카타역博多駅 ─ JR 소닉·니치린 ─ 벳푸역別府駅
　　　　　　오이타역大分駅 ─ JR 소닉·니치린 ─ 벳푸역別府駅

○ **벳푸핫토 別府八湯**
벳푸 시내에 있는 8곳 온천 마을의 총칭이다. 벳푸온센別府温泉, 칸카이지온센観海寺温泉,
칸나와온센鉄輪温泉, 카메가와온센亀川温泉, 시바세키온센柴石温泉, 묘반온센明礬温泉,
하마와키온센浜脇温泉, 호리타온센堀田温泉을 말한다.

벳푸 지고쿠 메구리는 지하 200m 이상으로부터 100℃ 전후의 수증기, 가스, 온천수 등이 자연 분출되는 원천으로 구성된 온천들을 둘러보는 관광 코스이다. '지고쿠(지옥)'라고 부르게 된 이유는 이렇다. 이 일대 지역은 천 년 전부터 수증기와 가스 등의 분출이 있었다는 기록이 있는데, 접근하기 어려운 저주 받은 땅으로 알려져서 사람들이 지고쿠라고 부르게 되었다고. 그것이 유래가 되어 지금도 벳푸의 사람들은 온천 분출구를 지고쿠라고 부르고 있다.
벳푸지옥조합은 우미, 카마도, 오니이시보즈, 오니야마, 시라이케, 치노이케, 타츠마키의 총 7개 지옥을 말한다. 7개 지옥 중에서 우미, 치노이케, 타츠마키, 시라이케는 2009년에 국가 지정 명승으로 지정되어 있다. 대표 지옥이라고 할 수 있는 우미 지옥은 1200년 전 폭발에 의해 탄생했다고 한다. 황산철 때문에 빛깔이 코발트 블루이며, 온도는 98℃이다. 달걀을 대나무 바구니에 담아 온천물에 담가서 삶은 온센타마고가 명물이다.
그 외에 산화철 때문에 붉은 빛깔을 띠는 치노이케 지옥, 잿빛의 점토질 탓에 공기 방울이 보글보글 올라오는 모습이 스님의 머리를 닮았다고 해서 붙여진 오니이시보즈 지옥, 돌 사이로 분출되는 증기로 신전에 바치는 밥을 지었다고 해서 붙여진 카마도(부뚜막) 지옥, 온천열을 이용하여 100여 마리의 악어를 사육하는 오니야마 지옥(일명 악어 지옥), 분출될 때 투명이었던 증기가 바깥 공기를 접하면서 온도가 내려가 흰색으로 변하는 시라이케 지옥, 일정 간격으로 105℃의 온천수가 뿜어져 나오는 간헐천인 타츠마키 지옥이 있다. 타츠마키 지옥과 치노이케 지옥은 다른 지옥들과 약 3km 떨어져 있어서 택시나 버스를 이용하여야 하며, 모든 지옥을 공통 입장할 수 있는 통합 입장권도 구입할 수 있다. 벳푸지옥조합에 등록되지 않은 지옥으로는 야마(산), 보즈(승려), 킨류(금룡) 등의 지옥이 있다.

- **주소** 大分県別府市鉄輪559-1(벳푸지옥조합)
- **가는 법** 벳푸다이가쿠역別府大学駅에서 차로 10분, 도보 30분
- **전화번호** 0977-66-1577
- **운영시간** 08:00~17:00, 연중무휴
- **홈페이지** www.beppu-jigoku.com
- **구글맵** 우미 지옥 goo.gl/maps/Z4xxaZqa86M2
- **구글맵** 오니이시보즈 지옥 goo.gl/maps/Nd7ihxXwkTq
- **구글맵** 카마도 지옥 goo.gl/maps/bLgyKrjcvC82
- **구글맵** 오니야마 지옥 goo.gl/maps/7QvynzG2HP92
- **구글맵** 시라이케 지옥 goo.gl/maps/bkoSjUz2Qcn
- **구글맵** 치노이케 지옥 goo.gl/maps/8a3FvnAxojF2
- **구글맵** 타츠마키 지옥 goo.gl/maps/ZPSyehkKoxy

- **주소** 大分県別府市元町16-23
- **가는 법** 벳푸역別府駅에서 도보 10분
- **전화번호** 0977-23-1585
- **운영시간** 일반탕 06:30~22:30(12월 셋째 수 휴무),
  모래찜 08:00~22:30(최종 접수 21:30, 매월 셋째 수 휴무, 공휴일일 경우 그 다음날 휴무)
- **요금** 일반탕 성인 300엔, 초·중생 100엔, 모래찜 1,500엔
- **홈페이지** takegawaragroup.jp/

1879년에 문을 연 타케가와라온센은 벳푸 온천의 상징과도 같은 존재이며, 여행객들에게는
100엔 온천탕으로 유명한 곳이다. 원래 대나무로 만든 온천 목욕탕이었는데, 리뉴얼 과정에서
지붕에 기와를 올리게 되면서 대나무를 뜻하는 '타케竹'와 기와를 뜻하는 '카와라瓦'를 합쳐서
'타케가와라'라고 불리게 되었다. 현재의 건물은 1938년에 새로 지어진 건물로, 중앙이
아치 모양이면서 끝부분은 살짝 올라간 곡선 모양의 건축양식인 '카라하후唐破風' 양식으로
만들어졌다. 실내의 똑딱거리는 오래된 시계는 시간의 흐름을 늦춰주는 듯한 기분이 든다.
일반탕에서 유유자적 온천을 즐길 수 있으며, 유카타를 입고 온천으로 데워진 모래를 덮어
모래찜도 할 수 있다.
타케가와라온센의 건너편에는 1921년에 완성된 일본에서 가장 오래된 아케이드인
'타케가와라코지竹瓦小路'가 있다. 타케가와온센과 나가레카와도리를 연결하는 약 70m 거리의
타케가와라코지는 옛날 항구에 도착한 사람들이 타케가와라온센까지 가는데 비가 오는
날에도 비에 젖지 않고 이동할 수 있도록 만든 아케이드이다.

토요켄 | 東洋軒 🍽

1926년에 오픈한 토요켄은 벳푸 토리텐(닭튀김)의 원조집이다. 텐노의 요리사이기도 했던 미야모토 시로가 오이타현 최초의 레스토랑을 오픈한 것이 바로 토요켄이다. 토요켄이라는 이름은 미야모토 시로가 요리 수행을 했던 도쿄 양식점 토요켄에서 따온 것. 오이타현에는 벳푸 토리텐과 오이타 토리텐 2가지가 있다. 벳푸 토리텐은 토요켄, 오이타 토리텐은 1962년 오픈한 '키친 마루야마'가 원조이다. 쇼와 시대 초기 토요켄에서 선보인 토리노 카마보코노 텐푸라라는 메뉴를 좀 더 일본식으로 만들어서 개발한 것이 바로 '토리텐'이다. 토리텐은 닭 허벅지살을 토요켄만의 특제 간장, 마늘, 참기름 등으로 맛을 내서 튀겨낸 것이다. 홋카이도산 다시마와 유자로 맛을 낸 벳푸 유즈토리텐도 인기 메뉴 중 하나다.

- **주소** 大分県別府市石垣東 7-8-22
- **가는 법** 벳푸다이가쿠역別府大学駅에서 도보 22분
- **전화번호** 0977-23-3333
- **운영시간** 월~금 11:00~15:30(L.O 15:00), 17:00~22:00(L.O. 21:30),
  주말·공휴일 11:00~22:00(L.O. 21:30), 매월 둘째 주 화 휴무
- **홈페이지** www.toyoken-beppu.co.jp

코게츠 | 胡月 🍜

1970년에 오픈한 인기 벳푸 냉면집이다. 코게츠에서는 주문을 받으면 그때부터 수타로 면을 만들기 때문에 면이 쫄깃하고 탄력이 있다. 코게츠의 냉면은 진한 갈색 빛깔의 국물 안에 오동통한 굵은 면이 자리 잡고, 그 면 위에 토핑으로 김치, 차슈, 달걀을 올려준다. 김치는 독특하게도 양배추 김치. 마지막에 깨와 실파를 뿌리면 완성이다. 갈색 빛깔의 수프는 지하 68m에서 끌어올린 맑은 천연수로 만들어서 부드러운 맛이 있다. 차슈는 오이타현의 브랜드 소인 분고규로 만든다. 냉면과 함께 온면도 추천. 반찬으로 김치가 따로 나오는 온면은 냉면과 같은 국물을 따뜻하게 내주는 것으로, 면을 좀 더 부드럽게 즐길 수 있어서 냉면과는 또 다른 매력이 있다. 매콤한 것이 먹고 싶다면 우리나라 쫄면과 비슷한 비빔 냉면도 준비되어 있다.

- **주소** 大分県別府市石垣東 8-1-26
- **가는 법** 벳푸다이가쿠역別府大学駅에서 도보 18분
- **전화번호** 0977-25-2735
- **운영시간** 월 11:00~16:00, 수 ~금 11:00~17:30, 주말 11:00~19:00, 매주 화 휴무

○ **벳푸 냉면別府冷麵(벳푸 레멘)**
벳푸에서 처음 냉면 음식점이 오픈한 것은 1950년경. 만주지방에서 온 요리사가 처음으로 음식점을 오픈한 것이 시작이다. 벳푸 냉면의 특징은 소고기와 가다랑어, 다시마 등으로 만든 깔끔한 맛의 국물과 밀가루, 메밀가루, 전분을 기본으로 만들어서 탱탱하고 쫄깃한 면, 그리고 소고기 차슈이다.

지고쿠무시코보 칸나와 | 地獄蒸し工房 鉄輪 🍜

2010년 오픈한 지고쿠무시코보 칸나와는 칸나와 지역에서 98℃의 고온 온천 수증기를 이용하여
사용한 전통 조리법인 '지고쿠무시地獄蒸し(지옥 찜요리)'를 체험할 수 있는 곳이다. 예부터 온천
도시로 번성했던 벳푸의 칸나와는 각 지역의 사람들이 농한기에 피로를 풀기 위해 방문해서
지고쿠무시를 먹으며 시간을 보냈다. 일반 음식점이 아니라 재료를 조달, 반입하여 사람들이
쉽게 지고쿠무시를 체험할 수 있는 벳푸시의 시설로서, 재료비 이외에 가마 사용료를 별도로
지불해야 한다. 벳푸시 시설이기 때문에 주류 판매는 하지 않으며, 시설 내로 음주 반입도 불가.
체험 공방이기 때문에 직원의 도움을 받아서 손님들이 직접 고기, 해산물, 달걀, 채소 등을
가마에 넣고 온천 수증기로 쪄서 조리한다. 이곳의 온천 수증기에는 염분이 포함되어 있어서
재료 본연의 맛을 즐길 수 있다. 재료에 따라 찌는 시간이 다르기 때문에 타이머를 주의 깊게
살펴보고 있어야 한다. 근처에 있는 족탕도 무료로 이용할
수 있으며 마실 수 있는 온천수도 제공하고 있다.

- **주소** 大分県別府市風呂本5組
- **가는 법** 벳푸다이가쿠역別府大学駅에서 차로 9분, 도보 35분
- **전화번호** 0977-66-3775
- **운영시간** 10:00~19:00(L.O 18:00), 매월 셋째 주 수 휴무
- **홈페이지** jigokumushi.com/

카이센 이즈츠 | 海鮮いづつ 🍜

벳푸에서 50년 이상 생선가게를 운영하고 있는 인기 해산물 전문점. TV 및 잡지에도 자주
소개되어 벳푸의 주민들뿐만 아니라 관광객들도 많이 찾는다. 매일 그날의 해산물만 취급하기
때문에 신선함이 자랑이며 합리적인 가격까지 갖추었다.
인기 메뉴는 세키아지 사시미와 카이센동. 세키아지 사시미는 유속이 빠르고 저온인 곳에서
물고기를 한 마리씩 낚아 올리는 어법으로 잡은 세키아지를 제공한다. 쫄깃하게 씹히는 맛과
기름기 가득한 맛이 일품으로 입안이 행복해진다. 도미, 전갱이, 방어, 연어, 오징어, 연어알 등
그날의 신선한 해산물 10가지 이상이 올라가는 카이센동은 점심 메뉴로 많은 사랑을 받고 있다.

- **주소** 大分県別府市楠町 5-5
- **가는 법** 벳푸역別府駅에서 도보 9분
- **전화번호** 0977-22-2449
- **운영시간** 11:00~15:00, 18:00~22:30, 월 휴무

○ **세키사바関サバ, 세키아지関アジ**
세키사바, 세키아지는 오이타시 사가노세키佐賀関 앞에서 잡히는 고등어와
전갱이를 말한다. 사가노세키 앞바다는 태평양의 경계에 위치한 해협으로 해류가
빠르고 플랑크톤이 많아 고등어와 전갱이가 많이 잡힌다. 수온의 변화가 적고
조류가 빨라서 이곳의 고등어와 전갱이는 탄탄한 육질과 황금빛을 띠는 것이 특징.

키츠키

杵築

島 시
  마
  바
原 라

훗카이도

아오모리현

아키타현

이와테현

야마가타현   미야기현

니가타현

후쿠시마현

도치기현

이시카와현   도야마현

군마현

나가노현   이바라키현

후쿠이현   사이타미현

기후현   야마나시현   도쿄도

치바현

시마네현   돗토리현

교토부 시가현   가나가와현

오카야마현   효고현   아이치현   시즈오카현

히로시마현

오사카부   미에현

야마구치현

나라현

후쿠오카현   카가와현

에히메현   토쿠시마현

사가현   고치현   와카야마현

나가사키현

오이타현

쿠마모토현   미야자키현

가고시마현

시마바라 반도의 마유야마 산기슭에 펼쳐져 있는 시마바라시는 아리아케해를 사이에 두고 쿠마모토와 마주보고 있다. 시내 곳곳에서 솟아나는 용출수의 자연 혜택을 받은 물의 도시이며, 시마바라성과 부케야시키 등 에도 시대 옛 마을의 거리 풍경도 남아 있다. 남방 문화와 크리스천 수난의 역사를 지닌 지역이기도 하다.

시마바라에서는 땅을 50cm만 파도 물이 솟는다고 할 정도로 용출수가 풍부하여 상하수도 및 농업용수 등의 산업 용수 대부분을 지하수로 조달하고 있다. 시마바라의 맑은 용출수는 1985년에 일본 환경청이 지정한 일본 명수名水 100선에 선정되었고, 1995년에는 국토청에서 '물의 고장水の郷'으로 선정하였다. 시마바라역에는 시마바라 철도 최초의 잉어 역장인 '삿짱さっちゃん'이 개찰구 옆에서 여행자의 안전을 지켜보고 있는 재미난 모습을 볼 수 있다.

여행 형태	1박 2일 여행
위치	나가사키현 시마바라시長崎県島原市

가는 법

● **후쿠오카 출발**	● **나가사키 출발**
하카타역博多駅 ➡ JR선 ➡ 이사하야역諫早駅 ➡ 시마바라 철도 ➡ 시마바라역島原駅	나가사키역長崎駅 ➡ JR선 ➡ 이사하야역諫早駅 ➡ 시마바라 철도 ➡ 시마바라역島原駅

○ **유스이湧水 (용출수)**
시마바라의 용출수는 1792년 운젠다케의 분화와 지진으로 지각 변동이 생기면서 용출이 시작되었다고 전해진다. 시마바라시 지하의 화산재, 모래, 자갈로 이루어진 대수층이 인근 산으로부터 강한 압력을 받아 지하수가 지상으로 용출되고 있으며, 시마바라 시내의 약60군데에서 하루 약22만 톤이 용출되는 것으로 추정되고 있다. 시내에 있는 용출수 명소에서는 지역 주민들과 관광객들이 물을 길어가기 위해서 방문을 하고 있다. 수온은 약 15℃로 지하에서 용출되는 물은 탄산가스와 미네랄을 함유하여 맛있는 물로 유명하다.

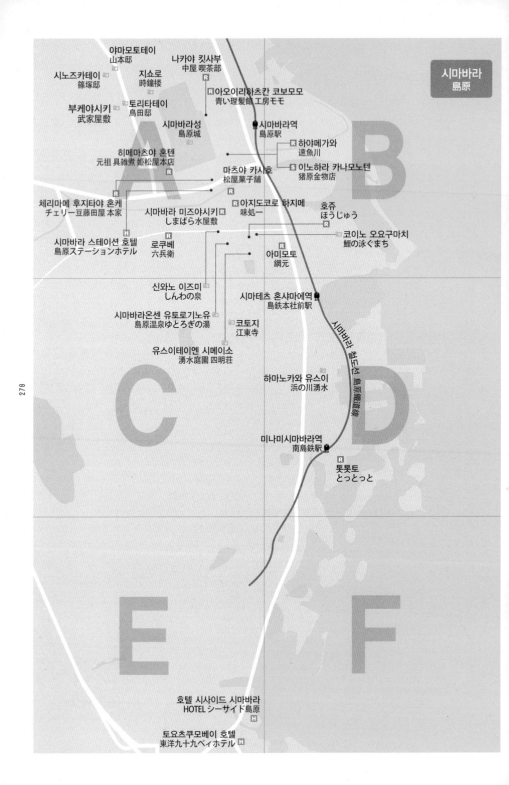

시마바라
島原

야마모토테이
山本邸

시노즈카테이
篠塚邸

나카야 킷사부
中屋 喫茶部

지쇼로
時鐘楼

R 아오이리하츠칸 코보모모
青い理髪館工房モモ

부케야시키
武家屋敷

토리타테이
鳥田邸

시마바라역
島原駅

시마바라성
島原城

R 하야메가와
速魚川

히메마츠야 혼텐
元祖 具雑煮 姫松屋本店

마츠야 카시호
松屋菓子舗

S 이노하라 카나모노텐
猪原金物店

체리마메 후지타야 혼케
チェリー豆藤田屋本家

시마바라 미즈야시키
しまばら水屋敷

R 아지도코로 하지메
味処一

호쥬
ほうじゅう

시마바라 스테이션 호텔
島原ステーションホテル

R 로쿠베
六兵衛

코이노 오요구마치
鯉の泳ぐまち

아미모토
網元

신와노 이즈미
しんわの泉

시마테츠 혼샤에역
島鉄本社前駅

시마바라온센 유토로기노유
島原温泉ゆとろぎの湯

코토지
江東寺

유스이테이엔 시메이소
湧水庭園 四明荘

하마노카와 유스이
浜の川湧水

미나미시마바라역
南島鉄駅

R 톳톳토
とっとっと

호텔 시사이드 시마바라
HOTEL シーサイド島原
H

토요츠쿠모베이 호텔
東洋九十九ベイホテル H

영주인 마츠쿠라 시게마사가 1618년에 축조를 시작하여 7년에 걸쳐 완성한 성이다.
시마바라성의 축조를 위해 주민들에게 대규모 세금을 부과하고 가혹한 노동을 강요하여
시마바라 난의 원인이 되기도 한 성이다. 메이지 유신에 의해 성이 해체되었지만 주민들의
노력으로 1964년 천수각이 복원되었다.
1층 기리시탄 사료관에는 크리스천 문화, 남방 무역 물품, 시마바라의 난에 관한 자료들이
전시되어 있으며, 2층 향토 사료관에는 마츠다이라 가문의 가보인 칼 신기, 신속 등과
마츠다이라 영주와 시마바라성 관련 물품들이 전시되어 있다. 3층 민속 사료관은 당시의 서민
생활을 볼 수 있는 물품들로 이루어져 있다. 5층 높이 35m의 천수각 전망소에서는 서쪽에
마유야마, 동쪽에 시마바라만이 펼쳐지고 시마바라 시내를 360도 파노라마로 즐길 수 있다.
바다 건너서는 쿠마모토의 산들을 볼 수 있다.
시마바라성의 부지 내에는 시마바라 출신으로 일본 조소계의 거장인 키타무라 세이보의 대표
작품 70여 점을 전시한 세이보 기념관, 운젠 후겐다케의 분화에 의한 재해 영상 및 자료를
소개한 관광부흥관도 있다.
시마바라성은 일본 100대 명성名城으로 꼽혔으며, 시마바라 성터 공원은 '일본의 역사공원
100선' 중에 하나이기도 하다. 시마바라성 주변 해자에는 봄에는 벚꽃, 초여름에는 창포,
여름에는 연꽃이 흐드러지게 핀다.

- **주소** 長崎県島原市城内 1-1183-1
- **가는 법** 시마바라역島原駅에서 도보 9분
- **전화번호** 0957-62-4766
- **운영시간** 09:00~17:30(입장은 17:00까지),
  12/29~30 휴무
- **요금** 어른 550엔, 어린이 280엔
- **홈페이지** shimabarajou.com

코이노 오요구마치

鯉の泳ぐまち

- 주소 長崎県島原市新町二丁目
- 가는 법 시마바라역島原駅에서 도보 10분
- 구글맵 goo.gl/maps/8wbzrzDrYSz

시마바라 전체는 옛날부터 '물의 도시'로 알려져 있으며, 신마치 일대는
특히나 용출수가 풍부한 곳이다. 신마치 지역 주민들이 중심이 되어 아이들의
감성을 키우고 풍부한 용출수를 후세에 남겨 관광도 살리자는 취지로
1978년부터 민가 옆에 늘어선 약 100m에 걸친 T자형 수로에 비단 잉어를
방류하게 되었다. 졸졸 흐르는 기분 좋은 물소리와 함께 맑은 물이 흐르는
수로에서 아름다운 색의 비단 잉어들을 볼 수 있다.
코이노 오요구마치에는 다다미와 연못과 잘 어우러져 최고의 경관을
자랑하는 시메이소, 관광교류센터인 세이류테이 등이 있다.

유스이테이엔 시메이소

湧水庭園 四明荘

- 주소 長崎県島原市新町 2-125
- 가는 법 시마바라역島原駅에서 도보 10분
- 전화번호 0957-63-1121
- 운영시간 09:00~18:00, 연중무휴
- 요금 어른 310엔, 어린이 150엔

시마바마를 대표하는 물의 저택 미즈야시키로서, 사방의 경치가 뛰어나다는
뜻으로 '시메이소四明荘'라는 이름이 붙여졌다. 저택은 메이지 시대 후기에,
정원은 다이쇼 시대 초기에 쿠루메로부터 스님을 초청하여 만든 것으로
알려져 있다.
소나무와 단풍나무 등으로 이루어진 정원의 아름다움과 함께 정원 안에 크고
작은 3개의 연못에서 잉어가 헤엄치는 모습을 볼 수 있다. 정원에서는 하루에
약 3,000톤의 물이 솟아나온다. 녹차 한잔을 마시며 다다미방이나 툇마루에서
맑은 연못과 잉어를 바라보다 보면 시간을 잊고 차분한 여유를 즐길 수 있다.
2008년에 국가 등록 기념물, 2014년에는 국가 등록 유형문화재로 지정되었다.

- **주소** 長崎県島原市下の丁
- **가는 법** 시마바라역島原駅에서 도보 14분
- **구글맵** goo.gl/maps/MnrKnZzeJYx
- **전화번호** 0957-63-1087 (시마바라시청 부케야시키매점 島原市役所 武家屋敷売店)
- **운영시간** 09:00~17:00(토리타테이, 시노즈카테이, 야마모토테이)
- **입장료** 토리타테이, 시노즈카테이, 야마모토테이 무료

부케야시키

武家屋敷

시마바라성의 축조 시 무사들의 거주지로 만들어졌으며 전시에는 총을 주력으로 한 보병부대의 주거지이기도 하였다. 부케야시키 길 중앙의 수로는 폭 약 70cm, 길이 약 2km로, 시마바라의 풍부한 용출수를 끌어서 만들었으며 부케야시키의 중요한 생활용수로 사용되었다. 예전에는 700여 채의 무사 저택이 있었으나 현재는 시타노쵸의 저택들만 남아, 주민들의 협력을 얻어 1977년에 부케야시키 보존지구로 정하여 보존하고 있다. 토리타테이, 시노즈카테이, 야마모토테이의 3개 저택이 무료로 공개되고 있으며, 실내에는 그 당시의 생활을 재현한 인형이나 생활용품 등이 전시되어 있다. 수로를 따라 졸졸 흐르는 물소리와 정감 있는 돌담이 멋진 정취를 불러일으킨다.

○ **토리타테이**鳥田邸
토리타 가문은 1669년 시마바라로 이주한 전통 있는 가문으로 목재의 조달과 관리, 나루터 왕래 담당 등의 일을 맡았다.

○ **시노즈카테이**篠塚邸
시노즈카 가문은 원래 아이치현 출신으로, 메이지 시대에 주로 서기 또는 대관 등으로 일하였다.

○ **야마모토테이**山本邸
야마모토 가문은 대대로 포술 사범砲術師範으로 요직을 역임하며 영주를 섬겼으며, 하급 무사에게는 드물게도 대문의 설치를 특별히 허가받은 저택이다.

시마바라

島原

지쇼로

時鐘楼

- **주소** 長崎県島原市城内1丁目
- **가는법** 시마바라역島原駅에서 도보 10분
- **구글맵** goo.gl/maps/azsriJrTfN72

1675년에 초대 시마바라 영주인 마츠다이라 타다후사는 "사람들에게 시간을 알리고 그것에 힘쓰는 것은 정치 중에서도 가장 중요한 일이다"라고 생각하여 시간을 알리는 종인 청동 지쇼를 설치하게 되었다. 당시 높이 1.3m의 종을 만들어 매 시간마다 울렸고, 그 맑고 아름다운 음색은 쿠마모토 앞바다까지 울려 퍼졌다고 한다. 오랜 시간 시마바라 주민들에게 오카미의 종으로 사랑을 받았으나, 1944년 전쟁 중 그 행방이 묘연해졌다. 그 후 지역 주민의 노력으로 1980년에 남겨진 종류에 높이 1.3m, 직경 69cm, 무게 375kg의 종으로 다시 복원하였다. 현재의 지쇼는 유명 조각가인 키타무라 세이보의 작품이다.

코토지

江東寺

- **주소** 長崎県島原市中堀町 42
- **가는법** 시마바라역島原駅에서 도보 13분
- **전화번호** 0957-62-2788

시마바라 아케이드 상점가에 있는 코토지는 원래 1558년에 창건하였으나 1624년에 코토지로 명명하여 현재에 이르고 있다. 코토지에 있는 길이 약 9m의 열반 동상인 네한부츠는 석가가 임종 직전까지 제자들에게 설법을 전파하던 모습을 본뜬 것으로, 1957년에 이타쿠라 시게마사와 마츠쿠라 시게마사의 영혼을 공양하기 위해서 만든 콘크리트 불상이다. 콘크리트 열반 불상으로는 일본 최대 크기이며, 일본 최초로 불상 발바닥에 독특한 문양을 새겼다.

시마바라온센 유토로기노유

島原温泉ゆとろぎの湯

- 주소 長崎県島原市堀町 171-3
- 가는법 시마바라역島原駅에서 도보 10분
- 전화번호 0957-63-1126
- 운영시간 10:00~21:00, 수 휴무
- 요금 어른 530엔, 70세 이상 320엔, 초등학생 이하 270엔, 3세 미만은 무료
- 홈페이지 yutoroginoyu.com

시마바라 시내 아케이드 상점가 내에 있는 온천시설로, 원천이 흐르는 대욕탕, 약탕, 냉수탕, 사우나 등이 있어서 다양한 온천을 즐길 수 있다. 원천의 온도가 30~40도로 낮은 편이기 때문에 60도 이상으로 가열하여 사용하고 있다. 온천 시설 외부에는 24시간 누구나 무료로 이용할 수 있는 족욕, 유토로기 아시유足湯도 있다. 시마바라의 온천물은 중성이기 때문에 피부를 부드럽게 해주고, 베인 상처나 화상, 피부병에 효과가 있는 것으로 알려져 있다.

이노하라 카나모노텐

猪原金物店

- 주소 長崎県島原市上の町 912
- 가는법 시마바라역島原駅에서 도보 4분
- 전화번호 0957-62-3117
- 운영시간 09:30~18:00, 수 휴무
- 홈페이지 www.inohara.jp

이노하라 카나모노텐은 1877년에 창업하여 큐슈에서 두 번째로 오래된 전통 있는 철물점이다. 에도 시대 말기에 지어진 정취 있는 상가 건물은 2003년에 국가 등록 유형문화재로 지정되었다. 희귀한 칼, 여행 용품, 생활 잡화, 철물 등 전국의 장인이 만든 엄선된 상품들과 재미난 소품들을 판매하고 있다. 후겐다케의 분화 이후에는 옛 철물점을 개조하여 건물 안쪽에 카페&갤러리인 '하야메가와速魚川'를 오픈하여 함께 운영하고 있다. 건물 옆에는 지하 110m에서 분당 150리터의 용출수가 나오고 있다. 음이온을 띤 연수로서 부드럽고 마시기 좋아서 식수, 요리 용수로 담아가는 사람들이 많다.

시마바라 ── 島原

신와노 이즈미

しんわの泉

📷

* **주소** 長崎県島原市桜町
* **가는 법** 시마바라역島原駅에서 도보 9분
* **구글맵** goo.gl/maps/esTQhR4Hfmq

시마바라 시내 중심가에 있는 신와노 이즈미는 왼쪽에는 온천수, 오른쪽에는
용출수가 나와서 같은 장소에서 용출수와 온천수를 모두 마실 수 있는 곳이다.
시마바라 시내에는 7개의 온천수를 마실 수 있는 곳이 있는데, 소화 불량,
당뇨병, 통풍, 간장병에 효과가 있다고 알려져 있으며 패트병에 온천수와
용출수를 담아가는 사람들이 많이 있다.

하마노카와 유스이

浜の川湧水

📷

* **주소** 長崎県島原市白土桃山 ２丁目
* **가는 법** 미나미시마바라역南島原駅에서 도보 5분
* **구글맵** goo.gl/maps/TwQPUSDJYp12

마실 수 있는 용출수로서, 현재도 지역 주민의 생활에 밀착되어 있다.
하마노카와 유스이의 수원은 바로 옆에 있는 우물. 3m 깊이에 1일 370톤의
수량을 자랑한다. 평소에는 용출수의 보호를 위해 울타리가 설치되어 있어서
살펴보는 것이 어렵다. 우물과 달리 하마노카와 유스이는 개방되어 있어
무료로 이용할 수 있다. 모두 4개의 구역으로 구별되어 있어서 식료품 씻는
곳, 식기를 씻는 곳 등 용도에 따라서 위에서부터 순차적으로 물을 이용해
나가는 구조로 되어 있다. 지역 주민들의 노력으로 관리 및 유지되고 있으며,
물을 길어가거나 채소와 식기를 씻은 모습, 물놀이를 하는 아이들의 모습을
자주 볼 수 있는 곳이다. 근처에는 하마노카와 유스이를 사용해서 만든
시마바라 명물 칸자라시(289p)를 판매하는 카페가 있다.

히메마츠야 혼텐 | 元祖 具雑煮 姫松屋本店 🍲

예전 시마바라에서 있었던 전쟁에서 먹었다는 음식을 1813년 히메마츠야에서 재현하여
처음으로 제공한 것이 바로 '구조니具雑煮'이다. 시마바라성 바로 앞에 위치한 히메마츠야
혼텐은 원조 구조니라고 불릴 만큼 훌륭하다. 우엉, 표고버섯, 동두부(언 두부), 쑥갓,
연근, 모치, 치쿠와, 카마보코, 아나고, 닭고기, 달걀 등 13가지의 재료가 들어가며, 가츠오
다시(가다랑어 국물)를 베이스로 한 간장으로 간을 맞춘다. 아나고(붕장어)의 고소함, 야채의
단맛 등 재료의 맛이 배어들어 감칠맛이 나는 국물이 일품이다. 우리나라의 떡국과 비슷한
음식이라서 겨울이 되면 더 생각나는 따뜻한 요리다. 그 외에 사시미, 돈카츠, 돈부리 등의
다양한 일식 요리와 함께 시마바라의 향토 요리를 맛볼 수 있다. 입구 옆에는 토산물 코너도
있어서 과자 등을 살 수 있다.

○ **구조니具雑煮**
시마바라 반도 지역島原半島地域에서 정월에 먹는 독특한
나베 요리로, 우리나라의 떡국과 비슷하다. 구조니의 유래는
1637년 시마바라의 난島原の乱 때 농민군의 대장이 군량으로
저장한 떡을 산과 바다의 다양한 재료를 모아 떡국雑煮으로
만들어서 농민들에게 제공하여 약 3개월간의 전투에서
버텼던 것이 그 시작이라고 한다. 시마바라의 대표적인 향토
요리이다.

- **주소** 長崎県島原市城内 1-1208-3
- **가는 법** 시마바라역島原駅에서 도보 10분
- **전화번호** 0957-63-7272
- **운영시간** 11:00~19:00, 매월 둘째 화
  (8·10월은 셋째 화) 휴무
- **홈페이지** www.himematsuya.jp

아오이리하츠칸 코보모모 | 青い理髪館工房モモ 🍵

다이쇼 시대인 1923년에 지어진 하늘색의 2층 목조 건물은 원래 코바야시 이발관이었다.
1980년대 이발관의 폐업 이후 노후화로 인해 철거 위기가 있었지만, 2000년에 지역 주민의
노력으로 새롭게 '코보모모工房モモ'라는 이름의 복고풍 카페로 리뉴얼하여 영업 중이다.
분위기 있는 건물의 전면은 서양식 구조, 후면은 일본식 구조로 그 당시로서는 최신식의 건축
양식이었으며 현재는 등록 유형문화재에 지정되어 있다. 내부는 아직도 옛 이발관의 큰 거울,
의자 및 이발 기구가 남아 있으며, 이발관이었던 당시의 사진도 전시되어 있어서 건물의
역사를 느끼게 해주며 시간이 왠지 천천히 흐르는 듯한 기분이 든다.
1층 카페에서는 나가사키의 명물인 떠먹는 밀크셰이크, 시마바라의 용출수로 끓이는 커피,
지역 유기농 또는 저농약 식재료로 만드는 케이크 등이 인기다. 2층 공간에서는 다양한 전시회
및 이벤트가 열린다.

○ 나가사키 밀크셰이크ミルクセーキ
떠먹는 밀크셰이크를 처음으로 만든 집은 큐슈 최초의
킷사텐喫茶店으로 알려진 츠루챤ツル茶ん이다. 원래
밀크셰이크는 영국의 '에그노그Eggnog'라는 달걀과 우유를
사용한 칵테일에서 고안된 것으로 알려져 있다. 에도 막부 말기에
서양 문화와 함께 일본에 전해지면서 비탈길이 많은 나가사키의
시가지를 오르내리느라 많은 땀을 흘리고 있는 나가사키
사람들을 위해서 얼음을 추가하여 만든 것이 나가사키의
밀크셰이크이다. 나가사키의 밀크셰이크는 얼음 알갱이가 남아
있는 상태로 제공되기 때문에 스푼으로 떠서 먹는다.

- 주소 長崎県島原市上の町 888-2
- 가는 법 시마바라역島原駅에서 도보 5분
- 전화번호 0957-64-6057
- 운영시간 10:30~18:00(월 ~17:00),
  부정기 휴무
- 홈페이지 www.rihatsukan-kobomomo.com/

나카야 킷사부 | 中屋 喫茶部 🍴

로쿠베 | 六兵衛 🍴

1805년부터 시마바라 전통의 미소(된장)와
쇼유(간장)를 만들어 오고 있는
'나카야中屋'가 운영하는 킷사텐(찻집)이다.
원래는 지은 지 100년이 넘은 미소 저장
창고였으나 1991년 운젠다케의 분화 이후에
시마바라의 관광 활성화를 위해 킷사텐으로
변경하여 운영하고 있다. 시마바라의 향토
음식인 로쿠베 우동, 칸자라시 등을 맛볼 수
있는데 특히 이기리스가 추천 메뉴이다. 어묵
같기도 하고 양갱 같기도 한 묘한 식감에
해초류로 만들어서 바다의 맛이 느껴지는
향토 음식이다. 할머니의 손맛이 담긴 소박한
시마바라의 맛을 느낄 수 있는 곳이다.

- **주소** 長崎県島原市城内 1-1186
- **가는 법** 시마바라역島原駅에서 도보 5분
- **전화번호** 0957-62-3675
- **운영시간** 10:00~17:00, 목 휴무
- **홈페이지** www.shimabara.jp/nakaya/index.html

시마바라의 향토 요리인 '로쿠베ろくべぇ'
전문 음식점이다. 고구마 가루 100%에
점성이 있는 산마를 섞어 반죽하고 그것을
압출기로 뽑아내서 면을 만든다. 완성된
면은 찜통에서 한 번 쪄낸다. 면의 짙은 갈색
빛깔은 고구마 특유의 색소에 열을 가하면서
검게 변한 것. 말린 생선으로 만든 감칠맛
나는 육수에 면을 넣고 치쿠와, 카마보코,
파를 올려서 완성한다. 탄력 있고 가늘면서
짧은 면이 특징으로 목 넘김이 좋고
씹을수록 은은한 고구마의 단맛이 올라온다.

- **주소** 長崎県島原市萩原 1-5916
- **가는 법** 시마바라역島原駅에서 도보 12분
- **전화번호** 0957-62-2421
- **운영시간** 10:30~23:00(L.O. 22:30), 화 휴무

○ **이기리스いぎりす**
아리아케해에서 6월경에 채취하는 해초를 사용하여
양갱처럼 만든 향토 요리이다. 해초를 쌀뜨물이나 콩물
등에 끓여서 녹인 뒤에 당근, 생선, 목이버섯, 땅콩 등을
넣어서 굳힌다. 나가사키에서는 관혼상제 때 자주 등장하는
요리이다. 시마바라의 난 이후에 타 지역에서 시마바라로
이주한 사람들에 의해서 전해진 시코쿠 이마바리 지역의
이기스도후いぎす豆腐의 영향으로 탄생한 것으로 알려져 있다.

○ **로쿠베ろくべぇ**
생고구마를 건조시킨 고구마 가루로 만든 면 음식이다.
1700년대 말 시마바라 반도가 기근에 시달렸을 때
로쿠베六兵衛라는 사람이 고구마를 이용해서 만들었다고
전해진다. 초창기의 로쿠베는 지금보다 훨씬 더 짧은 면으로
만들어져서 젓가락으로 먹기 어려워 후루룩 마시듯이 먹던
음식이었다. 츠시마対馬에도 고구마 가루로 만든 거의 유사한
음식인 로쿠베가 있다.

아미모토 | 網元 🍜

시마바라에서 잡히는 해산물을 중심으로 메뉴를 구성한 지역 인기 이자카야이다.
시마바라에서 생선을 먹는다면 아미모토에 간다는 말이 있을 정도로 지역 주민뿐만 아니라
관광객들에게도 인기 있는 곳이며, 지역 출신 유명 프로축구 선수의 단골집으로도 알려져서
실내외에 축구 관련 유니폼, 사인들이 인테리어처럼 장식되어 있다.
역시 생선 관련 메뉴가 많은 사랑을 받고 있는데, 무엇보다도 복어인 간바 요리가 인기다. 살짝
데쳐서 탱탱한 식감이 좋은 유비키, 간장, 미림, 사케 등을 넣고 끓인 조림 요리인 부드러운
맛의 가네다키, 튀겨서 겉은 바삭, 안은 촉촉한 카라아게 등 다양한 간바 요리를 맛볼 수 있다.
특히 유비키, 가네다키 모두 함께 제공해주는 매실 과육 바이니쿠를 곁들여서 먹으면 더욱
맛이 좋다. 2019년 12월 이전 오픈하면서 점심 영업도 시작했다. 사시미 정식, 카이센동 등
해산물을 중심으로 한 점심 메뉴들이 인기를 얻고 있다.

○ 간바がんば
간바에서 간がん는 '관棺'을 뜻한다. 에도 시대에는 복어의
독 때문에 먹는 것이 금지되었지만, 관을 준비해 놓고서라도
먹고 싶을 정도라는 의미에서 시마바라에서는 복어를
'간바'라고 부른다. 시마바라에서는 복어를 사시미로
먹기보다는 살짝 데친 유비키나 가네다키がね炊き,
카라아게唐揚げ 등으로 많이 먹는다.

- **주소** 長崎県島原市高島 2-7215-1
- **가는 법** 시마바라역島原駅에서 도보 8분
- **전화번호** 0957-62-5185
- **운영시간** 11:30 ~ 13:30, 17:00 ~ 22:00, 점심
  화·수·목만, 부정기 휴무

시마바라 미즈야시키 | しまばら水屋敷 🍜

1995년부터 부부가 운영하고 있는 시마바라 아케이드 상점가 내의 카페이다. 메이지 시대의
목조 저택에서 툇마루에 앉아 샘물이 솟아나는 연못을 바라보며 시마바라 명물 칸자라시,
커피 등을 즐기며 운치 있는 시간을 보낼 수 있는 곳이다. 목조 저택은 옛날 부잣집 별장으로
지어졌던 것이며, 연못에서는 하루에 4,000톤 가량의 맑은 용출수가 솟아나고 있다.
다른 카페와는 달리 입구에서 먼저 메뉴를 주문하고 계산까지 한 다음에 안쪽 저택에서
자리를 잡고 앉아 있으면 음식을 가져다주는 시스템이다. 목조 저택의 1층은 카페로 이용되고
있고, 2층은 약 1,500종류의 고양이 장식물 마네키네코를 전시 및 판매하고 있다. 일본
마네키네코 클럽의 회원인 사장님이 일본 각지에서 수집한 다양한 마네키네코를 보고 구입도
할 수 있다. 카페 메뉴로는 용출수를 사용하여 만든 칸자라시, 물을 한 방울씩 떨어뜨려 10시간
동안 만들어내는 더치커피와 유사한 미즈다시 커피 등이 인기 메뉴이다.

○ **칸자라시かんざらし**
찹쌀 가루를 사용하여 하나하나 손으로 동그랗게 말아서 삶은
시라타마 당고白玉だんご를 키자라き자라와 하치미츠はちみつ
등을 혼합한 시럽에 담아서 먹는 시마바라의 여름 향토
음식이다. 시마바라의 미네랄이 풍부한 천연수로 만든
시라타마 당고와 차가운 천연수로 만든 시럽의 조화는
자연의 혜택으로 만든 명물 음식이다. 칸자라시かんざらし는
원재료인 찹쌀을 "추운かん(寒) 날에 노출시킨다さらす"고
해서 붙여진 이름이다.

* **주소** 長崎県島原市万町513
* **가는 법** 시마바라역島原駅에서 도보 7분
* **전화번호** 0957-62-8555
* **운영시간** 11:00~17:00, 부정기 휴무
* **홈페이지** www.mizuyashiki.com

하야메가와 │ 速魚川　🍜

이노하라 카나모노텐 내에 위치한 오래된 민가 카페로서, 카페 앞에 시원하게 뿜어져 나오는
용출수가 인상적인 곳이다. 카페 이름인 '하야메가와'는 힘차게 솟아나는 용출수를 이용하여
20여 년 전에 카페 주인이 카페 앞에 만든 작은 인공 개울의 이름이기도 하다. 녹색이 아름다운
정원에는 햇살이 들어오고 작은 연못에는 거북이가 있으며, 안쪽 마루방에서는 전시된
미술품을 보며 차분한 시간을 보낼 수 있다.
하야메가와에서 용출되는 물로 만든 커피, 칸자라시, 케이크, 빙수 등의 카페 메뉴뿐만 아니라
카레 등의 식사 메뉴도 준비되어 있다. 무엇보다 시마바라 특산품인 소멘이 인기. 여름에는
시원한 히야시소멘으로, 겨울에는 따뜻한 뉴멘으로 제공한다.

○ **시마바라 테노베 소멘**島原手延べそうめん
시마바라의 소멘은 테노베 소멘으로서, 탄력 있고 가는
면을 위해 수작업으로 10cm 정도의 반죽 크기를 조금씩
늘려가면서 2m에 이르는 면을 만들고 숙성, 건조의
과정을 거치는 전통을 이어나가고 있다. 반죽을 만들
때 소금과 물의 양은 그날의 날씨, 기온에 따라 다르게
조정하므로 감각이 필요하다.

· **주소** 長崎県島原市上の町912
· **가는 법** 시마바라역島原駅에서 도보 4분
· **전화번호** 0957-62-3117
· **운영시간** 11:00~17:30, 수 · 목 휴무
· **홈페이지** www.inohara.jp

| 호쥬 | ほうじゅう | 🥢 | 톳톳토 | とっとっと | 🥢 |

시마바라의 코이노 오요구마치에 있는
복어 간바를 메인으로 다양한 해산물과
향토 요리를 맛볼 수 있는 음식점이다. 건물
옆에는 잉어가 헤엄치는 작은 하천이 흐르고
실내에도 조그마한 하천을 만들어 놓았다.
실내 주변에는 아리타 야키의 판과 그릇
등이 많이 전시되어 있다.
인기 메뉴는 복어로 만든 스시인 간바
즈시이다. 스시 밥 샤리 위에 쫄깃하게 살짝
데친 복어살을 올린 뒤 상자에 채워 담은
스시로서, 샤리 사이에는 시소와 매실 과육
바이니쿠를 넣어서 맛에 조화를 이룬다.
간바 즈시는 따로 포장도 가능하다. 간바
즈시와 함께 구조니(285p)나 소멘, 그리고
칸자라시(289p)가 함께 나오는 간바 즈시
테이쇼쿠(복어 스시정식)도 추천 메뉴이다.

- **주소** 長崎県島原市新町2-243
- **가는 법** 시마바라역島原駅에서 도보 10분
- **전화번호** 0957-64-2795
- **운영시간** 11:00~24:00, 연중무휴

2006년 오픈한 톳톳토는 부지 내에 수산물
시장과 음식점으로 이루어진 2개 건물이
있으며, 음식점은 에도 시대의 영주가
사용하던 쌀 창고를 활용한 것이다.
150명 정도 수용할 수 있는 큰 실내에서
시마바라의 신선한 해산물 요리를 만끽할 수
있다.
카이센동(해물덮밥), 텐동(튀김덮밥),
사시미 고젠(회정식 코스) 등 다양한 메뉴가
준비되어 있으며, 어떤 메뉴를 시키든
푸짐한 양과 신선한 맛이 만족스럽다. 특히
카이센동 키와메와 에비텐동 고혼이 인기.
고등어, 도미, 연어, 새우, 오징어, 장어 등
15~17종류의 해산물이 올라가는 카이센동
키와메는 다양하고 푸짐한 해산물의 맛을
느낄 수 있으며, 큼직한 새우튀김 5개와 각종
튀김이 올라가는 에비텐동 고혼은 푸짐한
비주얼에 깜짝 놀라게 된다. 꽃게 철에는
꽃게 한 마리가 통째로 올라간 고보레
카이센동도 맛볼 수 있다.

- **주소** 長崎県島原市湊新地町451
- **가는 법** 미나미시마바라역南島原駅에서 도보 5분
- **전화번호** 0957-63-9911
- **운영시간** 11:00~15:00, 목 휴무

시마바라 ── 島原

마츠야 카시호 | 松屋菓子舖 ⮧

1688년에 창업하여 300년 이상 전통의 맛을
이어오고 있는 화과자 및 양과자 전문점이다.
마츠야는 2개의 문이 있어서 강변 쪽에서
들어가면 일본식 화과자 매장, 아케이드
상점가 쪽에서 들어가면 양과자 매장인
재미있는 점포 구조를 가지고 있다. 화과자
매장에는 시마바라 코마치, 유스이노 시즈쿠,
쿠리 만쥬, 계절 화과자, 양갱 등을 판매하며,
양과자 매장에서는 숏케이크, 초콜릿, 푸딩,
몽블랑 등을 판매한다. 2~3월에는 기간
한정으로 판매하는 복숭아 모양의 모모
카스텔라가 인기다.

- 주소 長崎県島原市万町 520
- 가는 법 시마바라역島原駅에서 도보 6분
- 전화번호 0957-62-2556
- 운영시간 09:00~21:00, 부정기 휴무

체리마메 후지타야 혼케
チェリー豆藤田屋本家 ⮧

1926년에 창업한 체리마메 후지타야는
시마바라 여행 상품으로 인기 있는 체리
마메를 판매하는 과자점이다. 체리 마메는
누에콩인 소라 마메를 2일간 물에 담근 뒤
껍질을 벗겨서 설탕, 생강, 깨 등의 맛을 입혀
튀긴 과자로 바삭하고 달콤한 맛을 즐길 수
있다. 원래 사가현 카시마에서 소라 마메를
튀긴 과자를 판매하고 있었는데, 카시마
중학교의 영어 선생님이 "카시마는 벚꽃이
유명하니 '체리 마메'라고 부르는 것이 좋지
않을까?"라고 제안한 것이 계기가 되어
체리 마메가 탄생하게 되었다. 튀긴 소라
마메에 입힌 맛에 따라 우니 맛의 우니 마메,
흑임자 맛의 쿠로고마 마메, 흑설탕 맛의
코쿠토 마메, 딸기 맛의 이치고 마메 등의
다양한 과자를 판매하고 있다. 가게 내에서는
시마바라 명물인 자봉 츠케, 테노베 소멘
등도 판매하고 있다.

- 주소 長崎県島原市今川町1850-8
- 가는 법 시마바라역島原駅에서 도보 6분
- 전화번호 0957-63-1100
- 운영시간 10:00~17:30
- 홈페이지 www.shimabara.jp/cherrymame-f

호텔 시사이드 시마바라 | HOTEL シーサイド島原 🏠

- 주소 長崎県島原市新湊 1-38-1
- 가는 법 시마바라가이코역島原外港駅에서 도보 12분
- 전화번호 0957-64-2000
- 요금 싱글 8,500엔~, 트윈 11,500엔~
- 홈페이지 www.seaside-shimabara.com

시마바라항 근처에 위치하여 아리아케해와 선박이
바라보이는 전망이 트인 리조트 호텔이다. 로비와 객실에서
바라보는 경치는 정원에 있는 올리브 나무와 바다가 어우러져 마치 지중해에 있는 듯한
기분이 든다. 시마바라의 신선한 식재료를 사용하는 호텔 내 레스토랑의 맛있는 음식을 홀과
정원 테라스에서 즐길 수도 있다. 혈액 순환에 좋은 고농도 탄산천인 온천탕과 전망 좋은
6층의 전망대 대욕탕은 손님들에게 호평을 얻고 있다.

시마바라 스테이션 호텔 | 島原ステーションホテル

- 주소 長崎県島原市今川町 930
- 가는 법 시마바라역島原駅에서 도보 7분
- 전화번호 0957-65-0666
- 요금 싱글 4,500엔~, 트윈 5,200엔~
- 홈페이지 www.jisco-group.net/ssh

시마바라역에서 도보 7~8분 거리의 접근성 좋은 저렴한
비즈니스 호텔이다. 1박 최저 4,500엔으로 합리적인
가격이며, 조식은 700엔 추가로 일본식&양식 뷔페가 제공된다. 1층 로비에서는 무료로
PC를 사용할 수 있으며, 프린터도 무료로 사용할 수 있어서 비즈니스맨들에게 인기 있다.
시마바라성이 보이는 객실은 따로 예약이 필요할 정도로 인기가 있다.

토요츠쿠모베이 호텔 | 東洋九十九ベィホテル 🏠

- 주소 長崎県島原市秩父が浦町丁 3552-53
- 가는 법 시마바라가이코역島原外港駅에서 도보 14분
- 전화번호 0957-62-3111
- 요금 싱글 7,480엔~, 트윈 8,480엔~
- 홈페이지 www.tsukumo-hotel.co.jp

1934년에 외국인 전용 호텔로 오픈하였으며 2012년에
리뉴얼하였다. 언덕 위에 위치한 호텔로 아리아케해와
츠쿠모시마의 멋진 경관을 바라볼 수 있는 온천 호텔이다. 온천 대욕장과 노천탕에서
떠오르는 아침 해를 바라보며 절경을 느낄 수 있다. 향토 식재료를 사용한 카이세키 요리도
자랑거리이다.

시마바라 근교

小浜温泉

오바마온센

나가사키현 운젠시 오바마쵸에 있는 오바마온센은 온도 약 100도(최고 온도 105도)의 원천이 하루에 15,000톤가량 용출하는 온천이다. 온도와 방출 열량이 일본 최대를 자랑한다. 이 고온의 온천을 활용하여 지열 발전을 실용화한 곳이기도 하다.

713년 히젠노쿠니후도키에도 기록되어 있을 정도로 오래된 온천으로, 마을 전체에 온천의 수증기가 피어오르고 타치바나만에 접하여 석양이 아름다운 바닷가 온천 마을이다. 에도 시대에 오바마 온천물이 병에 효험이 있다고 세간에 널리 알려졌으며, 메이지 시대에는 유명 문인들과 멀리 상하이, 홍콩, 러시아에서도 외국인들이 방문하여 번창하였다. 실제로 알칼리성 온천으로 신경통, 관절염, 근육통, 만성 피부병 등에 효과가 있다. 오바마온센의 명소 곳곳에는 오바마 초등학교의 졸업생들이 만든 귀여운 설명 간판들이 설치되어 있다.

여행 형태 1박 2일 여행

위치 나가사키현 운젠시 오바마쵸長崎県雲仙市小浜町

가는 법
● **후쿠오카 출발**
하카타역博多駅 ➡ JR선 ➡ 이사하야역諫早駅 ➡ 시마테츠 버스 ➡ 시마테츠버스 오바마터미널 島鉄バス小浜ターミナル 하차

● **나가사키 출발**
나가사키역長崎駅 ➡ JR선 ➡ 이사하야역諫早駅 ➡ 시마테츠 버스 ➡ 시마테츠버스 오바마터미널島鉄バス小浜ターミナル 하차

구글맵 시마테츠버스 오바마터미널 goo.gl/maps/ASxWy3qAKrP2
오바마온센 관광안내소 goo.gl/maps/7qPaAhoe9vq

2010년에 오픈한 족욕탕으로 오바마온센의 원천 최고 온도인 105도와 같은 숫자인 105m의
길이로 만든 일본에서 가장 긴 족욕탕이며 연간 21만 명이 찾아오는 인기 관광 명소이기도
하다. 오바마온센은 원천 온도가 100도가 넘어서 그대로 족탕으로 사용할 수 없기 때문에
계단식으로 만든 시설에서 원천을 흘려 온도를 점차 떨어뜨리는 시스템으로 온천수를
제공하고 있다. 족탕의 온도는 겨울에는 43도, 여름에는 40도 정도로 설정하고 있다. 훗토훗토
105에는 자갈이 발바닥의 혈을 눌러주는 워킹 족탕, 애견과 함께 즐길 수 있는 펫 족탕 등이
있으며, 자유롭게 이용할 수 있는 찜 가마에서 해산물과 달걀, 채소 등을 쪄 먹을 수 있다.
가족이나 연인들이 따로 음식을 준비해 피크닉처럼 족탕을 즐기는 사람들도 많으며, 저녁 때는
앉아서 족탕을 즐기며 타치바마만으로 저무는 멋진 석양을 바라볼 수 있다.

· 주소 長崎県雲仙市小浜町北本町905-71
· 가는법 시마테츠버스
  오바마터미널島鉄バス小浜ターミナル에서 도보 7분
· 구글맵 goo.gl/maps/RafngbtD7Bm
· 전화번호 0957-74-2672(오바마온센 관광협회)
· 운영시간 4~10월 10:00~19:00, 11~3월
  10:00~18:00(연 2회 청소 날과 날씨에 따라 휴무)
· 요금 무료

波の湯「茜」

📷

- **주소** 長崎県雲仙市小浜町マリーナ20
- **가는 법** 시마테츠버스 오바마터미널島鉄バス小浜ターミナル에서 도보 7분
- **구글맵** goo.gl/maps/kpxVLDR9z9T2
- **전화번호** 0957-74-2672(오바마온센 관광협회)
- **운영시간** 10:00~23:00(예약제)
- **요금** 1그룹(4명까지) 50분 3,000엔

나미노유 아카네는 타치바나만에 접해 있는 해상 노천탕으로 눈앞에 펼쳐지는
타치바나만의 절경이 멋진 곳이다. 낮에는 공중 온천탕이지만 저녁에는 예약
온천탕으로 운영되고 있다. 만조 시에는 노천탕과 해수면과의 차이가 거의
없어서 바다와의 일체감을 맛보며 온천을 즐길 수 있다. 수평선 밑으로 가라앉는
석양과 밤하늘의 별을 바라보며 노천 온천을 즐기는 기분은 최고다.

小浜歴史資料館

📷

- **주소** 長崎県雲仙市小浜町北本町 923-1
- **가는 법** 시마테츠버스 오바마터미널島鉄バス小浜ターミナル에서 도보 5분
- **전화번호** 0957-75-0858
- **운영시간** 09:00~18:00, 월·연말연시 휴무
- **요금** 입장료 100엔

1614년부터 대대로 오바마 온센의 발전에 공헌해온 혼다 유다유의 저택 터에
조성된 자료관이다. '유다유湯太夫'는 시마바라번이 온천 관리를 담당했던
사람에게 부여한 칭호이다.
오바마 역사자료관은 유다유 전시관과 역사자료 전시관으로 2개의 건물이
있다. 유다유 전시관은 1844년에 건립된 혼다 유다유의 저택으로 오바마온센의
발전에 공헌한 혼다 유다유의 업적 등이 전시되어 있으며, 역사자료 전시관에는
옛 온천 마을의 풍경을 재현해 놓고 오바마의 역사, 교통, 온천 등의 흥미로운
자료들이 전시되어 있다.

- **주소** 長崎県雲仙市小浜町マリーナ20
- **가는법** 시마테츠버스 오바마터미널島鉄バス小浜ターミナル에서 도보 1분
- **전화번호** 0957-74-2567

시마테츠버스 오바마터미널 뒤편에 있는 신사로, 예로부터 온천의 힘으로 주민의 질병을 치유했다고 믿어져 내려온 '온천의 신'을 모신 신사이다. 신사 옆에는 커다란 신목인 은행나무의 푸름이 멋진 곳이다. 신사 건물의 내부 천장에는 1679년에 단 하룻밤에 완성했다는 용의 그림이 그려져 있다.

- **주소** 長崎県雲仙市小浜町北本町
- **가는법** 시마테츠버스 오바마터미널島鉄バス小浜ターミナル에서 도보 3분
- **구글맵** goo.gl/maps/fj6tRMHfvKL2

오바마 온천가에서 산 쪽에 있는 용출수로서, 솟아나는 것이 아니라 차분히 고여 있는 수로 느낌의 용출수이다. 1629년 크리스천 탄압 시기에 운젠 지옥에 오르기 전 마지막 휴식처였다는 크리스천 순교의 비화에도 등장하는 오래된 역사를 가진 용출수 장소. 현재도 생활용수로 이용되고 있다.

탄산센

炭酸泉

- **주소** 長崎県雲仙市小浜町刈水
- **가는 법** 시마테츠버스 오바마터미널島鉄バス小浜ターミナル에서 도보 4분
- **구글맵** goo.gl/maps/ppHbsPgMt9P2

표주박 모양의 작은 웅덩이에서 거품이 끓어오르듯이 온천이 솟아나고 있다. 온도는 21도 정도로 오바마에서 유일한 차가운 탄산온천으로, 살짝 유황 냄새가 나며 철분과 탄산 성분이 많이 포함되어 있다.

코센지

光泉寺

- **주소** 長崎県雲仙市小浜町北本町 847
- **가는 법** 시마테츠버스 오바마터미널島鉄バス小浜ターミナル에서 도보 4분
- **구글맵** goo.gl/maps/NRPbkV1kKPP2
- **전화번호** 0957-74-2069

정토종 혼간지파의 사찰로 돌계단을 올라서면 입구 옆에 우뚝 솟아있는 종루, 카미노카와 유스이를 이용한 정원, 뒤편의 돌담을 따라 산책하기 좋은 길 등 의외의 볼거리가 많은 곳이다. 일본의 국민 여배우인 요시나가 사유리 주연의 영화《나가사키 부라부라부시》의 촬영지이기도 했던 사찰이다.

요시쵸 | 味処湯処よしちょう

원래는 스시집이지만 해산물의 향이 가득한 명물 오바마 짬뽕이 인기 있는 곳으로, 식사 시간대에는 많은 사람들이 대기한다. 짬뽕면은 온천수를 첨가해서 직접 만들고, 국물은 돼지 뼈인 돈코츠, 닭뼈인 토리가라와 함께 멸치를 사용하여 담백하고 감칠맛이 좋게 만들었다. 짬뽕에는 양배추, 목이버섯, 돼지고기, 오징어, 새우, 카마보코 등 풍부한 재료가 들어가서 든든한 한 끼를 먹을 수 있다. 오바마 짬뽕과 함께 니기리즈시를 먹을 수 있는 세트 메뉴가 인기다. 2층 식당에서 식사를 하면 1층 온천탕에서 공짜로 온천을 즐길 수 있다.

○ **오바마 짬뽕 小浜ちゃんぽん**
오바마 짬뽕은 나가사키에서 오바마온센으로 온천 치유를 하러 오던 사람들이 즐겨 먹던 음식이다. 증기선이 왕복하던 다이쇼 시대부터 이미 존재했던 것으로 알려져 있다. 작은 새우, 오징어 등 해산물을 풍부하게 사용하는 것이 특징이며, 현재 오바마온센 내 10여 개의 가게에서 오바마 짬뽕을 맛볼 수 있다. 나가사키 짬뽕 長崎ちゃんぽん, 아마쿠사 짬뽕 天草ちゃんぽん과 함께 일본 3대 짬뽕으로 불리고 있다.

· **주소** 長崎県雲仙市小浜町北本町 905-32
· **가는 법** 시마테츠버스
  오바마터미널 島鉄バス小浜ターミナル에서 도보 6분
· **전화번호** 0957-75-0107
· **운영시간** 11:00~22:00, 둘째 넷째 수, 1/1 휴무

시마바라 ―― 島原

카리미즈안
刈水庵

* **주소** 長崎県雲仙市小浜町北本町 1011
* **가는 법** 시마테츠 버스
  오바마터미널島鉄バス小浜ターミナル에서 도보 7분
* **전화번호** 0957-74-2010
* **운영시간** 10:00~17:00, 화·수 휴무
* **홈페이지** www.karimizuan.com

오바마온센 마을 뒤편 언덕의 조용한 주택가인 카리미즈에 디자인 사무소인 스튜디오 시로타니가 2013년에 오픈한 카페 겸 숍이다. 1층은 식기, 조명기구, 공예품, 잡화 등이 전시 및 판매되고 있으며, 신발을 벗고 계단을 통해 올라가는 2층은 1960년대의 편안한 의자와 소파에서 커피와 차를 마시며 여유로운 시간을 보낼 수 있는 카페로 운영한다. 실내에는 우리나라 사람들에게 익숙한 물건들이 보이는데, 오너의 부인이 한국인으로 한국에서 가져온 밥상 및 장롱 등이 카페의 한 공간을 차지하고 있다. 지은 지 80년이 넘은 옛 민가를 개조한 것이기 때문에 목재가 주는 차분함과 편안함이 특징. 바쁜 일상을 잠시 잊고 녹음에 둘러싸여서 재충전할 수 있는 공간이다.

팩	パック	⮧

소프트 아이스크림 캄	ソフトクリーム Calm	⮧

오바마의 소금을 사용한 과자, 감자와
온천수를 사용한 빵 등 지역 소재를
활용한 상품을 판매하고 있는 케이크&빵
집이다. 가장 인기 메뉴는 반죽에 오바마의
온천수를 사용하고 팥소가 듬뿍 들어간 온센
앙빵이다. 실내에는 카페 공간도 있으며,
테이크아웃하여 노천탕에서 족욕을 즐기며
먹거나, 아름다운 석양을 감상하며 맛있는
빵을 먹는 것도 즐거운 일이다.

- 주소 長崎県雲仙市小浜町北本町 1681
- 가는 법 시마테츠버스
  오바마터미널島鉄バス小浜ターミナル에서 도보 2분
- 구글맵 goo.gl/maps/VdtzmwUw2C82
- 전화번호 0957-74-4880
- 운영시간 09:00~19:00, 수 · 목 · 금 휴무

일본에서 가장 긴 족욕탕인 홋토홋토 105와
해상 노천탕 나미노유 아카네가 있는 마리나
지역의 아이스크림 전문점이다. 나가사키에
있는 뉴요쿠도의 체인점으로 운영되고 있다.
온천으로 더운 열기를 식히기에 제격인
아이스크림을 판매하는 곳으로, 오바마
소프트 아이스크림, 밀크셰이크 등 다양한
메뉴가 있다. 뉴요쿠도의 인기 상품인 얼린
나가사키 카스텔라 아이스도 인기 상품.
나가사키 카스텔라 아이스는 구매 후 조금
녹여서 부드러워졌을 때 먹는 것이 좋다.

- 주소 長崎県雲仙市小浜町マリーナ 20-2
- 가는 법 시마테츠버스
  오바마터미널島鉄バス小浜ターミナル에서 도보 6분
- 구글맵 goo.gl/maps/EbWcb1sAKQT2
- 운영시간 10:00~18:00, 목 휴무

시마바라 ── 島原

이세야 료칸 | 伊勢屋 旅館

- **주소** 長崎県雲仙市小浜町北本町 905
- **가는 법** 시마테츠버스 오바마터미널島鉄バス小浜ターミナル에서 도보 4분
- **전화번호** 0957-74-2121
- **요금** 오마카세 룸 12,960엔~, 천연 온천욕탕 포함 룸 24,000엔~
- **홈페이지** www.iseryaryokan.co.jp

1669년에 창업한 역사와 전통을 자랑하는
나가사키에서 가장 오래된 료칸이다. 남성전용
전망 노천탕인 모키치노유, 여성전용 전망
노천탕인 유나기노유에서 즐기는 시간은
치유의 시간이 된다. 욕실이 포함된 방은
히노키 욕조와 서양식 욕조 중에서 선택도
가능하다. 방과 전용 욕실에서 바라보는 바다의
경치도 좋다. 추천 음식은 이세에비(대하)가
포함된 고급 카이세키 요리이다.

슌요칸 | 春陽館

- **주소** 長崎県雲仙市小浜町北本町 1680
- **가는 법** 시마테츠버스 오바마터미널島鉄バス小浜ターミナル에서 도보 1분
- **전화번호** 0957-74-2261
- **요금** 오마카세 룸 14,040엔~, 목조 레트로 룸 19,440엔~
- **홈페이지** www.shunyokan.com

1937년 창업 당시인 쇼와 시대의 모습을
그대로 담고 있는 복고풍 목조 3층 건물의
료칸으로 1960년경에 지은 7층 건물인 별관도
함께 운영하고 있다. 카라하후 형식의 건물
입구가 특징이다. 별관 7층에 위치한 전망 좋은
텐쿠노유, 햇볕이 들어와 몽환적인 분위기를
연출하는 본관 1층의 대욕탕인 산토카노유
등이 인기 있으며, 점심 식사가 포함된 1일 입욕
플랜도 이용할 수 있다.

료칸 유노카 | 旅館 ゆのか 🏠

- **주소** 長崎県雲仙市小浜町北本町 905-26
- **가는 법** 시마테츠버스 오바마터미널島鉄バス小浜ターミナル에서 도보 6분
- **전화번호** 0957-75-0100
- **요금** 일본식 방(B) 6,480엔~, 일본식 방(A) 12,960엔~
- **홈페이지** www.yunoka.com

타치바나만이 내려다보이는 히노키 구조의
옥상 노천탕과 근해에서 어획된 신선한
해산물을 이용한 요리와 나가사키 소고기,
운젠 돼지고기 요리가 자랑거리인 료칸이다.
1층 로비 옆 휴게실에서는 무료 커피를 셀프로
서비스하고 있다. 풍부한 양질의 온천수가
가득한 욕조에서 느긋하게 여유를 즐기면서
일상의 피로를 말끔히 풀 수 있다.

오바마 온센 하마칸 호텔 | 小浜温泉浜観ホテル 🏠

- **주소** 長崎県雲仙市小浜町北本町字北戸崎 1681
- **가는 법** 시마테츠버스 오바마터미널島鉄バス小浜ターミナル에서 도보 2분
- **전화번호** 0957-74-2222
- **요금** 싱글 4,500엔~, 트윈 6,500엔~
- **홈페이지** www.jisco-group.net/hkh

1889년 잇카쿠로라는 이름으로 창업하였으며
현재 오바마를 대표하는 호텔이다. 원래는
오바마 칸코 호텔이었으나 2014년 하마칸
호텔로 새롭게 영업을 하고 있다. 오션뷰
객실과 모두에게 개방되어 있는 호텔
옥상에서 바라보는 오바마온센 시가지와
타치바나만으로 저무는 석양의 모습은
장관이다.

모토부 & 나키진손

本部町 & 今帰仁村

오키나와의 중북부에 위치한 모토부 반도의 모토부쵸와 나키진손은 오키나와의 매력을 물씬 느낄 수 있는 오키나와 여행의 중심지라고 할 수 있다. 오키나와 자연의 매력을 만끽할 수 있는 지역으로, 나하 시내를 벗어나 북쪽으로 향할수록 푸른빛과 초록빛이 짙어지며 자연에 가까워지고 있음을 몸소 느낄 수 있다.

거대한 수조 속을 유유히 헤엄치는 고래상어를 만날 수 있는 오키나와 츄라우미 수족관, 류큐 왕국의 역사를 알 수 있으며 세계 유산에 등재된 나키진 성터가 있다. 또한, 오키나와 본섬과 코우리지마를 차로 연결하는 코우리 대교에서는 본섬보다 더욱더 투명한 바다와 최고의 절경을 바라보며 드라이브를 즐길 수 있다. 코우리지마는 오키나와판 '아담과 이브' 신화가 남아 있어, '사랑의 섬'으로 알려져 있다. 또 비세노 후쿠기 나미키는 옛 마을의 모습이 남아 있는 곳으로 천천히 산책을 즐기기에 좋다.

유명 오키나와 소바 가게들이 모여 있는 모토부 소바카이도를 중심으로 오키나와 요리를 즐기고, 자연과 함께 하는 멋진 카페들도 만날 수 있다.

여행 형태	1박 2일 여행
위치	오키나와현 쿠니가미군 모토부쵸&나키진손 沖縄県国頭郡本部町&今帰仁村
가는 법	나하시那覇市에서 차로 1시간 35분(해양 엑스포 공원)

A B C D E F

모토부 & 나키진손
本部 & 今帰仁村

- 비세자키 / 備瀬崎
- 버스 더 스위트 / Birth the suite
- 비세노 와루미 / 備瀬のワルミ
- 카페 차하야브란 / カフェ チャハヤブラン
- 에메랄드 비치 / エメラルドビーチ
- 오키나와 츄라우미 수족관 / 沖縄美ら海水族館
- 비세노 후쿠기 나미키; 비세 후쿠기 가로수길 / 備瀬のフクギ並木
- 카이요하쿠코엔; 해양 엑스포 공원 / 海洋博公園
- 오키짱 극장 / オキちゃん劇場
- 해양 문화관 / 海洋文化館
- 열대 드림 센터 / 熱帯ドリームセンター

- 토케이하마 / トケイ浜
- 티누하마 / ティーヌ浜
- 코우리 오션 타워 / 古宇利オーシャンタワー
- 슈림포 왜건 / Shrimp Wagon
- 코우리 비치 / 古宇利ビーチ
- 무라노차야 / むらの茶屋
- 치구누하마 / チグヌ浜
- 코우리 대교 / 古宇利大橋
- 야기지섬 / 屋我地島
- 레스토랑 엘 로타 / Restaurant L LOTA
- 오리온 해피 파크 / オリオンハッピーパーク
- 나고시 / 名護市

- 나키진손 / 今帰仁村
- 카페 코쿠 / カフェ こくう
- 나키진 성터 / 今帰仁城跡
- 아이가치
- 메이오대학 / 名桜大学
- 야바루 소바 / 山原そば
- 藍
- 카페 하코니와 / Cafe ハコニワ
- 소바야 요시코 / そば屋よしこ
- 카페 이차라 / Cafe イチャラ

- 세소코 비치 / 瀬底ビーチ
- 아라카키 젠자이야 / 新垣ぜんざい屋
- 아이타이차야 / 亜熱帯茶屋
- 키시모토 쇼쿠도 / きしもと食堂
- 후루야 / つる屋
- 시마부타야 / 島豚家
- 토토라베베 햄버거 / とらとらべべハンバーガー

- 아이다케 / 八重岳
- 키시모토 쇼쿠도 / きしもと食堂 八重岳店
- 아이다케 베이커리 / 八重岳ベーカリー
- 아이다케 / 八重岳
- 야치문 킷사 시사엔 / やちむん喫茶シーサー園

- 리조트 캉코 오키나와 ザリッツカールトン沖縄
- 더 부세나 테라스・ブ세나・テ라ス / ザ・ブセナ・テラス
- 카후 리조토 후추라 콘도 호텔 / カフーリゾートフチャクコンドホテル

대중교통으로는 접근성이 떨어지는 지역이므로 가급적 렌터카를 이용하여 여행하는 것이 좋다. 오키나와 츄라우미 수족관의 경우에는 고속버스와 일반 노선버스를 이용해서 방문이 가능하지만, 대부분의 관광 명소, 카페, 음식점들은 렌터카 없이는 방문이 어렵다. 대표적인 관광 명소인 코우리 대교, 오키나와 츄라우미 수족관, 부세나 해중 공원, 차탄쵸를 하루에 방문할 수 있는 투어 버스를 이용하는 것도 한 가지 방법이다.

○ 주요 렌터카 업체

토요타 렌터카 rent.toyota.co.jp/ko/
닛폰 렌터카 www.nrgroup-global.com/ko/
타임즈 카 렌탈 www.timescar-rental.kr/
유아이 렌터카 www.you-i.okinawa/

○ 맵코드

맵코드는 1997년 덴소(デンソー)가 개발한 것으로, 지도 상의 위치를 간단하게 특정한 식별 번호를 말한다. 렌터카를 이용할 경우, 목적지를 찾아가기 위해서는 점포 이름, 지명, 주소, 전화번호 중 하나를 선택하여야 하지만, 일본어 입력의 어려움, 전화번호가 없는 일본 지명 등도 있기 때문에 맵코드를 이용하는 것이 편리하고 정확하게 목적지까지 찾아갈 수 있는 방법이다. 구글맵에서 일본 지명을 입력 하면 해당 장소의 맵코드를 검색할 수 있다.
· **홈페이지** japanmapcode.com/ko/

○ 주요 투어 버스 업체

오키나와 힙합 버스 www.jumbotours.co.jp/okinawa-hip-hop-bus/korean/
지노 투어 www.jinotour.com/

카이요하쿠코엔[해양 엑스포 공원]

海洋博公園

1975년에 개최된 오키나와 국제 해양 박람회를 기념하여 1976년 8월 박람회 철거 부지에 조성한 국립공원이다. '태양과 꽃과 바다'를 테마로, 공원 내에는 오키나와 최고 관광 명소인 오키나와 츄라우미 수족관, 오키나와의 역사와 문화를 접할 수 있는 오키나와 향토 마을 및 해양 문화관, 다양한 열대 식물을 관람할 수 있는 열대 드림 센터, 돌고래 쇼를 볼 수 있는 오키짱 극장 등 다양한 시설이 손님들을 맞이한다. 공원 내에서는 전기 차량(1일 200엔, 1회 100엔)을 이용하여 넓은 공원 내를 편리하게 이동할 수 있도록 했다.

- 주소 沖縄県国頭郡本部町字石川 424
- 가는 법 나하시에서 차로 1시간 35분
- 맵코드 553 075 586*81
- 구글맵 goo.gl/maps/Zf9bX1TEGz62
- 전화번호 0980-48-2741
- 운영시간 3~9월 08:00~19:30, 10~2월 08:00~18:00, 부정기 휴무
- 요금 무료
- 홈페이지 oki-park.jp/kaiyohaku

○ 오키나와 츄라우미 수족관 沖縄美ら海水族館

오키나와 최고의 관광 명소인 오키나와 츄라우미 수족관은 연 300만 명이 넘는
관람객이 방문하는 초대형 수족관이다. 츄라우미는 오키나와 방언으로 '아름다운
바다'라는 의미다.
입구를 들어서면 오키나와의 얕은 바다인 '이노イノ-'에서 서식하는 불가사리,
해삼류 등의 생물을 직접 보고 만져볼 수 있는 공간이 나온다. 70여 종 800여 개체의
산호로 산호초 지역을 재현해 놓은 '산고노 우미サンゴの海'는 세계 최초 대규모
산호 양식 전시관으로, 자연광이 들어오도록 설계되어 시간에 따라 다양한 모습이
연출된다. 또 나폴레옹 피시, 깃대돔 등 200여 종의 열대어가 헤엄치는 모습을 볼 수
있는 '넷타이교노 우미熱帯魚の海', 70여 종의 심해어, 게 등을 볼 수 있는 '신카이헤노
타비深海への旅' 등도 관광객들에게 인기 있다. 가장 유명한 장소는 깊이 10m, 가로 35m,
세로 27m의 세계 최대급 크기를 자랑하는 대형 수조관인 '쿠로시오노 우미黒潮の海'.
고래상어, 열대산 쥐가오리를 비롯하여 70여 종 16,000마리의 물고기가 서식하고 있다.
오후 3시와 5시는 고래상어의 식사 시간으로 약 100리터의 바닷물과 먹이를 한꺼번에
흡입하는 모습도 볼 수 있다.
수족관 안의 생물들을 보면서 식사할 수 있는 카페도 있다. 내부에 있는 레스토랑
이노에서는 오키나와의 식재료를 이용한 음식들을 뷔페식으로 즐길 수 있다. 관람을
마치고 나오는 1층 출구에는 수족관의 오리지널 상품을 구입할 수 있는 숍이 있다.

· **구글맵** goo.gl/maps/mxcs2Kv3AF52
· **운영시간** 통상 08:30~18:30, 성수기(7, 8월) 08:30~20:00, 부정기 휴무
· **요금** 입장료 어른 2,180엔, 고등학생 1,440엔, 초 · 중생 710엔, 6세 미만 무료
· **홈페이지** churaumi.okinawa

모토부 & 나키진손 ─── 本部町 & 今帰仁村

○ 해양 문화관 海洋文化館

2013년 리뉴얼 오픈한 해양 문화관은 1975년의 오키나와
국제 해양 박람회 때부터 있었던 전시 자료들을 대폭
수정 및 보완하여 오키나와를 포함한 태평양 지역 해양
민족의 역사와 문화를 소개한 시설이다.

바다와 사람을 연결하는 '배'의 탄생으로 바다를 무대로
한 사람들의 교류, 즉 해양 문화가 탄생하였다. 이런 해양
문화에 관한 750여 점의 귀중한 전시 자료와 태평양을
표현한 바닥 지도 및 벽면을 이용한 대형 영상, 전통
카누 등 다양한 볼거리가 해양 문화관의 자랑거리다.
또한, 입구에 전시된 대형 더블 카누는 역사 자료를
토대로 타히티 사람들이 복원한 것. 해양 문화관 내의

플라네타륨 홀에서는 계절별 별자리와 오키나와 민속에
관한 프로그램을 1일 11~13회 상영하고 있다.

· 구글맵 goo.gl/maps/P1KUej28v2E2
· 운영시간 3~9월 08:30~19:00, 10~2월 08:30~17:30, 부정기 휴무
· 요금 입장료 어른(고등학생 포함) 190엔, 중학생 이하 무료
· 홈페이지 oki-park.jp/kaiyohaku/inst/35

○ 열대 드림 센터 熱帯ドリームセンター

고대 유적 및 라퓨타를 연상시키는 거대한 타워가
인상적인 곳으로 3개의 온실에서는 2,000그루의 열대,
아열대 식물과 과일이 전시되어 있다. 특히 꽃 모양이

나비를 닮은 호접란 같은 오키나와의 대표적인 난뿐만
아니라 전 세계의 다채롭고 희귀한 난들을 구경할 수
있다. 또한, 세계에서 가장 큰 과일로 알려진 잭프루트,
파리 등의 곤충을 포식하는 벌레잡이통풀, 스타프루트,

빵나무, 바닐라, 아단 등도 가까이에서 볼 수 있다. 높이
36m의 타워 위에서 바라보는 시원한 전망은 가슴이
탁 트이며, 간단한 식사와 음료를 판매하는 카페에서
휴식을 취할 수도 있다. 음성 안내(한국어 지원)로
전시된 식물들에 대한 설명을 들을 수 있으며, 오키나와
츄라우미 수족관의 입장권을 지참하면 입장료의 50%를 할인받을 수 있다.

· 구글맵 goo.gl/maps/aNESWJiA9wj
· 운영시간 3~9월 08:30~19:00, 10~2월 08:30~17:30, 부정기 휴무
· 요금 입장료 어른(고등학생 포함) 760엔, 중학생 이하 무료
· 홈페이지 oki-park.jp/kaiyohaku/inst/38

○ 오키짱 극장 オキちゃん劇場

오키짱은 흑범고래인 '오키곤도オキゴンドゥ'의 애칭으로, 오키나와의 푸른 바다와
이에지마를 배경으로 오키곤도와 남방큰돌고래인 미나미반도 이루카의 역동적인
점프, 물보라 치기, 춤, 노래 등 약 20분 동안 다양한 돌고래 쇼를 볼 수 있다. 1일
4회(4~9월 5회) 공연하며 돌고래들의 귀엽고 익살스러운 퍼포먼스는 관객들의 마음을
사로잡는다. 돌고래를 관찰하고 직접 만져보고 먹이를 주면서 함께 놀 수 있는 시간도
마련되어 있다.

- **구글맵** goo.gl/maps/3LCJaNvGoVx
- **공연시간** 1일 5회(10:30, 11:30, 13:00, 15:00, 17:00)
- **요금** 무료
- **홈페이지** oki-park.jp/kaiyohaku/inst/77

○ 에메랄드 비치 エメラルドビーチ

카이요하쿠코엔 내에 있는 에메랄드빛 바다와 새하얀 모래사장의 Y자형 돌출
해변으로, 휴식, 놀이, 전망 3개 구간으로 해변이 나누어져 있다. 맑고 깨끗한 바닷물은
수질이 AA등급으로 환경청의 인정을 받아 2006년에는 해수욕장 100선에 선정되기도
하였다. 4월에서 10월까지는 비치파라솔, 튜브 등을 대여하여 수영과 일광욕을 즐길 수
있다. 아쉽게도 스노클링은 금지되어 있다.

- **구글맵** goo.gl/maps/eZ2tf6rvTuN2
- **해수욕 가능 기간** 4/1~4/30 08:30~18:30, 5/1~8/31 08:30~19:00, 9/1~9/15 08:30~18:30,
  9/16~9/30 08:30~18:00, 10/1~10/31 08:30~17:30
- **홈페이지** oki-park.jp/kaiyohaku/inst/75

코우리지마

古宇利島

코우리지마는 오키나와 본섬 북부에 위치한 섬으로, 2005년 코우리 대교의 개통으로 차량으로도 갈 수 있는 섬이 되었다. 섬 둘레는 8km 정도로 차로 10분 정도면 돌 수 있을 만큼 작은 섬이다. 예전부터 '사랑의 섬恋の島'으로 알려져 있는데, 이것은 현재 오키나와 토착민의 조상인 류큐인과 연관된 오키나와판 '아담과 이브'의 전설로 인해 코우리지마가 쿠이지마恋島라는 별칭으로 불리게 된 것이다. 즉, 코우리지마는 오키나와 사람들의 조상인 류큐인이 탄생한 곳으로 알려져 있다.

오키나와 중에서도 특히 북부 지역이 바다가 아름답기로 유명한데, 그중에서도 나키진손의 코우리지마는 절경 중에 절경이다. 코우리 대교를 통해 섬으로 들어갈 때면 투명한 에메랄드 그린과 마린 블루의 바다를 지나가게 되어 감탄이 저절로 나온다. 낮에는 에메랄드빛의 푸른 바다, 저녁에는 오렌지빛의 선셋, 그리고 오키나와 특유의 소나기가 내리면 무지개가 뜨는 아름다운 곳이다.

- 주소 沖縄県国頭郡今帰仁村字古宇利
- 가는 법 나하시에서 차로 1시간 40분, 오키나와 츄라우미 수족관에서 차로 26분
- 맵코드 485 632 635*10(코우리 대교)

○ 코우리 대교 古宇利大橋

야가지시마와 코우리지마를 연결하는
코우리 대교는 2005년 2월 개통한 총
1.96km의 교량이다. 코우리 대교 개통
전에는 배로만 갈 수 있었던 코우리지마가
개통 이후 큰 인기를 끄는 섬이 되었으며,
코우리 대교는 인기 드라이브 코스가
되었다. 일본에서 무료로 건널 수 있는
다리 중에서 두 번째로 긴 다리이다. 다리
양쪽의 깨끗하고 맑은 바다와 건너편에
보이는 코우리지마의 모습은 장관을 이룬다.
코우리지마에 들어가기 전에 잠시 주변
주차장에 차를 세워놓고 해변에서 아름다운
주변 경치를 바라보면 코우리지마 여행의
기대감이 더욱더 높아진다.

* **주소** 沖縄県国頭郡今帰仁村字古宇利
* **가는법** 나하시에서 차로 1시간 38분, 오키나와 츄라우미 수족관에서 차로 25분
* **맵코드** [mti] 485 632 635*10

○ 코우리 비치 古宇利ビーチ

코우리지마 입구에 있는 코우리 대교 좌우로
펼쳐진 해변으로 관광객들에게 가장 인기
있는 곳이다. 해변은 다리를 경계로 나누어져
있지만, 다리 밑을 오갈 수 있는 통로가 있다.
해변에서 계단을 통해 다리 위로 올라갈
수도 있어, 수영을 즐기다가 코우리 대교의
경치도 볼 수 있다. 얕고 투명한 바다라서
코우리 대교를 바라보며 해수욕을 즐기기
좋고, 해변에서 보이는 석양은 그저 넋 놓고
바라보게 만든다. 주변에 음식점, 기념품 숍,
샤워실, 탈의실 등의 시설도 갖추어져 있다.
스노클링, 바나나 보트, 플라이 보드 등 해양
레저를 즐기기에도 좋다.

* **주소** 沖縄県国頭郡今帰仁村古宇利 323-1
* **가는법** 코우리 대교에 바로 인접
* **맵코드** [mti] 485 692 051*25

모토부 & 나키진손 ──── 本部町 & 今帰仁村

○ 치구누하마 チグヌ浜

'하지마리노 도케츠はじまりの洞穴'라고
불리는 전설의 장소. 오키나와판 아담과
이브, 즉 현재 오키나와 사람들의 조상인
류큐인의 시조가 살았다고 전해지는
동굴이 있는 해변이다. 발굴 조사에 의해
죠몬 시대의 주거지가 발견되기도 하였다.
코우리 비치에서 걸어서 5~6분이면 갈
수 있는 거리로, 도로 옆 계단을 통해서
작은 해안까지 내려갈 수 있다. 오키나와의
낭만적인 전설이 있는 해변이므로 방문해 볼
만하다.

- **주소** 沖縄県国頭郡今帰仁村古宇利
- **가는 법** 코우리 대교에서 차로 2분
- **맵코드** ⅢⅢ 485 692 090*88

○ 티누하마 ティーヌ浜

도로의 안내 간판을 따라 농로를 통해
바다 쪽으로 내려가면 주차장이 보이고, 그
주차장을 지나 풀숲 사이를 지나가면 탁
트인 깨끗한 해변과 신기한 바위가 눈앞에
펼쳐진다. 이곳이 바로 사랑의 섬이라
불리는 코우리지마의 상징과도 같은 하트
모양 바위인 '하트록ハートロック'이 있는
티누하마이다. 하트록은 오랜 세월 동안
파도의 침식 작용으로 바다에서 튀어나온
바위가 하트 모양이 된 바위다. 아름다운
천연 해변으로 TV 광고나 잡지에도 자주
소개된 인기 명소다. 하얀 백사장부터 먼
바다까지 푸른 바다색의 그라데이션과
일몰이 아름다운 곳이며, 썰물 때는
하트록까지 걸어서 갈 수도 있다.

- **주소** 沖縄県国頭郡今帰仁村古宇利
- **가는 법** 코우리 대교에서 차로 8분
- **맵코드** ⅢⅢ 485 751 179*78

○ 토케이하마 トケイ浜

코우리지마 최북단에 있는 작지만 조용한
해변으로, 신비한 자연 현상으로 생긴
포트홀 바위가 있는 해변으로 유명하다.
마치 드릴로 바위에 구멍을 뚫은 것 같은
신기한 모양의 바위들을 볼 수 있다. 코우리
비치나 티누하마보다 인적이 드물어 조용히
오키나와 바다를 즐기기 좋은 곳이다. 이
해변에서만 발견할 수 있는 V자 모양의 피스
조개를 찾아보는 것도 소소한 즐거움이다.

- **주소** 沖縄県国頭郡今帰仁村古宇利
- **가는법** 코우리 대교에서 차로 9분
- **맵코드** 🆖 485 752 134*23

○ 코우리 오션타워 古宇利オーシャンタワー

2013년 11월 오픈한 코우리 오션 타워는
해발 82m에서 코우리 대교와 바다 전경을
파노라마로 즐길 수 있는 관광 시설이다. 총
3개의 전망대에서 바라보는 코우리지마의
경치는 압권이다. 코우리 오션 타워는 1층은
코우리지마의 역사가 전시되어 있는 자료관,
2층과 3층은 실내 전망대이다. 옥상에는
시원한 바닷바람을 맞으며 탁 트인 전망을
즐길 수 있는 오션 데크가 있다. 기타 시설로
코우리지마의 절경을 바라보며 식사할 수
있는 레스토랑, 코우리지마의 특산 과자
등을 구입할 수 있는 숍이 있다.

- **주소** 沖縄県国頭郡今帰仁村古宇利 538
- **가는법** 코우리 대교에서 차로 8분
- **맵코드** 🆖 485 693 513*16
- **전화번호** 0980-56-1616
- **운영시간** 10:00~18:00, 연중무휴
- **요금** 어른 1000엔, 6~15세 500엔, 6세 미만 무료
- **홈페이지** www.kouri-oceantower.com

비세노 후쿠기 나미키(비세 후쿠기 가로수길)

備瀬のフクギ並木

- **주소** 沖縄県国頭郡本部町備瀬
- **가는 법** 오키나와 츄라우미 수족관에서 차로 3분
- **맵코드** 553 105 654*71

오키나와 츄라우미 수족관 근처에 있는 비세노 후쿠기 나미키는 약 1km의 방풍림 지역으로, 17세기 류큐 왕조 시대에 한 정치가가 중국에서 배운 풍수 사상을 응용하여 심은 것으로 전해진다. '복을 부르는 나무'라고 불리는 '후쿠기フクギ'는 성장은 느리지만 튼튼하고 두꺼운 잎이 특징으로, 오키나와에서는 예전부터 방풍림으로 이용되어 왔다. 비세노 후쿠기 나미키에 있는 후쿠기 중에서 가장 오래된 것은 300년 이상 된 것으로 알려져 있다.

오키나와의 최대 규모를 자랑하는 가로수길로, 비세 마을 전체가 2만 여 그루의 후쿠기로 덮여 있다. 마치 미로와 같아 바깥세상을 잊고 녹색 터널 안을 조용히 산책하기 좋은 곳이다. 나뭇잎 사이로 비추는 햇살, 부드러운 바닷바람, 나뭇잎의 흔들거리는 소리 등 평온하고 여유로운 한때를 보낼 수 있다. 물소 달구지인 '후쿠짱ふくちゃん'을 타고 느긋하게 가로수길을 다닐 수도 있으며, 자전거를 빌려 가로수길 끝에 있는 비세자키나 독특한 절벽 경치를 구경할 수 있는 비세노 와루미까지 방문해보는 것도  좋다. 비세 후쿠기 가로수길 주변은 비세 마을 주민들이 살고 있는 삶의 터전이므로 주민 생활에 불편을 주지 않도록 매너를 지키는 것이 중요하다.

○ 비세자키 備瀬崎

비세노 후쿠기 나미키의 끝에 있는 곳으로,
투명하고 얕은 바다 덕분에 인기 스노클링
명소이기도 하다. 썰물 때는 바로 앞에 있는
미우간이라 불리는 작은 섬과 등대까지
걸어갈 수 있으며, 걸어가는 길 사이에는
작은 물웅덩이가 생겨서 물고기나 조개 등을
관찰할 수도 있다. 파랗고 투명한 바다와
건너편 이에지마를 함께 감상할 수 있는
곳이다.

- **주소** 沖縄県国頭郡本部町備瀬
- **가는법** 오키나와 츄라우미 수족관에서 차로 5분
- **맵코드** 553 135 594*11

○ 비세노 와루미 備瀬のワルミ

비세노 후쿠기 나미키에서 자전거로 10분
거리에 있는 비세노 와루미는 깎아지른
암벽 사이를 빠져 나가면 바로 푸른 하늘과
바다를 만날 수 있는 신비한 절경의 명소다.
와루미는 오키나와 말로 '균열', '갈라진
것'을 뜻하며, 현지 사람들은 와리반타라고
부르고 있는데 반타는 '절벽'이라는 뜻이다.
즉, 와루미, 와리반타는 '갈라진 절벽'을
뜻한다. 신이 내린 곳이며 바다거북의
산란지로 보존하기 위해 관광지화되지
않아서 아는 사람만 찾아가는 숨은 명소이다.

- **주소** 沖縄県国頭郡本部町備瀬
- **가는법** 오키나와 츄라우미 수족관에서 차로 6분
- **맵코드** 553 136 112*86

나키진 성터

今帰仁城跡

📷

나키진 성터는 국가 지정 사적이며, 세계 유산 '류큐 왕국의 구스쿠 및 관련 유산군'의 하나이다. 모토부 해발 약 100m에 위치한 나키진 성터는 14세기 호쿠잔 왕국의 성으로 일명 '호쿠잔죠北山城'라고 불리기도 하였다. 슈리성에 필적하는 규모로 한때 난공불락의 성으로 명성이 높았던 곳이다.

성터로 들어서는 입구인 헤이로몬으로부터 이어진 돌계단은 1962년 복원한 것으로, 1월 중순부터는 돌계단 양쪽에 일본에서 가장 빨리 피는 벚꽃을 구경할 수 있다. 성터 가장 높은 곳에서 보이는 바다와 곡선을 그리는 긴 성벽의 모습은 장관을 이루며, 날씨가 맑은 날에는 헤도미사키에서 22km 떨어진 해상에 있는 요론섬까지 보인다. 성터 내에는 나키진성에서 가장 신성한 곳이었던 텐치지아마치지, 적병이 침략했을 때 반격하기 좋게 정상으로 갈수록 길을 좁혀 놓은 옛길, 성에서 마을로 이어지는 문인 시지마죠카쿠, 항상 물이 담긴 장소로 옛날에는 궁녀들이 머리를 감고 물의 양으로 점을 보았던 카라우카 등 다양한 유적들이 남아 있다. 주차장 부지에 병설되어 있는 나키진 역사문화센터는 주변 지역과 역사적 배경을 알 수 있는 곳으로, 나키진 성터 입장권으로 입장이 가능하다.

- **주소** 沖縄県国頭郡今帰仁村字今泊 5101
- **가는 법** 오키나와 츄라우미 수족관에서 차로 11분
- **맵코드** 553 081 414*17
- **전화번호** 0980-56-4400
- **운영시간** 1~4월, 9~12월 08:00~18:00, 5~8월 08:00~19:00, 연중무휴
- **요금** 어른 600엔, 중·고생 450엔, 초등학생 이하 무료
- **홈페이지** nakijinjoseki-osi.jp

- **주소** 沖縄県国頭郡本部町瀨底
- **가는 법** 오키나와 츄라우미 수족관에서 차로 15분
- **맵코드** 🔢 206 822 265*02

세소코지마의 북서쪽에 위치한 천연 해변 세소코 비치는 약 800m에 걸쳐 펼쳐져 있다. 1985년 세소코오하시의 개통으로 자동차를 이용해 부담 없이 찾아갈 수 있게 되었다. 오키나와에서 가장 투명한 해변으로 알려진 세소코 비치는 코발트블루와 에메랄드그린의 그라데이션이 아름다운 해변의 매력을 물씬 느낄 수 있다. 산호와 부서진 조개로 이루어진 새하얀 백사장도 매력적이다. 바닷가에서 해안 약 200m까지는 물이 얕아 아이들이 수영하기에 좋으며 스노클링을 즐기기에도 안성맞춤이다. 일몰 때는 아름다운 석양도 감상할 수 있다.

- **주소** 沖縄県国頭郡本部町大嘉陽
- **가는 법** 오키나와 츄라우미 수족관에서 차로 22분
- **맵코드** 🔢 206 771 708*48

모토부쵸와 나고시의 경계에 있는 해발 453m의 야에다케는 모토부에서 가장 높은 산이다. 야에다케 중턱에 있는 야에다케 사쿠라노모리코엔은 오키나와의 대표적인 벚꽃 명소로, 정상까지 가는 약 4km의 길에 약 7,000그루의 벚꽃나무에 벚꽃이 만발한다. 매년 1월 중순에서 2월 초순까지 일본에서 가장 먼저 벚꽃 축제가 열린다. 오키나와의 벚꽃은 일반 벚꽃보다 분홍색이 짙은 칸히자쿠라가 대부분이다. 오키나와는 일본의 다른 지역들과 다르게 기온이 낮은 시기에 벚꽃이 피므로 벚꽃 전선은 북쪽에서부터 남쪽으로 남하하여 모토부의 야에다케가 일본 전체에서 가장 빠른 벚꽃 개화지이다.

부세나 카이츄코엔(부세나 해중 공원)

ブセナ海中公園

- **주소** 沖縄県名護市字喜瀬 1744-1
- **가는법** 오키나와 츄라우미 수족관에서 차로 50분, 나하 공항에서 차로 1시간 7분
- **맵코드** 206 442 076*60
- **전화번호** 0980-52-3379
- **운영시간** 해중전망탑 4~10월 09:00~18:00, 11~3월 09:00~17:30, 연중무휴, 글라스 보트 4~10월 09:10~17:30, 11~3월 09:10~17:00, 연중무휴
- **요금** 해중전망탑 어른(고등학생 포함) 1,050엔, 4세~중학생 530엔, 글라스 보트 어른(고등학생 포함) 1,560엔, 4세~중학생 780엔
- **홈페이지** www.busena-marinepark.com

1970년 개관한 해양 공원. 오키나와 바다를 만끽할 수 있는 해중전망탑과 글라스 보트를 즐기고 아름다운 해변을 산책할 수 있다. 부세나 곶에서 길이 170m 다리 끝에 설치된 해중전망탑은 오키나와 본섬에 있는 유일한 해중전망탑이다. 해중전망탑의 나선형 계단을 따라 내려가면 수심 5m에서 360도, 24개의 유리창을 통해 바닷속을 헤엄치는 열대어들과 산호초를 감상할 수 있다. 고래 모양의 글라스 보트는 유리 바닥을 통해 열대어들을 볼 수 있다. 먹이를 줄 때 몰려드는 열대어들을 관찰할 수 있어 아이들이 좋아하는 체험 코스이다.

2011년 오픈한 오리온 해피 파크는 1957년 창업한 오리온 맥주의 나고
공장에서 맥주 생산의 주요 공정을 견학할 수 있으며, 견학 후에는 갓 만든
오리온 생맥주를 무료로 2잔까지 시음할 수 있다. 운전자와 미성년자에게는
소프트드링크를 제공한다.

건물 입구를 들어서면 오리온 맥주 창업 당시에 사용한 시코미 가마가 눈앞에
보인다. 구리로 만든 이 가마는 당시 독일의 기술을 바탕으로 만들어졌다.
공장 견학 접수 후 가이드의 친절한 설명을 받으며 견학할 수 있다. 견학
40분, 무료 시음 20분으로 총 60분이 소요된다. 견학 도중에는 맥주 생산에
실제로 사용되는 맥아와 홉을 만져보고 향기를 맡을 수 있다. 견학 후에는
그대로 통로를 빠져 나와 얀바루노모리로 이동하여 기다리던 생맥주
시음을 할 수 있다. 간단한 안주와 함께 무료로 2잔까지 제공되는 생맥주는
평소에 맛보던 맥주와는 확연히 다른 신선한 오리온 생맥주를 경험할 수
있다. 얀바루노모리는 얀바루의 식재료를 사용한 요리를 맛볼 수 있는
레스토랑으로, 맥주 시음 도중에도 요리를 주문할 수 있고, 공장 견학 없이
음식과 오리온 맥주를 즐길 수 있다. 오리온 맥주의 오리지널 상품을 구입할
수 있는 숍도 있다.

· **주소** 沖縄県名護市東江 2-2-1
· **가는 법** 오키나와 츄라우미 수족관에서 차로
  33분, 나하 공항에서 차로 1시간 10분
· **맵코드** [mc] 206 598 808*18
· **전화번호** 0980-54-4103
· **운영시간** 공장 견학 10:00, 10:30, 11:00,
  13:00, 13:30, 14:00, 14:30, 15:00, 15:30,
  16:00(1일 10회), 수, 목, 연말연시 휴무
· **요금** 어른(18세 이상) 500엔, 7~17세 200엔,
  6세 이하 무료
· **홈페이지** www.orionbeer.co.jp/happypark

토토라베베 햄버거 | ととらべべ ハンバーガー 🍴

2011년 문을 연 수제 햄버거 전문점. '토토とと'는 옛 일본어로 아버지라는 뜻이며,
'베베ベベ'는 프랑스어로 아기를 뜻한다. 즉, 부모가 자식을 기르는 것처럼 사랑을 담아
햄버거를 만든다는 의미로 음식점 이름을 지었다고 한다. 사장님은 홋카이도 출신으로 전직
수의사라는 독특한 이력의 소유자다.
맛의 비결은 모든 햄버거 구성 재료를 직접 만드는 데 있다. 저온에서 일주일 숙성시킨 후
오키나와 벚꽃나무 칩으로 훈제한 수제 베이컨, 홋카이도산 밀가루를 사용해 매일 아침 매장의
대형 오븐에서 직접 만드는 햄버거 번, 특별히 주문한 쿠로게와규의 맛을 물씬 느낄 수 있는
육즙 가득한 패티, 수십 종류의 향신료와 3종류의 식초로 만든 머스터드까지 하나하나 정성이
느껴진다. 화학조미료는 일절 사용하지 않는다.
가장 기본 햄버거인 토토라 버거, 베이컨의 맛을 제대로 느낄 수 있는 BLT 버거, 패티와 함께
큼직하게 자른 베이컨이 햄버거 번 밖으로 튀어나올 정도로 임팩트 있는 스페셜 버거, 소금
양념만 한 두툼한 패티를 넣은 특제 모토부규 버거를 매일 10개 한정으로 판매한다.

- **주소** 沖縄県国頭郡本部町崎本部 16
- **가는 법** 오키나와 츄라우미 수족관에서 차로 15분
- **맵코드** ⓜ 206 766 082*28
- **전화번호** 0980-47-5400
- **운영시간** 11:00~15:00(재료 소진 시 영업 종료), 목 휴무
- **홈페이지** www.totolabebe-hamburger.com/

322

| 무라노차야 | むらの茶屋 | ♨ | 슈림프 왜건 | Shrimp Wagon ♨ |

2007년 오픈한 무라노차야는 코우리지마에서 가장 높은 곳에 위치한 카페다. 문을 열고 실내에 들어서면 눈앞의 큰 유리창을 통해 들어오는 코우리 대교의 모습만으로도 이곳을 방문할 만한 가치는 충분하다. 카페 앞 텃밭의 녹음, 에메랄드빛 바다, 푸르른 하늘, 이 모든 것이 한눈에 들어오는 최고의 전망지다. 이곳 주민들은 늘 이런 경치를 보고 살고 있겠구나 하는 생각에 부러움이 앞선다. 코우리 대교를 향하고 있는 창가 쪽 테이블석과 카운터석 모두 인기 좌석이다.

오키나와 명물 오키나와 소바부터 우미부도가 잔뜩 올라간 우미부도동, 코우리지마 특산물인 우니를 올린 우니동 등의 식사류뿐만 아니라 커피 및 예쁜 류큐 글라스에 담겨 나오는 주스 종류도 만족스럽다.

- **주소** 沖縄県国頭郡今帰仁村古宇利 1087
- **가는 법** 코우리 대교에서 차로 6분
- **맵코드** ⅿⅽ 485 692 554*35
- **전화번호** 0980-56-5773
- **운영시간** 11:00~16:00, 수 휴무
- **홈페이지** www.kourijima-muranochaya.com

2014년 2월 오픈한 슈림프 왜건은 하와이 오아후의 명물 음식인 갈릭 슈림프를 전문으로 제공하는 푸드 트럭이다. 주문을 하면 슈림프와 함께 밥, 옥수수, 고야 등이 원플레이트로 나온다. 기본 메뉴인 오리지널 갈릭 슈림프 플레이트와 함께 올리브 오일과 고추로 매운맛을 낸 스파이시 핫 갈릭 슈림프, 버터와 레몬 소스 맛의 갈릭 슈림프 버터&레몬 등 다양한 맛이 있어 취향에 따라 선택해 먹을 수 있다. 갈릭 슈림프는 맥주를 부르는 맛이다. 기타 메뉴로 오키나와의 브랜드 소고기인 오나하큐, 감자, 뿔소라인 사자에 등도 있다. 2017년 12월 코우리지마 무료 주차장에서 조금 위쪽으로 이동하여 리뉴얼 오픈하였다.

- **주소** 沖縄県国頭郡今帰仁村古宇利 436-1
- **가는 법** 코우리 대교에서 차로 1분
- **맵코드** ⅿⅽ 485 692 174*25
- **전화번호** 0980-56-1242
- **운영시간** 11:00~17:00, 부정기 휴무
- **홈페이지** shrimp-wagon.com

모토부 & 나키진손 ──── 本部町 & 今帰仁村

레스토랑 엘 로타 | Restaurant L LOTA

2015년 11월 오픈한 엘 로타는 코우리지마에서 잡은 신선한 생선과 채소를 중심으로 엄선한 오키나와 식재료를 이용하여 창작 요리를 제공하는 곳이다. 카페 타임에는 티라미수, 펌킨 푸딩 같은 디저트와 함께 직접 만든 진저에일, 레몬 스쿼시 등을 마실 수 있으며, 니무에서 커피 체리를 말린 드라이 온 트리Dry on Tree의 에티오피아산 커피를 맛볼 수 있다. 밝고 넓은 실내는 탁 트인 시원함을 주며, 우드 테라스에서는 코우리 대교의 전경을 바라볼 수 있다.

- **주소** 沖縄県国頭郡今帰仁村古宇利 466-1
- **가는 법** 코우리 대교에서 차로 3분
- **맵코드** 485 692 187*46
- **전화번호** 0980-51-5031
- **운영시간** 런치타임 11:00~14:00, 카페타임 14:00~17:00,
  디너타임 19:00~22:00, 부정기 휴무
- **홈페이지** llota.okinawa.jp

카페 차하야불란 | カフェチャハヤブラン

비세노 후쿠기 나미키의 입구 근처에 있는 차하야불란은 2009년에 오픈한 이래 전망 좋은 카페로 인기 있는 곳이다. 카페 이름인 차하야불란은 인도네시아어로 '달빛'을 의미한다. 카페 입구가 조그마한 숲의 옛 민가를 들어가는 듯하여 입구를 찾기가 다소 어렵지만, 실내에 들어서면 바다를 향한 탁 트인 오픈 테라스석이 멋지다. 푸른 바다와 수평선에 걸쳐 있는 이에지마의 모습과 함께 시간에 따른 하늘과 바다색의 변화, 비 오는 날에는 수묵화 같은 풍경이 멋진 시간을 만들어준다. 오키나와의 제철 식재료로 만든 아시아풍 요리와 수제 디저트, 음료수를 맛볼 수 있다. 특히 네 가지 디저트를 한 번에 맛볼 수 있는 차하야불란 스위츠 욘슈모리가 인기 있다.

- **주소** 沖縄県国頭郡本部町備瀬 429-1
- **가는 법** 오키나와 츄라우미 수족관에서 차로 4분
- **맵코드** 553 105 714*04
- **전화번호** 0980-51-7272
- **운영시간** 10:00~18:00, 부정기 휴무

| 아이카제(카페&갤러리) | 藍風 | ⤵ |

모토부 이즈미의 산속 녹음에 둘러싸인 염색 공방, 갤러리 겸 카페다. 오픈한 지
30여 년 된 아이카제는 실내에 오키나와 전통의 식물 염료로 만든 쪽빛의 다양한
류큐아이(쥐꼬리망초과의 작은 나무) 염색 상품들과 그릇이 가득하고, 한편에는 음식과 음료를
즐길 수 있는 테이블 자리가 마련되어 있다. 무엇보다 바깥의 녹음을 감상할 수 있는 시원한
테라스 자리가 인기다. 아이카제에서 직접 만들고 있는 류큐아이 염색 상품들은 모두 천연
소재를 사용한다. 쪽빛의 염색 옷감을 몸에 휘감으면 오키나와의 푸른 바다에 둘러싸여 있는
듯하다. 류큐아이를 유약으로 사용한 그릇도 모두 이곳에서 직접 만든 것으로, 주문한 음식들은
모두 그 그릇에 담겨 나온다. 염색 상품들과 도자기는 구입도 가능하다. 디저트류와 음료수 등의
카페 메뉴가 주를 이루지만, 오키나와식 오코노미야키라고 할 수 있는 히라야치도 추천 메뉴다.

- **주소** 県国頭郡本部町伊豆味 3417-6
- **가는 법** 오키나와 츄라우미 수족관에서 차로 20분
- **맵코드** 📱 206 893 217*61
- **전화번호** 0980-47-5583
- **운영시간** 12:00~16:00, 화 · 수 휴무
- **홈페이지** www.aikaze.okinawa

| 야에다케 베이커리 | 八重岳ベーカリー | ⤵ |

1977년 오픈한 야에다케 베이커리는 병원 내 환자들을 위한 식용 건강빵으로 전립분 식물성
쿠로빵을 만들어 납품했던 것이 그 시작이다. 이후 일반 손님들에게도 제공하면서 40년
가까이 많은 사랑을 받고 있다. 쿠로빵은 잡곡이나 전립분이 들어간 빵을 총칭한다. 전립분은
배아, 밀기울 등이 전부 포함된 것이다. 이곳에서는 큐슈산 밀가루와 캐나다산 전립분,
오키나와 야에다케의 시콰사를 사용한 야생 효모, 사과로 만든 자연산 이스트, 오키나와산
흑설탕, 스페인산 올리브유로 빵을 만든다. 유제품, 달걀, 마가린, 보존료, 합성 첨가물은
사용하지 않는다. 가장 인기 있는 빵은 바로 앙빵. 직접 만든 수제 팥소가 부드럽다. 야에다케
베이커리의 메인인 쿠로빵, 호두가 들어간 쿠루미빵, 수제 사과쨈이 들어간 링고쨈빵도
맛있다.

- **주소** 沖縄県国頭郡本部町字伊豆味 1254
- **가는 법** 오키나와 츄라우미 수족관에서 차로 27분
- **맵코드** 📱 206 801 560*61
- **전화번호** 0980-47-5642
- **운영시간** 09:00~17:00, 토 휴무
- **홈페이지** yaedake.com

모토부 & 나키진손 ── 本部町 & 今帰仁村

야치문 킷사 시사엔 | やちむん喫茶 シーサー園

1989년 오픈한 야치문 킷사 시사엔은 오키나와 옛 민가 카페의 시초격인 카페다. 도자기가
전시되어 있고 난롯가가 있는 1층에도 자리가 마련되어 있지만 가급적 2층으로 올라가자. 2층
자리는 산중에서 불어오는 바람이 기분 좋은 곳이다. 툇마루에 앉아 돌기와 지붕 위의 개성
넘치는 시사들을 보며 자연을 만끽하고 망중한의 고요한 시간을 보낼 수 있다. 원내에 있는
정원을 산책해보는 것도 좋다.
지짐이를 돌돌 말은 것 같은 히라야치, 흑설탕 맛의 크레이프 같은 오키나와 간식류인 친삔,
오키나와식 코쿠토 젠자이, 직접 볶은 커피콩과 부지 내에서 용출되는 물로 내린 커피, 상큼한
아세로라 주스 등이 인기 메뉴다. 다양한 TV 광고 촬영지였으며, 한국에서도 드라마 촬영지로
관광객들에게 많이 알려진 카페이다.

- 주소 沖縄県国頭郡本部町伊豆見 1439
- 가는 법 오키나와 츄라우미 수족관에서 차로 24분
- 맵코드 📱 206 803 695*20
- 전화번호 0980-47-2160
- 운영시간 11:00~18:00, 월 휴무(월요일이 공휴일일 경우에는 화 휴무)

카페 코쿠 │ カフェこくう 　　　🥄

2012년 문을 연 카페 코쿠는 얀바루의 숲과 바다를 내려다보며 식사할 수 있는 곳. 나키진 언덕에 있다. 카페 이름인 코쿠는 24절기 중 하나인 코쿠(곡우)에서 따온 것이다. 카페에 들어서는 손님들은 대부분 자리에 바로 앉지 못하고 큰 유리창을 통해 보이는 경치에 넋을 잃게 된다.

'채소를 맛있게 많이 먹을 수 있는 음식'을 테마로 육류, 유제품, 설탕을 배제하고, 오키나와산 채소 중에서도 나키진에서 재배한 무농약, 저농약, 유기농 채소를 사용한다. 파파야, 섬 우엉, 당근, 피망, 두부, 말라바 시금치, 자색고구마, 모로헤이야(채소류) 등 익숙한 식재료와 처음 보는 듯한 식재료를 다양한 조리법과 향신료로 재료 본연의 맛을 해치지 않으면서 매일매일 다른 메뉴를 제공한다. 밥, 미소 시루와 함께 8가지 채소 반찬이 제공되는 건강한 한 접시, 코쿠 플레이트가 인기 메뉴다.

- **주소** 沖縄県国頭郡今帰仁村字諸志 2031-138
- **가는 법** 오키나와 츄라우미 수족관에서 차로 23분
- **맵코드** 🆔 553 053 127*40
- **전화번호** 0980-56-1321
- **운영시간** 11:30~, 재료 소진 시 영업 종료, 월·일 휴무

1948년에 오픈한 일본 젠자이(일본 단팥죽) 전문점으로, 메뉴는 오직 젠자이밖에 없기 때문에 자판기에서 인원수만 선택하면 된다. 오키나와의 젠자이는 일반적인 젠자이와는 다르다. 보통 일본의 젠자이는 팥과 설탕을 달게 삶아서 경단을 넣어 먹는 따뜻한 죽인데, 오키나와의 젠자이는 팥이 아닌 킨토키마메(강낭콩)를 사용하여 차가운 죽을 만들고 그 위에 빙수를 올린다. 때문에 수북이 쌓여 있는 하얀 빙수 밑에 잘 삶은 큼직하고 붉은 킨토키마메가 듬뿍 담겨 있다. 아라가키에서는 장작불로 킨토키마메를 삶고 오키나와산 특제 굵은 설탕인 '자라메ザラメ'를 사용하여 달콤한 맛을 내고 있다. 킨토키마메는 빙수와 잘 섞어서 보송보송한 얼음과 함께 먹으면 부드럽고 달콤한 맛이다.

- **주소** 沖縄県国頭郡本部町字渡久地 11-2
- **가는 법** 오키나와 츄라우미 수족관에서 차로 9분
- **맵코드** ⅢⅢ 206 857 741*71
- **전화번호** 0980-47-4731
- **운영시간** 12:00~18:00, 월 휴무(월요일이 공휴일일 경우에는 다음날 휴무)

아넷타이차야 | 亜熱帯茶屋 🥄

2015년에 오픈한 아넷타이차야는 모토부의 전망 좋은 고지대에 위치한 해먹 카페로, 이국적인 정서가 가득한 정원에 들어서면 정면에는 '이에지마伊江島'가 보이고, 서쪽에는 '세소코지마瀬底島'가 보인다. 흔들리는 해먹 위에서 여유를 즐기고 있자면, 여유로움과 함께 카페 이름처럼 남국의 기분을 느낄 수 있는 곳이다. 야자수 잎으로 만든 지붕 아래 테라스 좌석이 가장 인기 있는 자리. 휴양지 느낌을 내며 해먹에 누워 오후의 낮잠을 청하면 여행의 피로를 말끔하게 해소시켜준다.

얀바루의 식재료를 사용하여 태국식 요리를 제공하는데, 닭고기, 야채, 달걀프라이가 들어간 '가파오 라이스ガパオライス', 태국식 볶음면인 '아시안 야키소바アジアン焼きそば'가 인기 메뉴이다. 디저트류로는 코코넛 오일에 구운 '프렌치 허니 토스트フレンチハニートースト'를 찾는 손님들이 많다.

- **주소** 沖縄県国頭郡本部町字野原 60
- **가는 법** 오키나와 츄라우미 수족관에서 차로 11분
- **맵코드** 🆖 206 888 547*47
- **전화번호** 0980-47-5360
- **운영시간** 11:00~일몰까지, 목 휴무

모토부 & 나키진손 ── 本部町 & 今帰仁村

카페 하코니와	Cafe ハコニワ 🍴	카페 이차라	Cafe イチャラ 🍴

지은 지 50년이 넘은 옛 민가를 멋지게
단장한 숲속 카페다. 오키나와 온나손 출신의
여사장님이 5년간 도쿄 카페에서 일한 뒤
귀향하여 오키나와에 오픈한 곳으로, 운치
있는 외관, 마룻바닥, 유리창, 오래된 가구,
툇마루 등 마치 시골집에 와 있는 듯한
기분이 드는 포근한 카페다. 음식과 음료가
담겨 나오는 그릇들과 실내에 전시되어 있는
그릇들은 모두 여사장님의 남편이 직접 만든
야치문(도자기)이다.
카페 분위기에 취해 달콤한 디저트와 따뜻한
커피 한잔으로 여유로운 시간을 보낼 수
있다. 식사 메뉴로는 오키나와의 얀바루산
제철 식재료로 만든 소박한 반찬들을 맛볼
수 있는 오늘의 하코니와 플레이트가 인기
있다.

* **주소** 沖縄県国頭郡本部町字伊豆味 2566
* **가는 법** 오키나와 츄라우미 수족관에서 차로 24분
* **맵코드** ㎃ 206 804 746*80
* **전화번호** 0980-47-6717
* **운영시간** 11:30~17:30, 수·목, 연말연시 휴무

1993년에 오픈한 자연의 숲속 카페로서
원래 이름은 '쿠바야'였으나, 2013년부터
현재 이름인 이차라로 변경하여 영업하고
있다. 이차라라는 이름은 오키나와 방언인
'이차리바쵸데(만나면 형제)'라는 말에서
따온 것으로 손님과의 만남, 자연과의 만남,
많은 만남이 있는 가게를 만들고 싶다는
의미이다.
우거진 숲속의 나무, 시원한 바람, 새소리
등이 있는 자연 속 테라스에서 느긋한
한때를 보낼 수 있다. 고야 피자, 애플 피자
등 돌가마에서 구워 낸 독특한 수제 피자가
추천 메뉴. 카페에서 사용하는 히비스커스가
그려진 그릇과 컵은 모두 직접 만든
제품이다.

* **주소** 沖縄県国頭郡本部町伊豆味 2416-1
* **가는 법** 오키나와 츄라우미 수족관에서 차로 21분
* **맵코드** ㎃ 206 834 130*46
* **전화번호** 0980-47-6372
* **운영시간** 11:30~17:00(L.O 16:15), 화·수 휴무
* **홈페이지** www.cafeichara.com/

리츠 칼튼 오키나와 더 로비 라운지
The Ritz-Carlton Okinawa The Lobby Lounge

리츠 칼튼 호텔 내에 있는 더 로비 라운지는 오키나와의
아름다운 바다와 녹색의 키세 컨트리 클럽을 바라보며
오키나와의 색깔이 담긴 애프터눈 티와 디저트, 핑거 푸드를
즐길 수 있는 곳이다. 입구에 암모나이트를 이미지한
모뉴먼트가 인상적인 곳. 높은 천장, 통 유리창, 넓은 실내,
편안한 소파, 직원들의 친절한 서비스 등이 최적인 쉼
공간에서 우아한 시간을 보낼 수 있다. 인기 메뉴는 스콘,

푸딩, 치즈 케이크, 타르트, 파운드 케이크, 미니 샌드위치 등
다양한 디저트가 3단 트레이에 담겨 나오는 클래식 애프터눈
티 세트. 음료도 함께 즐길 수 있다. 오키나와 식재료로 만든
핑거 푸드와 디저트류가 상자에 담겨 나오는 류큐 애프터눈
티 세트, 홈메이드 케이크 세트도 인기. 20여 가지의 티
종류와 음료 메뉴가 다양해 선택의 폭이 넓다.

- **주소** 沖縄県名護市喜瀬 1343-1 ザ リッツ カールトン沖縄 3F
- **가는 법** 오키나와 츄라우미 수족관에서 차로 52분, 나하 공항에서 차로 1시간 8분
- **맵코드** MC 206 383 810*63
- **전화번호** 0980-43-5555
- **운영시간** 월~목, 일 11:00~23:00, 금~토 11:00~25:00
- **홈페이지** www.ritzcarltonjapan.com/okinawa

더 부세나 테라스 마로도 | The Busena Terrace Maroad

더 부세나 테라스 내에 있는 마로도는 수영장과 해변이
바라보이는 티 라운지다. 영국 스타일의 애프터눈 티와 수제
디저트를 즐길 수 있는 곳으로, 햇살이 들어오는 밝고 넓은
실내, 시원함이 느껴지는 높은 천장, 라이브 피아노 연주가
기분 좋은 티타임을 보낼 수 있게 해준다. 추천 메뉴는
오키나와의 식재료를 이용한 스콘, 프티 푸르, 오르되브르가
3단으로 담겨 나오는 부세나 애프터눈 티 세트가 있다.

- **주소** 沖縄県名護市字喜瀬1808 ザ・ブセナテラス 本館 3F
- **가는 법** 오키나와 츄라우미 수족관에서 차로 52분, 나하 공항에서 차로 1시간 8분
- **맵코드** MC 206 442 345*18
- **전화번호** 0980-51-1333
- **운영시간** 10:00~23:00
- **홈페이지** www.terrace.co.jp

모토부 & 나키진손 ——— 本部町 & 今帰仁村

리츠 칼튼 오키나와 | ザリッツカールトン沖縄 🏠

- 주소 沖縄県名護市喜瀬 1343-1 ザ リッツ カールトン沖縄
- 가는 법 오키나와 츄라우미 수족관에서 차로 52분, 나하 공항에서 차로 1시간 8분
- 맵코드 🆖 206 383 810*63
- 전화번호 0980-43-5550
- 요금 디럭스 40,274엔~, 베이 디럭스 46,374엔~, 프리미엄 디럭스 52,476엔~
- 홈페이지 www.ritzcarltonjapan.com/okinawa

세계 유수의 호텔 브랜드인 리츠 칼튼의 일본 최초 리조트 호텔이다. 나고만이 보이는 고지대에 위치해 있으며, 슈리성을 모티브로 류큐 건축양식을 적용한 호텔 외관과 로비는 품격이 느껴진다. 리츠 칼튼 오키나와의 상징과도 같은 로비 앞에 펼쳐진 '물을 가득 채운 정원'은 호텔 내 어디서든 그 물의 흐름을 느낄 수 있다.

오키나와 식재료의 맛을 살린 3곳의 레스토랑, 오키나와의 천연 소재를 사용하여 편안한 시간을 제공하는 고급 스파와 함께 더 로비 라운지에서는 오키나와산 식재료로 만든 디저트가 포함된 애프터눈 티를 즐길 수 있다.

더 부세나 테라스 | ザ・ブセナテラス 🏠

- 주소 沖縄県名護市字喜瀬 1808 ザ・ブセナテラス
- 가는 법 오키나와 츄라우미 수족관에서 차로 52분, 나하 공항에서 차로 1시간 8분
- 맵코드 🆖 206 442 345*18
- 전화번호 0980-51-1333
- 요금 스탠더드룸(가든 뷰) 36,000엔~, 스탠더드룸(오션 뷰) 44,000엔~
- 홈페이지 www.terrace.co.jp/busena

1997년 오픈한 오키나와 나고 지역을 대표하는 고급 리조트 호텔. '자연과의 조화, 자연으로의 회귀'를 콘셉트로 푸른 하늘과 바다, 태양의 빛이 넘치는 남국 리조트 공간을 연출한 럭셔리한 분위기가 특징이다. 2000년 큐슈 오키나와 서미트 회장으로서 전 세계에 이름을 널리 알렸다. '테라스 스타일'이라고 부르는 독특한 리조트 라이프를 제공하며, 사계절 다채로운 요리를 즐길 수 있는 레스토랑은 철판요리, 일식, 바비큐 등이 인기 있다.

체류하는 동안에 야외 수영장뿐만 아니라 다양한 해양 레저를 만끽할 수 있으며, 근처 해중전망탑과 글라스 보트를 즐길 수 있는 점도 큰 장점이다.

카후 리조트 후차쿠 콘도 호텔 | カフーリゾートフチャクコンドホテル 🏠

- **주소** 沖縄県国頭郡恩納村字冨着志利福地原 246-1
- **가는 법** 오키나와 츄라우미 수족관에서 차로 1시간 5분,
  나하 공항那覇空港에서 차로 45분
- **전화번호** 0980-964-7000
- **요금** 수피리어 14,800엔~, 디럭스 15,600엔~, 프리미엄 스위츠 18,400엔~
- **맵코드** ⅿⅽ 206 127 348*11
- **홈페이지** www.kafuu-okinawa.jp

호텔의 극진한 서비스와 콘도의 자유로운
스타일이 융합된 새로운 감각의 리조트
호텔이다. 카후는 오키나와 방언으로 '행복',
'좋은 소식'이라는 뜻이다. 객실은 평균 70여
평으로 넓으며, 각각 별도의 침실과 거실,
욕실과 드레스 룸 등 공간으로 구성되어 여유가
느껴진다. 객실 발코니에서 보이는 바다의
전경과 일몰은 아름다운 오키나와를 그대로
느낄 수 있다. 아넥스 건물 최상층에 있는 멋진 인피니티 풀, 리조트 분위기의 수영장에서
즐길 수 있는 조식 등 투숙객의 휴식을 위해 최적화된 공간이다. 환경 친화적 재료를 사용한
오리지널 어메니티도 인기 있다.

비세노 후쿠기 나미키 ▶

버스 더 스위트 | Birth the suite 🏠

- **주소** 沖縄県国頭郡本部町備瀬 484
- **가는 법** 오키나와 츄라우미 수족관에서 차로 5분
- **맵코드** ⅿⅽ 553 105 866*60
- **전화번호** 0980-48-2595
- **요금** 레귤러 2인 이용 시 22,000엔/ 3인 이용 시 17,000엔/ 4인 이용 시 14,000엔
- **홈페이지** www.birth-bise.com

2012년 오픈한 버스 더 스위트는 하루에 한
팀만 받는 프라이빗한 빌라다. '빛과 그림자'를
테마로 거실에 대형 유리창을 설치하여 아침의
상쾌한 햇살이 그대로 전해지며, 도쿄에서
인테리어 디자이너로 활동하고 있는 오너가
직접 선택한 센스 넘치는 실내 장식 가구와
장식품 등도 매력적이다. 자연 속에 있는 듯한
기분이 드는 멋진 욕실도 매력 포인트다.

모토부 소바 카이도 本部そば街道

모토부쵸本部町는 '가츠오 마을ヵッォの町'이라고 불릴 정도로 가츠오가 유명하여
가츠오(가다랑어)를 기본으로 한 국물을 사용한 오키나와 소바 집이 80여 개가 있다.
그중에서도 모토부 이즈미에서 토구치에 이르는 현도 84호선 구간에는 20여 개의 유명
오키나와 소바집들이 모여 있어서 '소바 카이도そば街道'라고 불린다.

○ 오키나와 소바 沖縄そば

오키나와에서 '스바' 또는 '소바'라고 하면 모두
오키나와 소바를 말하는 것이다. 가장 일반적인
형태의 오키나와 소바는 돈코츠(돼지뼈) 육수와
가츠오부시 국물로 맛을 내는데, 여기에 밀가루
100% 면에 돼지고기, 오키나와 어묵, 파 토핑을
얹어서 내준다. 얹어지는 토핑에 따라 다른
이름으로 불리기도 하는데, 삼겹살이 올라가면
'산마이니쿠 소바', 돼지갈비가 올라가면 '소키
소바', 족발이 올라가면 '테비치 소바'라고
한다. 또한, 오키나와 소바는 오키나와
지역에 따라 그만의 이름으로 불리기도
한다. 슈리성 근처에서 파는 소바인
슈리 소바를 필두로 나하 소바, 이토만
소바, 얀바루 소바, 다이토 소바,
쿠메지마 소바, 요나바루 소바 등
다양한 지역 소바가 있다.
원래 오키나와 소바는 '소바'라는
말을 붙일 수 없다. 일본에서
소바라고 하면 최소 메일 함유량이
30%는 넘어야 하기 때문.
오키나와 소바의 면은 100%
밀가루로 만든다. 따라서 한동안
오키나와 소바의 명칭에 대해
많은 논란이 있었다. 결국 1976년
오키나와에서 '오키나와 소바'의
명칭에 대한 신고를 하였고, 1978년
10월 17일 일본 공정거래위원회가
오키나와 소바를 특수 명칭으로 등록
허가해 주었다. 이후 1997년 오키나와
생면협동조합이 10월 17일을 '오키나와 소바의
날'로 제정하였다.

○ 쥬시 ジューシー

오키나와 소바집에 가면 오키나와 소바와 함께 사이드 메뉴로 많이 먹는 음식이 있는데, 바로 '쥬시'다. 쥬시는 쌀과 함께 채소, 고기 등 다양한 재료를 넣고 지은 밥을 말한다. 각 오키나와 소바 집마다 특색 있는 쥬시 메뉴를 보유하고 있어, 오키나와 소바와 쥬시를 같이 먹어보는 것도 좋다.

○ 코레구스 コーレーグス

코레구스는 토가라시唐辛子(고추)를 의미하는 오키나와 방언으로, 아와모리泡盛(오키나와 소주)에 담근 오키나와의 매운 조미료를 말한다. 오키나와 소바 집에는 코레구스가 모두 준비되어 있는데, 오키나와 소바를 먹다가 중간에 맛의 변화를 줘서 매콤하게 먹고 싶을 때 뿌려 먹으면 좋다.

○ 우메시 うめーし

오키나와 소바 집에서 쉽게 볼 수 있는 오키나와 전통 젓가락을 우메시라고 한다. 우메시는 노란색 부분과 붉은색 부분으로 나누어져 있는데 이 색상에 대해서는 다양한 설이 있다. 류큐 왕조 때 붉은색은 태양, 노란색은 달을 나타냈다는 설, 옛날에는 음식이 닿는 부분은 살균 효과가 있는 강황의 노란색으로 착색하고, 손잡이 부분은 미끄럼 방지 효과로 붉은색 옻칠을 했다는 설 등이 있다.

키시모토 쇼쿠도 | きしもと食堂

1905년 창업하여 100년이 넘은, 오키나와에서 가장 오래된 오키나와 소바집이다. 메뉴는
창업 때부터 지금까지 소바와 쥬시뿐이다. 소바는 양에 따라 대와 소로 주문할 수 있다.
잿물을 이용한 전통 방식으로 면을 만들며, 가츠오부시와 돼지뼈로 맛을 낸 구수한 국물은
다른 오키나와 소바에 비해 우동에 가까운 맛이라서 오키나와 소바를 처음 먹는 사람도 부담
없이 맛볼 수 있다. 쥬시는 돼지고기, 표고버섯, 파 등이 들어가며 은은한 간장 맛의 밥이다.
장작불을 사용해 면을 삶고 육수를 만들지만, 음식 나오는 속도가 빠른 편이다. 대량의 국수를
미리 삶아놓고 면의 식감 및 상태를 유지하면서 효율성을 높이기 때문이다. 달짝지근한 간장
베이스의 달짝지근하고 부드럽고 큼직한 돼지 삼겹살 산마이니쿠와 어묵 종류인 오키나와
카마보코가 토핑으로 올라간다. 근처에 분점으로 야에다케점이 있다.

- 주소 沖縄県国頭郡本部町渡久地 5
- 가는 법 오키나와 츄라우미 수족관에서 차로 10분
- 맵코드 206 857 712*58
- 전화번호 0980-47-2887
- 운영시간 11:00~17:30(재료 소진 시 영업 종료),
  수 휴무

○ 키시모토 쇼쿠도 야에다케점 きしもと食堂 八重岳店
- 주소 沖縄県国頭郡本部町字伊野波 350-1
- 가는 법 오키나와 츄라우미 수족관에서 차로 12분
- 맵코드 206 859 346*81
- 전화번호 0980-47-6608
- 운영시간 11:00~19:00, 연중무휴

얀바루 소바 | 山原そば 👍

1973년에 창업한 인기 오키나와 소바집이다. 흰 기와의 류큐 옛 민가를 이용한 가게 앞은 오픈 시간이 되면 이 집의 오키나와 소바를 맛보려는 사람들로 줄을 잇기 시작한다. 실내에는 다다미방도 준비되어 있다.

메뉴는 토핑에 따라 소키 소바(돼지갈비 소바), 산마이니쿠 소바(삼겹살 소바), 양이 적은 어린용 코도모 소바가 있다. 이중에서도 큼직한 돼지갈비가 5개 올라가 풍부한 양에, 뜯는 맛이 좋은 소키 소바가 인기 있다. 토핑으로 올라가는 소키, 삼겹살은 모두 국물에 사용된 고기들로 큼직하고 부드러운 맛이다. 돼지고기, 돼지뼈, 가츠오부시로 맛을 낸 국물의 감칠맛이 나고 면의 식감도 좋다. 토핑으로 사용하는 돼지고기가 떨어지는 대로 영업을 종료하므로 오픈 시간에 맞춰 가는 것이 좋다.

- **주소** 沖縄県国頭郡本部町本部町伊豆味 70-1
- **가는법** 오키나와 츄라우미 수족관에서 차로 17분
- **맵코드** 🗾 206 834 514*44
- **전화번호** 0980-47-4552
- **운영시간** 11:00~재료 소진 시 영업 종료, 월·화 휴무

소바야 요시코 | そば屋よしこ 👍

주인의 이름인 '요시코よしこ'를 음식점
이름으로 사용하고 있다. 가츠오를 베이스로
돼지뼈와 다시마 등으로 맛을 낸 요시코만의
국물이 매력적이다. 일반적인 오키나와
소바집과 마찬가지로 소키 소바, 산마이니쿠
소바가 있지만, 이 집만의 특징이라고 할 수
있는 것은 바로 돼지족발 테비치를 토핑으로
올린 테비치 소바가 있다는 것이다. 족발뿐만
아니라 양상추, 파까지 올려 풍성한 양을
자랑하는 테비치 소바. 토핑으로 올라간 윤기
흐르는 테비치는 큼직하면서도 장시간 끓여
식감이 부드럽다. 콜라겐 또한 가득하여
오키나와 소바의 특별한 맛을 느낄 수 있다.
소바와 함께 절임류 반찬도 내주므로 한국
손님들에게 친숙하다.

- **주소** 沖縄県国頭郡本部町字伊豆味 2662
- **가는 법** 오키나와 츄라우미 수족관에서 차로 19분
- **맵코드** 🆔 206 805 247*80
- **전화번호** 0980-47-6232
- **운영시간** 10:00~17:00, 금 휴무

시마부타야 | 島豚家 👍

2010년 오픈한 시마부타야는 스미비
아부리(숯불구이) 오키나와 소바라는
독특한 오키나와 소바를 선보이는 곳이다.
전통적인 제조법을 고집하면서 주문이
들어오면 직접 만든 생면을 삶기 시작하며,
국물은 카츠오부시와 오키나와 돼지인
아구, 얀바루의 토종닭, 오키나와 섬 채소
등 15종류 정도의 재료를 사용하여 만들고
오키나와산 소금으로 맛을 북돋운다.
가장 인기 메뉴는 특제 아부리 시마부타
소바로, 3일간 조린 큼직한 아구의 삼겹살을
비장탄에 구워내서 토핑으로 올리고,
반숙 달걀까지 올라간다. 자가 정미한
코시히카리를 사용한 쥬시도 별미이다.

- **주소** 沖縄県本部町豊原 479
- **가는 법** 오키나와 츄라우미 수족관에서 차로 5분
- **맵코드** 🆔 553 077 307*77
- **전화번호** 0980-43-6799
- **운영시간** 11:00~15:30(재료 소진 시 영업 종료), 목·일·
  공휴일 휴무
- **홈페이지** shimabutaya.com

츠루야	つる屋	👍

1955년에 오픈한 오키나와 소바의 오래된 가게로서, 한적한 주택가에 있으며 외관과 실내가 포근한 옛날 분위기를 연출하고 있다. 가게 주인은 매일 아침 4시에 기상하여 국물과 수타로 면을 만들고 있다. 가츠오가 풍성한 모토부 토구치이기에 가츠오부시 국물을 기본으로 첨가제를 사용하지 않는다. 제면에 사용하는 잿물은 근처 젠자이 전문점인 아라가키 젠자이야에서 재를 받아서 이용하고 있다. 메뉴에는 소키와 산마이니쿠를 한꺼번에 맛볼 수 있는 믹스 소바가 있어서 무엇을 먹을까 고민거리가 줄어든다. 토핑으로 베니쇼가紅ショウガ(붉은 생강)를 올려주거나 이나리즈시(유부초밥)가 메뉴에 있는 등 다른 오키나와 소바집과 차별된 점이 있다.

- **주소** 沖縄県国頭郡本部町渡久地 1-6
- **가는 법** 오키나와 츄라우미 수족관에서 차로 10분
- **맵코드** 📟 206 857 619*47
- **전화번호** 0980-47-3063
- **운영시간** 11:10~재료 소진 시 영업 종료, 목·일 휴무

야에젠	八重善	👍

1995년 개업한 야에젠은 현지에서 잡은 흰 오징어 '시로 이까白イカ'를 사용한 이까스미 소바(오징어 먹물 소바)라는 독특한 소바를 선보인다. 야에젠의 명물 음식인 간소 이까스미 소바는 1일 10명 한정 메뉴다. 오키나와 소바 국물에 오징어 먹물을 첨가하여 검은 빛깔의 독특한 음식이다. 돼지고기, 오징어, 우엉 등 재료도 아낌없이 넣었다. 오키나와 소바, 쥬시, 사시미에 텐푸라, 디저트까지 즐길 수 있는 야에고젠, 오키나와 소바와 쥬시가 함께 나오는 소바 세트도 인기 있다.

- **주소** 沖縄県国頭郡本部町字並里 342-1
- **가는 법** 오키나와 츄라우미 수족관에서 차로 13분
- **맵코드** 📟 206 860 339*31
- **전화번호** 0980-47-5853
- **운영시간** 11:00~15:00(재료 소진 시 영업 종료), 화·수 휴무
- **홈페이지** yaezen.wixsite.com/yaezen

모토부 & 나키진손 ——— 本部町 & 今帰仁村

인
덱
스

다이와 로이넷 호텔 토쿠시마 에키마에
ダイワロイネットホテル徳島駅前 095

다이혼잔 다이쇼인 大本山大聖院 140

더 부세나 테라스 ザ・ブセナテラス 332

더 부세나 테라스 마로도 ザ・ブセナ 테라스 331

데코보코도 나가하마 凸凹堂長浜 032

ㄹ

라 코리나 오미하치만
ラ コリーナ近江八幡 026

라멘 토다이 ラーメン東大 091

란마루 蘭丸 126

레스토랑 엘 로타
Restaurant L LOTA 324

로쿠베 六兵衛 287

료칸 유노카 旅館 ゆのか 303

루리코지 고쥬노토 瑠璃光寺 五重塔 187

류후쿠지 龍福寺 188

리가 호텔 제스트 타카마츠
リーガホテルゼスト高松 127

리츠 칼튼 오키나와
ザリッツカールトン沖縄 332

리츠 칼튼 오키나와 더 로비 라운지
The Ritz-Carlton Okinawa
The Lobby Lounge 331

리츠린코엔 栗林公園 122

ㅁ

마루가메마치 상점가 丸亀町商店街 123

마루가메성 丸亀城 129

마루가메시
이노쿠마 겐이치로 현대미술관
丸亀市猪熊弦一郎現代美術館 129

마루마도 텐푸라텐 丸窓てんぷら店 199

마메타누키 まめたぬき 144

마보야 まぁぼや 218

마츠야 카시호 松屋菓子舗 292

마타베 又兵衛 241

만보 海中魚処萬坊 247

메가네바시 目鏡橋 207

멘타쿠미 챠카폰 麺匠ちゃかぽん 029

모리시타 森下 054

모미지다니코엔 紅葉谷公園 141

모미지도 니방야 紅葉堂弐番屋 148

모토노스미 이나리 신사
元乃隅稲成神社 197

모토이세 코노 신사 元伊勢籠神社 039

몬쥬소 文珠荘 046

몬쥬소 칸시치차야 文珠荘勘七茶屋 045

무라노차야 むらの茶屋 323

무사시 むさし 171

미노야 みのや 180

미마츠 쇼쿠도 美松食堂 180

미센 弥山 142

미소카츠 우메노키 みそかつ梅の木 071

미야지마 그랜드호텔 아리모토
宮島グランドホテル 有もと 150

미야지마 킨스이칸 宮島錦水館 150

미야케쇼텐 三宅商店 066

미이데라 三井寺 020

미이데라 치카라모찌 혼케
三井寺力餅本家 021

미즈노 水野 244

미즈노네 츠치노네 水の音 土の音 213

미후네야마 라쿠엔 御船山楽園 252

ㅂ

반쇼노사카 番所の坂 264

버스 더 스위트 Birth the suite 333

벤텐지마 弁天島 162

벳푸 지고쿠메구리(벳푸 지옥순례)
別府地獄めぐり 271

부세나 카이쥬코엔 ブセナ海中公園 320

부케야시키 武家屋敷 281

분가쿠노 코미치 文学のこみち 153

붓쇼잔온센 텐표유
仏生山温泉 天平湯 124

비세노 후쿠기 나미키(비세 후쿠기 가로수길) 備瀬のフクギ並木 316

비와코 오하시 琵琶湖大橋 013

비와코 오하시 코메 플라자
琵琶湖大橋米プラザ 016

비와코 호텔 琵琶湖ホテル 023

빅셋 BIG SET 148

빗키 びっきぃ 212

ㅅ

사가인터내셔널 벌룬 페스타 243

사가현립 나고야성 박물관
佐賀県立名護屋城博物館 250

JR호텔 클레멘트 타카마츠 JRホテル
クレメント高松 127

ㄱ

가도안 我道庵 214

간소 카와라 소바 타카세
元祖瓦そば たかせ 201

겐카이 해중전망탑 玄海海中展望塔 248

구 타시로케 주택 旧田代家住宅 209

구 후루카와교교 와카마츠 빌딩 旧古
河鉱業若松ビル 198

ㄴ

나가타 인 카노카 長田 in 香の香 113

나가하마성 역사박물관
長浜城歴史博物館 033

나고야 성터 318

나미노유 아카네 波の湯「茜」 296

나오 直 023

나카무라 우동 中村うどん 115

나카야 킷사부 中屋 喫茶部 287

나키진 성터 今帰仁城跡 318

네코노 호소미치 猫の細道 154

노미테이 能見邸 261

니지노 마츠바라 虹の松原 233

ㄷ

다이간지 大願寺 137

다이노차야 台の茶屋 268

340

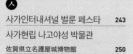

사노야 佐野家 261
사누키 우동 가모 讃岐うどん がもう 116
사라노키 쇼인테이 沙羅の木 松韻亭 181
사라스바티 Sarasvati 149
사라스와티 さらすわてぃ 165
사이넨지 西念寺 210
사카이야 혼텐 酒田屋本店 082
산슈도 三春堂 200
세소코 비치 瀬底ビーチ 319
세이류안 清流庵 214
세이엔 신사 青簀神社 259
센코지 千光寺 153
센코지코엔 千光寺公園 152
소라네코 카페 空猫カフェ 157
소바야 요시코 そば屋よしこ 338
소프트 아이스크림 캄
ソフトクリーム Calm 301
소혼잔 젠츠지 総本山 善通寺 133
쇼로테이 松露亭 046
쇼벤코조 小便小僧 102
쇼쿠도 야마토 食堂やまと 080
슈림프 왜건 Shrimp Wagon 323
슈센테이 나다기쿠 酒饌亭 灘菊 055
슌요칸 春陽館 302
스기노바바 杉の馬場 207
스미비캇포 츠루키쿄
炭火割烹 蔓ききょう 022
스사노오 신사 素盞嗚神社 216
스시 요시다 鮨 よし田 226
스야노사카 酢屋の坂 263
시라카베노 마치나미 白壁の町並み 216
시마바라 미즈야시키 しまばら水屋敷 289
시마바라 스테이션 호텔
島原ステーションホテル 293
시마바라성 島原城 279
시마바라온센 유토로기노유
島原温泉ゆとろぎの湯 283
시마부타야 島豚家 338
시미즈 쇼쿠도 しみず食堂 158
시오야노사카 塩屋の坂 263
시오유 나기노토 汐湯 凪の音 243
시코쿠 본네트 버스
四国ボンネットバス 105
시코쿠노슌 四国の旬 132
신와노 이즈미 しんわの泉 284

아넷타이차야 亜熱帯茶屋 329
아다치 커피 あだち珈琲 227
아라가키 젠자이야 新垣ぜんざい屋 328
아리오 쿠라시키 アリオ倉敷 073
아마노하시다테 뷰 랜드
天橋立ビューランド 040
아마노하시다테 아마테라스
天橋立アマテラス 043
아마노하시다테 호텔 天橋立ホテル 047
아메겐 飴源 239
아메야노사카 飴屋の坂 265
아미모토 網元 288
아부라야 御食事処油屋 050
아사츠키 혼텐 浅月本店 083
아소코 쇼쿠도 あそこ食堂 100
아야베미소 죠노모토(아야베미소
양조원) 綾部味噌醸造元 269
아오이리하츠칸 코보모모
青い理髪館 工房モモ 286
아오키 스시 あおき寿司 182
아와 관광호텔 阿波観光ホテル 095
아와오도리회관 阿波おどり会館 089
아이카제 藍風 325
아즈마 스시 吾妻寿司 081
아치 신사 阿智神社 062
아카가키야 赤垣屋 226
아키즈키 성터 秋月城跡 208
야마고에 우동 山越うどん 117
야마네코 밀 YAMANEKO MILL 158
야마다 치쿠후켄 혼마치텐
山田竹風軒本町店 183
야마시타우동텐 山下うどん店 120
야마지로노사토 山城の郷 057
야사카 신사 弥栄神社 179
야사카 신사 八坂神社 188
야에다케 베이커리 八重岳ベーカリー 325
야에다케 八重岳 319
야에젠 八重善 339
야치문 킷사 시사엔
やちむん喫茶 シーサー園 326
야키가키노 하야시 焼がきのはやし 145
얀바루 소바 山原そば 337
에비메시야 えびめしや 083
에비야 海老舎 183
엔랴쿠지 延暦寺 019

오리온 해피파크
オリオンハッピーパーク 321
오미우시 레스토랑 티파니
近江牛レストラン ティファニー 027
오모테산도 쇼텐가이
表\参道商店街 141
오바마 신사 小浜神社 297
오바마 역사자료관 小浜歴史資料館 296
오바마온센 하마칸 호텔
小浜温泉 浜ホテル 303
오보케 大歩危 104
오사카야마 카네요 逢坂山 かねよ 022
오츠카 국제미술관 大塚国際美術館 099
오카센 おか泉 114
오카야마성 岡山城 076
오키노시라이시 沖の白石 014
오키 쇼쿠도 沖食堂 224
오키시마 沖島 014
오타케 주택 太田家住宅 161
오테비 おてび 163
오하라 미술관 大原美術館 061
오하라 쇼로만주 혼텐
大原松露饅頭 本店 241
오하라테이 大原邸 260
오하마 쇼쿠지도코로
おおはま食事処 203
온후나야도 이로하 御舟宿いろは 164
와슈잔 전망대 鷲羽山展望台 065
와인토 오야도 치토세
ワインとお宿 千歳 044
와카마츠 야부소바 若松 籔そば 199
와카에야 若栄屋 266
와카토 오하시 若戸大橋 198
요부코 아사이치 呼子朝市 246
요시다 신칸 よ志多 本店 170
요시쵸 味処湯処 よしちょう 299
요요카쿠 洋々閣 243
요카로 翼果楼 034
우동 잇푸쿠 うどん 一福 119
우메노야 梅乃屋 189
우시토라 신사 艮神社 155
우에노 うえの 143
우즈시오 うず潮 097
우키미도 浮御堂 013
유다온센 코키안 湯田温泉 古稀庵 189
유린소 有隣荘 064

341

유린안 有鄰庵 066
유스이테이엔 시메이소
湧水庭園 四明荘 280
유야케 카페타やけカフェ 156
유토리로 츠와노ゆとりろ津和野 184
이나츄 いな忠 144
이네 카페 Ine Café 050
이네후나야군 전망대
伊根湾舟屋群展望台 049
이노우에 공원 井上公園 186
이노타니 中華そばいのたに本店 091
이노하라 카나모노텐 猪原金物店 283
이로하마루 전시관
いろは丸展示館 162
이마하치만구 今八幡宮 187
이세야 료칸 伊勢屋 旅館 302
이소야테이 磯矢邸 260
이시바노 죠야토 石場の常夜燈 019
이시바시 문화센터
石橋文化センター 222
이야노카즈라바시 祖谷のかずら橋 103
이야케이 祖谷渓 102
이오지 医王寺 160
이와무라 모미지야 岩村もみじ屋 147
이와무라 岩むら 145
이와소 岩惣 150
이와쿠니성 岩国城 169
이즈츠야 井筒屋 073
이츠쿠치마 신사 嚴島神社 138
이케조에 카마보코텐
池添かまぼこ店 093
일본 향토 완구관 日本郷土玩具館 064
잇카쿠 타카마츠텐 一鶴 高松店 125
잇코 一鴻 094

자코바 海鮮亭 ざこば 267
죠야토 常夜燈 160
지고쿠무시코보 칸나와
地獄蒸し工房 鉄輪 275
지쇼로 時鐘楼 282
짬뽕테이 ちゃんぽん亭 029

차엔 카이게츠 茶苑海月 250
체리마마 후지타야 혼케

체리豆藤田屋 本家 292
츄카소바 슈中華そば 朱 155
츠노시마 오하시 角島大橋 202
츠노시마 토다이 角島灯台 203
츠루야 つる屋 339
츠루야 쇼쿠도 つるや食堂 045
츠와노 카톨릭쿄카이(츠와노
가톨릭 교회) 津和野カトリック教会 177
츠와노쵸 쿄도칸(츠와노 향토관)
津和野町郷土館 179
츠쿠타 つく田 238
츠키노토게 月の峠 212
츠타야서점 타케오시 도서관
蔦屋書店 武雄市図書館 254
치에노와 토로 恵の輪灯籠 042
치온지 智恩寺 042
치쿠고가와온센 筑後川温泉 220
치쿠부시마 竹生島 015
치쿠세이 竹清 115
치토세 千とせ 163

카가미야마 니시전망대
鏡山西展望台 234
카노쇼쥬안 나가라 소혼텐
叶匠壽庵 長等総本店 021
카라사와 からさわ 156
카라츠 시사이드 호텔
唐津シーサイドホテル 244
카라츠 신사 唐津神社 232
카라츠 히키야마 텐지죠(카라츠
히키야마 전시장) 唐津曳山展示場 232
카라츠 버거 からつバーガー 240
카라츠성 唐津城 234
카리미즈안 刈水庵 300
카미노카와 유스이 上の川湧水 297
카미후센 紙ふうせん 268
카사마츠코엔 傘松公園 041
카센 슈조 華泉酒造 179
카와시마 토후텐 川島豆腐店 237
카와치후지엔 河内藤園 194
카와타나노모리 川棚の杜 200
카와후쿠 혼텐 川福 本店 120
카이로도 カイロ堂 254
카이센 이즈츠 海鮮いづつ 275
카이요하쿠코엔(해양 엑스포 공원)

해양박공원 308
카이코 海幸 242
카지카 かじか 213
카키야 牡蠣屋 146
카키와이 牡蠣祝 149
카페 모야우 Café Moyau 084
카페 엘 그레코 Café El Greco 068
카페 이차라 Cafe イチャラ 330
카페 차하야불란
カフェチャハヤブラン 324
카페 코쿠 カフェ こくう 327
카페 하코니와 Cafe ハコニワ 330
카후 리조트 후차쿠 콘도 호텔
カフーリゾートフチャク コンドホテル 333
칸죠바노사카 勘定場の坂 264
캇스이켄 活水軒 054
캬라반 캬라반스테이키 전문점 237
커피 카운티 쿠루메점
Coffee County 227
코게츠 胡月 274
코라쿠엔 後楽園 077
코리안 韓国人 017
코센지 光泉寺 298
코에이도 쿠라시키온도리텐
廣榮堂 倉敷雄鶏店 070
코우리지마 古宇利島 312
코이노 오요구마치 鯉の泳ぐまち 280
코코엔 好古園 053
코토지 江東寺 282
코토히라구 金刀比羅宮 130
콘피라 우동 こんぴらうどん 131
쿠라시키 데님 스트리트
倉敷デニムストリート 072
쿠라시키 모모코 쿠라시키 혼텐
くらしき桃子倉敷本{店 067
쿠라시키 민예관 倉敷民藝館 063
쿠라시키 아이비 스퀘어
倉敷アイビースクエア 074
쿠라시키 코코칸 倉敷考古館 062
쿠라시키 코히칸 倉敷珈琲館 074
쿠라시키야 倉敷屋 072
쿠라시키칸 관광안내소
倉敷館 観光案内所 063
쿠로카베 가라스칸黒壁ガラス館 031
쿠로카베 스퀘어黒壁スクエア 031
쿠로카베 아미스黒壁AMISU 032

쿠마오카 카시텐 熊岡菓子店　133

큐 카라츠긴코(구 카라츠 은행)

旧唐津銀行　235

큐 타카토라테이(구 타카토리 저택)

旧高取邸　235

키비츠 신사 吉備津神社　078

키비츠히코 신사 吉備津彦神社　079

키사야 모토조 象屋元蔵　124

키시모토 쇼쿠도 きしもと食堂　336

키츠네노 아시아토 狐の足あと　186

키츠키 죠카마치 시료칸

きつき城下町資料館　265

키츠키성 杵築城　259

키타노야 北野屋　047

키타하마 앨리 北浜alley　123

키코안 基幸庵　242

킨타이차야 錦帯茶屋　171

킨타이쿄 錦帯橋　167

킷사 혼마치 喫茶 ほんまち　085

킷코 신사 吉香神社　168

킷코도 미관지구점

橘香堂 美観地区店　071

킷코코엔 吉香公園　168

타나카 텐만구 田中天満宮　210

타네노 토나리 たねの隣り　217

타이코다니 이나리 신사

太鼓谷稲成神社　178

타케가와라온센 竹瓦温泉　273

타케시마 多景島　016

타케야 竹屋　238

타케오 신사 武雄神社　253

타케오온센 로몬 武雄温泉楼門　253

탄산센 炭酸泉　298

테우치 우동 츠루마루

手打ちうどん 鶴丸　116

텐네이지 산쥬토 天寧寺 三重塔　154

텐카츠 혼텐 天勝 本店　126

토노마치도리 殿町通り　177

토라이야 혼포 冨來屋本舗　069

토리키타 鳥喜多　033

토모노우라 아 카페

鞆の浦 @ cafe　165

토오미가하나 遠見ヶ鼻　000

토요츠쿠모베이 호텔

東洋九十九ベィホテル　293

토요켄 東洋軒　274

토토라베베 햄버거

ととらべべ ハンバーガー　322

토토카츠 とゝ喝　092

톳톳토 とっとっと　291

팩 パック　301

하도미사키 사사에노 츠보야키

바이텐 波戸岬サザエのつぼ焼き売店　249

하도미사키 해수욕장

波戸岬海水浴場　248

하마노카와 유스이 浜の川湧水　284

하시다테차야 はしだて茶屋　043

하야메가와 速魚川　290

하유카 はゆか　119

하치만보리 八幡堀　025

한우테이 帆雨亭　157

한코노몬 藩校の門　262

호쥬 ほうじゅう　291

호코쿠 신사 豊国神社　137

호타루가와 ほたる川　225

호텔 시사이드 시마바라

HOTEL シーサイド島原　293

호텔 카메후쿠 ホテル かめ福　189

호텔 카즈라바시

ホテルかずら橋　105

호토 신사 宝当神社　236

홋토홋토 105 ほっとふっと 105　295

후지야 富士屋　085

후쿠센카 ふくせんか　220

후쿠젠지 타이쵸로 福禅寺 對潮楼　161

후쿠토쿠 이나리 신사

福徳稲荷神社　196

히노데 세이멘죠 日の出製麺所　118

히라이 ひら井　093

히로큐즈 혼포 廣久葛本鋪　211

히메마츠야 혼텐

元祖 具雑煮 姫松屋本店　285

히메지성 姫路城　052

히비키카이노코엔 ひびき海の公園　196

히사노테이 久野邸　209

히요시타이샤 日吉大社　020

히코네성 彦根城　028

히타야 후쿠토미 ひた屋福富　219

히토츠마츠테이 一松邸　262

소소낭만,
일본 소도시 여행

2024-2025
최신
개정판

2023년 11월 25일 개정2판 1쇄 펴냄

지은이 우승민
발행인 김산환
책임편집 윤소영
디자인 렐리시, 르마
펴낸곳 꿈의지도
출력 태산아이
인쇄 다라니
종이 월드페이퍼

주소 경기도 파주시 경의로 1100, 604호
전화 070-7535-9416
팩스 031-947-1530
홈페이지 blog.naver.com/mountainfire
출판등록 2009년 10월 12일 제82호

ISBN 979-11-6762-078-1